人工智能与大数据专业群人才培养系列教材

# Python 深度学习入门与实战

程源 主编

田黎 陈鑫 姚宏 曾婷 副主编

電子工業出版社

Publishing House of Electronics Industry

北京 · BEIJING

## 内容简介

本教材从编程的角度“解剖”了深度学习的底层技术，通过介绍使用 Python 库实现经典的深度学习框架的过程，逐步向读者呈现深度学习的本质；用典型示例深入剖析深度学习在计算机视觉和自然语言处理方面的应用，同时介绍这些示例的 TensorFlow 实现，并在配套代码中给出相应的飞桨实现，以便读者深刻理解深度学习框架的技术细节；通过目标检测、中文文本分类、超越文本分类和视频动作识别等，为读者呈现最前沿的深度学习技术。

本教材可作为高职院校人工智能相关专业学生的教材，也可作为相关培训机构的培训资料。对于广大的 Python 深度学习爱好者来说，本教材也是很好的参考用书。



**图书在版编目（CIP）数据**

Python 深度学习入门与实战 / 程源主编. —北京：电子工业出版社，2024.1

ISBN 978-7-121-47087-5

Ⅰ. ①P… Ⅱ. ①程… Ⅲ. ①软件工具－程序设计 Ⅳ. ①TP311.561

中国国家版本馆 CIP 数据核字（2024）第 020906 号

责任编辑：李　静　　特约编辑：田学清
印　　刷：北京虎彩文化传播有限公司
装　　订：北京虎彩文化传播有限公司
出版发行：电子工业出版社
　　　　　北京市海淀区万寿路 173 信箱　　邮编：100036
开　　本：787×1092　1/16　印张：18　字数：432 千字
版　　次：2024 年 1 月第 1 版
印　　次：2024 年12月第 3 次印刷
定　　价：55.80 元

凡所购买电子工业出版社图书有缺损问题，请向购买书店调换。若书店售缺，请与本社发行部联系，联系及邮购电话：（010）88254888，88258888。

质量投诉请发邮件至 zlts@phei.com.cn，盗版侵权举报请发邮件至 dbqq@phei.com.cn。

本书咨询联系方式：（010）88254604，lijing@phei.com.cn。

# 前　言

近年来，深度学习在人工智能领域取得了非凡进展，已经被应用于医学成像、农业、自动驾驶、教育、灾害防治等领域。深度学习正在走出学术实验室和大型科技公司的研发部门，成为每个开发人员都可以利用的工具。然而，目前深度学习仍然处于应用的初期，要让深度学习发挥其巨大作用，需要全面普及这项技术。

为让尽可能多的开发人员能够使用深度学习技术，本书不仅从零开始讲授深度学习的概念、背景和代码，还介绍了深度学习的应用和部署。为使读者能深入理解深度学习模型的细节（这些细节通常会被深度学习框架隐藏起来），本教材通过使用最基本的Python 库构建深度学习的核心组件并实现一个深度学习框架来逐步向读者呈现深度学习的本质。读者一旦理解这些组件是如何工作的，就可以轻松地在随后的教程中使用深度学习框架了。

## 1. 内容和结构

全书分为两部分。

第一部分为入门篇，包括预备知识和深度学习基础知识。第 1 章为深度学习概述，包括让机器学会学习、深度学习之“深度”、深度学习的数据表示等内容，介绍了深度学习的重要背景知识和搭建深度学习工作站的基础知识。第 2 章为神经网络入门，介绍了神经元、多层神经网络、神经网络的前向传播等内容，涵盖了深度学习最基本的概念和技术。第 3 章为神经网络的反向传播，介绍了反向传播的基础知识、反向传播的实现、学习算法的实现等内容，通过搭建各种关键组件，使得构建深度学习模型就像搭积木一样简单。第 4 章为改善神经网络，介绍了优化算法、数值稳定性和模型初始化、正则化与规范化等内容，为随后实现更复杂的模型奠定了基础。第 5 章为卷积神经网络，介绍了从全连接到卷积、卷积层、汇聚层等内容，它们是构成大多数现代计算机视觉系统的强大工具。第 6 章为深度学习实践，是第一部分的实践部分，介绍了深度学习的工作流程、训练一个图像分类模型、文本分类等内容。

接下来的内容为本书的第二部分，即实战篇，集中讨论现代深度学习技术及其应用，可以作为读者自学内容或由教师选择部分章节讲授。第 7 章为卷积神经网络进阶，介绍了深度学习框架、数据增强、使用块的网络（VGG）等内容，它们是一系列构建先进卷积神经网络模型的高级技术。第 8 章为目标检测，介绍了目标检测的基本概念、YOLOv3、训练自己的 YOLOv3 模型等内容，展示了深度学习在目标识别中的应用，重点介绍了YOLO 算法及其应用。第 9 章为中文文本分类，介绍了词嵌入、循环神经网络、注意力机制等内容，展示了如何将循环神经网络、注意力机制、Transformer 和位置编码用于中文文本分类。第 10 章为超越文本分类，介绍了序列到序列的学习、机器翻译、文本生成等内容，展示了 Transformer 架构及其在机器翻译和文本生成等任务中的应用。第 11 章为视频动作识别，介绍了视频动作识别与数据集、基于 CNN-RNN 架构的视频分类、基于 Transformer 的视频分类等内容，展示了使用卷积神经网络和循环神经网络进行视频分类的 CNN-RNN 架构和基于 Transformer 的混合模型的视频分类。

## 2. 代码

本教材第一部分的示例是利用 Python 从零开始实现的，第二部分的示例使用深度学习框架 TensorFlow 高级 API 编写。本教材中的所有代码都在最新版本的 TensorFlow 中通过了测试。但是，由于深度学习的快速发展，一些代码可能在 TensorFlow 的未来版本中无法正常工作。本教材中所有代码示例都可以登录华信教育资源网进行下载，编者尽可能确保在线代码版本保持最新。

## 3. 目标受众

本教材主要面向职业院校学生和希望掌握深度学习实用技术的在职人员。由于本教材从零开始解释每个概念，所以不需要读者具备深度学习或机器学习背景。全面解释深度学习的方法需要一些编程知识，因此本教材需要读者了解一些非常基础的 Python 编程知识。

本教材是编者与阿里云计算有限公司广州分公司合作的成果，内容涵盖了 1+X“深度学习”职业技能等级证书的主要内容。

由于编者水平有限，书中难免存在疏漏之处，敬请读者批评指正。

编　者

2023 年 9 月

教材资源服务交流 QQ 群（684198104）

# 目　录

## 第一部分　入门篇

## 第二部分　实战篇

# 第一部分　入门篇

深入理解深度学习最好的办法就是亲自实现。本教材第一部分通过从零开始实现深度学习的过程，来逼近深度学习的本质；通过实现深度学习的程序，尽可能详细地介绍深度学习相关的技术。

# 1 深度学习概述

本章包括以下内容：

- 让机器学会学习；
- 深度学习之“深度”；
- 深度学习的数据表示。

我们站在一个新时代，这是智能时代的开端。从刷脸支付到智慧安保，从线上问诊到远程手术，从自动驾驶到智能制造，人工智能（Artificial Intelligence，AI）正在引领新一轮科技革命和产业变革。

## 1.1 让机器学会学习

如今，“人工智能”不再是一个学术名词，而是人们生产生活中的“常客”。在日常生活中，人工智能也无处不在：用户对着手机眨眨眼，一秒钟内就可以完成身份认证；手环、手表等智能终端可以时时监测用户健康状况……人工智能已由实验室走向生产生活的方方面面，驶上了发展快车道。“生产更高效、生活更精彩”的背后，是人工智能科技的显著进步。目前，人工智能正处在新的发展阶段，相关技术日趋成熟，各行业对人工智能技术的需求也在与日俱增。

### 1.1.1 什么是人工智能

人工智能的概念诞生于 20 世纪 50 年代，当时计算机科学的先驱们提出疑问：计算机是否能够“思考”？阿兰·图灵提出的图灵测试为人工智能提供了一个可操作的定义：如果一位人类询问者在提出一些书面问题以后不能区分书面回答来自人还是来自计算机，那么这台计算机就通过测试。

然而人工智能的目标并非仅仅通过图灵测试，正如航空工程的目标不是制造“能完全像鸽子一样飞行的机器，以致它们可以骗过其他真鸽子”。航空业经过上百年的不断创新，已取得了极高的成就。人工智能领域也会如此。今天的喷气式飞机大幅提高了人类的出行能力，人工智能也将让人类变得更加聪慧，并大幅提高人类的生活水平。

在相当长的时间内，许多专家相信，只要精心编写足够多的明确规则来处理知识，就可以实现与人类水平相当的人工智能。这一方法被称为符号主义人工智能（Symbolic

AI），它从20世纪50年代到80年代末一直是人工智能的主流，并且20世纪80年代专家系统（Expert System）的热潮把这一方法推到了顶峰。

符号主义人工智能适合用来解决定义明确的逻辑推理问题，如下国际象棋，但它在解决诸如图像分类、语音识别和语言翻译等难以给出明确的规则且更加复杂及模糊的问题时则面临困难。

逻辑推理能力仅是人类智力的一个小分支。相比逻辑推理，人类更擅长使用类比的方法进行思考，或以直觉作为行动参考，逐步积累经验，认识世界。直觉、经验等都是人类后天习得的能力，或者说是后天训练出来的能力。因此，如果人们想制造出一种接近人类智能的机器，首先要做的就是赋予它学习能力，这种能力被称为机器学习（Machine Learning）。

### 1.1.2 从数据中学习

机器学习的概念来自图灵的问题：计算机能否自我学习以执行特定任务？如果没有程序员精心编写的数据处理规则，计算机能否通过观察数据自动学会这些规则？

图灵的这个问题引出了一种新的编程范式。在经典的程序设计（符号主义人工智能的范式）中，人们输入的是规则（程序）和需要利用这些规则处理的数据，系统输出的是答案（见图1-1）。利用机器学习，人们输入的是数据和从这些数据中预期得到的答案，系统输出的是规则。这些规则随后可应用于新的数据，并使计算机自主生成答案。

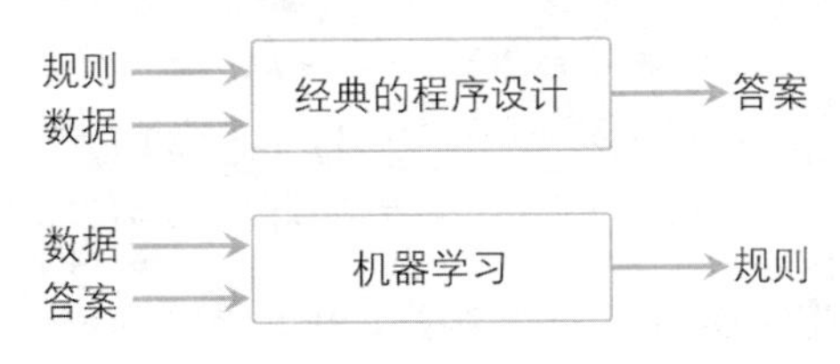


图1-1 机器学习：一种新的编程范式

也就是说，机器学习系统是训练出来的，而不是明确地用程序编写出来的。将与某个任务相关的许多示例输入机器学习系统，它会在这些示例中找到统计结构，从而最终找到规则，将任务自动化。

### 1.1.3 数据表示

机器学习算法的性能在很大程度上依赖于数据表示。在整个计算机科学乃至日常生活中，对数据表示的依赖都是一种普遍现象。人们可以很容易地在阿拉伯数字的表示下进行算术运算（如5+7=？），但在罗马数字的表示下（如V+VII=？），运算会比较耗时。因此，数据表示的选择会对机器学习算法的性能产生巨大影响。

机器学习模型将输入数据变换为有意义的输出，这是一个从已知的输入和输出示例中进行“学习”的过程。因此，机器学习和深度学习的核心问题在于有意义地变换数据，换句话说，就是在于学习输入数据的有用表示，这种表示可以让数据更接近预期输出。

下面就举例说明这一点。坐标变换如图1-2所示，左图是“原始数据”，图中有一些白点和一些黑点。假设要开发一个算法，输入一个点的坐标$(x, y)$，就能够判断这个点是黑色还是白色。在这个例子中：

（1）输入是点的坐标；

（2）预期输出是点的颜色；

（3）衡量算法效果好坏的一种方法是正确分类的点所占的百分比。

这里需要的是一种新的数据表示，可以明确区分白点与黑点。可用的方法有很多，这里用的是坐标变换（见图 1-2）。

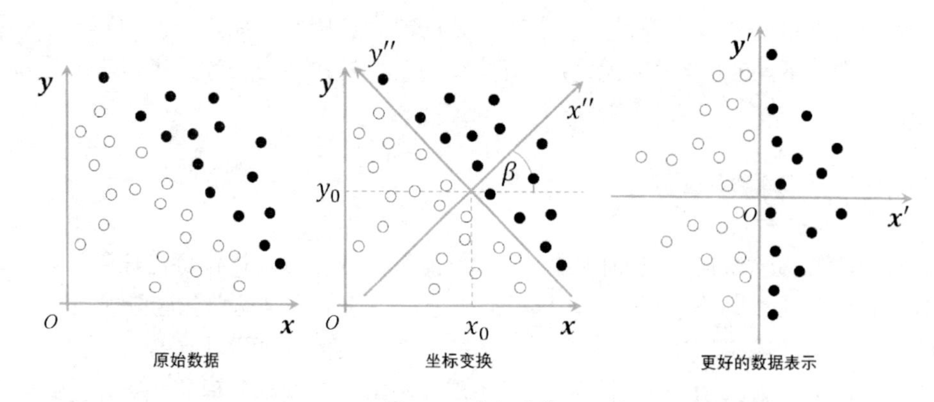


图 1-2 坐标变换

说明

*在这个新的坐标系中，点的坐标可以看作数据的一种新的表示。*

$$x'' = x_0 + x \quad x' = x''\cos(\beta) - y''\sin(\beta)$$
$$y'' = y_0 + y \quad y' = y''\cos(\beta) + x''\sin(\beta)$$

利用这种新的表示，用一条简单的规则就可以描述黑点和白点的分类问题：“$x' > 0$的是黑点”或“$x' \leqslant 0$的是白点”。这种新的表示基本上解决了该分类问题。

这个例子专门做了特征工程，即通过坐标变换为数据设计了更好的表示层，这实际上是机器学习工作流程中最关键的一步。

理解了机器学习的含义之后，下面就来看一下深度学习的特殊之处。

## 1.2 深度学习之“深度”

深度学习是机器学习的一个分支，它是从数据中学习表示的一种新方法——从连续的感知中进行学习。深度学习中的“深度”并不是指利用这种方法所获取的对事物更深层次的理解，而是指一系列连续的不同局部的感知。就像盲人摸象：感知到一条腿的盲人说大象就像一根柱子；感知到尾巴的盲人说大象就像一条绳子；感知到耳朵的盲人说大象就像一把扇子；感知到身子的盲人说大象就像一面墙；感知到鼻子的盲人说大象就像一根管子。没有一个人能够纵览全局，仅仅通过片面的观察，他们无法正确地说出正在评估的是什么。但是，将同样的属性结合起来，反复观察，再加上被告知该动物是头大象，那么下一次遇见“柱子+绳子+扇子+墙+管子”的组合，他们就可能认为这就是一头大象。

这一系列连续不同局部的感知也称表示层。数据模型中包含表示层的数量，称为模型的深度（Depth）。现代深度学习通常包含数十个甚至上百个连续的表示层，这些表示层全都是从训练数据中自动学习获得的。

### 1.2.1 深度神经网络

在深度学习中，这些表示层几乎都是通过被称为神经网络（Neural Network）的模型学习得到的。神经网络这一术语来自神经生物学，而且深度学习的一些核心概念是从人们对大脑的理解中汲取部分灵感而形成的。

#### 1. 神经生物学的启发

神经生物学家将生物神经元描绘为具有多个分支的星状物（见图 1-3）。一个神经元具有多个树突，用来接收传入的信息。信息通过树突传递进来后，经过一系列的计算（细胞核）产生一个信号传递到轴突，并通过轴突末端的神经末梢传递给其他神经元。神经末梢跟其他神经元树突连接的位置叫作突触。神经元接收并处理由上游神经元传来的信号，在需要时将信号以电脉冲序列（可以用数字表示）的形式输出到下游，电脉冲频率代表神经元活动的强度。

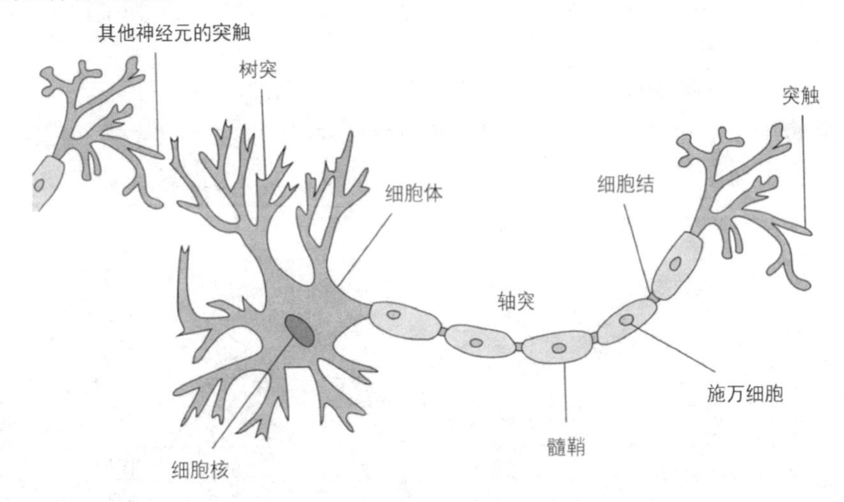


图 1-3　神经元通过突触的结构连接

动物的某些本能反应显示，通过改变突触的参数可以使动物产生适应能力。例如，海兔通过神经网络控制着鳃。触摸它的鳃时，鳃会受刺激缩回，如果再次触摸，鳃会再次缩回。海兔的鳃每次受刺激后再伸出来所需的时间会不断缩短。多次触摸后，海兔的鳃适应了手指的触摸，反应便不如前几次强烈。动物在习惯了外界的打扰后，会认为事情并没有那么严重，从而会忽略外界的刺激。海兔的鳃的收缩是突触参数改变的结果，这些突触连接着检测触碰的神经元和控制收缩的神经元。刺激次数越多，突触效益就越低，鳃就会减小收缩的频率。这揭示了一种生化机制：改变突触的参数，就可以改变动物的某些行为。

通过改变突触参数来适应或学习的机制几乎存在于所有具有神经系统的动物体内。人类大脑本质上是 860 亿个由突触相互连接的神经元组成的网络，其中大多数突触的参数可以通过学习进行修改。人脑通过创建、删除或修改突触的参数进行学习。

上述神经生物学研究成果揭示了一个有关智能的巨大奥秘：通过修改由简单的神经元构成的网络中的连接参数，就能产生智能行为。

### 2. 人工神经元

受到生物神经元的启发，人们构造了一个类似结构——人工神经元（本教材简称神经元）。

图 1-4 所示的人工神经元模型包含 3 个输入、1 个输出，以及中间的求和与激活功能。在每个输入的“连接”上，都有一个对应的“权重”表示这一“输入”因素的重要程度。权重越大，对应的输入就越重要。神经元会计算传送过来的信号的总和：输入 1×权重 1+输入 2×权重 2+输入 3×权重 3。当这个总和超过了某个阈值时神经元就会被激活，即输出 1，否则输出 0。

### 3. 人工神经网络



人工神经网络（以下统称神经网络）由大量神经元及其联系构成。图 1-5 所示的神经网络系统由多个神经层堆叠构成，每个神经层包含多个神经元。为了区分不同的神经层，将其分为以下几种。

（1）输入层：直接接收信息的神经层，比如接收一张狗的图像。

（2）隐藏层：由在输入层和输出层之间的众多神经元连接组成的各个层面，可以有多层，负责加工处理传入的信息，经过多层加工形成对认知的理解。

（3）输出层：输出隐藏层对认知的理解。

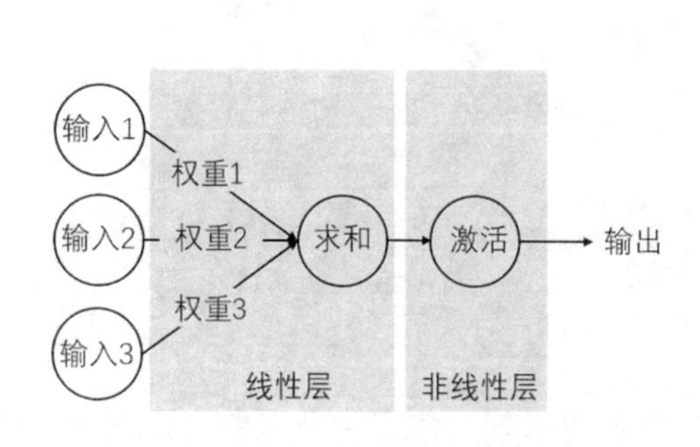


图 1-4　人工神经元模型

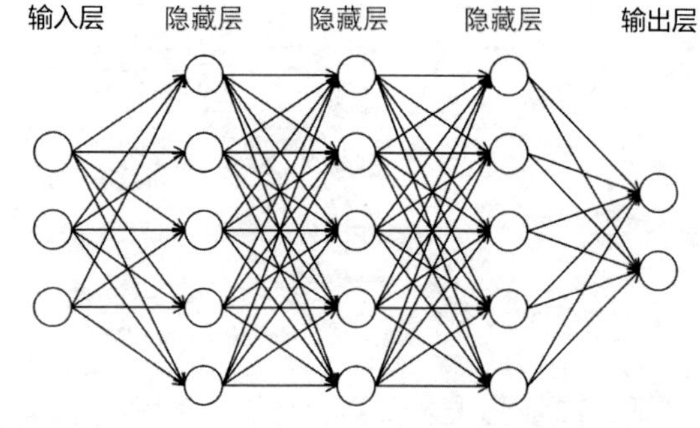


图 1-5　神经网络系统（图中的圆圈代表神经元）

图 1-5 所示为一个含有三个隐藏层和一个输出层的四层全连接神经网络。之所以称之为四层神经网络，是因为按照习惯，在考虑神经网络的层数时，通常不计入输入层。而全连接是指它的一个层级中的任意神经元都从上一层的全部神经元获取输入。

### 1.2.2 神经网络的学习

先来看看人类是如何学习识别猫和狗的。即使没有被告知猫和狗的特征，通过反复观察猫和狗，人类也能学到猫和狗的脸部、耳朵、眼睛和体型等轮廓特征。基于这种特征，即使见到之前没见过的猫和狗，人类也能正确辨识出来。

受人类学习的启发，人们希望神经网络也能通过反复地预测→比较→调整，找出一组合适的特征，依据这些特征辨识物体。为此需要一定数量的关于此类物体的样本，并为每个样本贴上标签。让神经网络成千上万次地“观察”这些样本，并自动“总结”出这些样本的特征，这一过程称为学习或训练。

#### 1. 数据集

要进行猫和狗识别，首先要收集一定数量的猫和狗的图像，并为每张图像贴上标签，说明该图像是猫还是狗。这些图像连同标签就构成了用于训练的数据集，简称训练集。例如，Kaggle 提供的猫狗分类数据集。这个数据集包含 25 000 张猫和狗的图像（每个类别各有 12 500 张），压缩后的大小为 543MB。图 1-6 所示为猫狗分类数据集的一些样本。

图 1-6 猫狗分类数据集的一些样本

#### 2. 从错误中学习

接下来，就是让神经网络“观察”图像，“判断”图像是猫还是狗，然后与标签进行比对。输出错误结果如图 1-7 所示，神经网络将一只回眸的狗“判断”成一只猫。尽管“判断”错了，但是这个错误非常有价值，因为神经网络就是不断地从错误中“学习”的。

具体地说，当第一次给神经网络看一只狗的图像时，神经网络中有部分神经元被激活（图 1-7 中标黑的神经元）。神经网络通过对比预测答案（猫）和真实答案（狗）的差别，把这种差别再反向传递回去，对每个神经元的权重做一点点调整。这时有一些原先被激活的神经元就会变得迟钝，而另一些会变得敏感，这样下次识别时，经过改进的神经网络识别的正确率会有所提高。每次提高一点点，经过上千万次的训练，就会朝正确的方向迈出一大步。经过训练之后，让神经网络再次“看”狗的图像时，它就能正确“判断”这是一只狗（见图 1-8）。

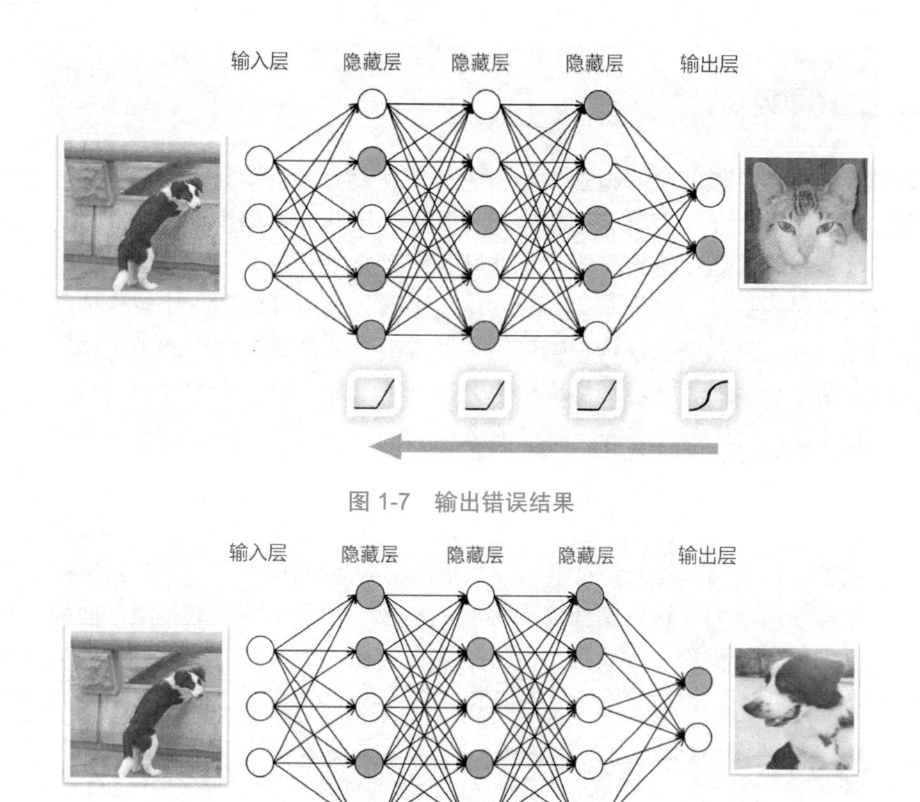


图 1-7　输出错误结果

图 1-8　输出正确结果



但还有一个问题没有解决，那就是神经网络怎么知道每个神经元的权重“朝哪个方向”改变是“正确”的方向？

这就像从某个山腰处下山一样。下山的人需要一个高度计测量当前的海拔。接下来的事就是跨出去一步，看看海拔是变高了，还是变低了。如果变低了，说明方向对了，如果变高了，就向相反的方向走一步。如此重复，直到海拔不再变低，这时下山的人不是到了山脚下，就是到了某个山坳里。

如果想以最快的速度下山，下山的人要沿着与坡度最大的方向（梯度方向）相反的方向走，这也称为梯度下降法。

在神经网络中这个高度计就是损失函数，用于衡量预测结果和标签之间的差别。下降最快的方向，就是损失函数与权重的梯度相反的方向。

虽然人们早在 20 世纪 50 年代就开始研究神经网络及其核心思想，但在很长一段时间里，一直没有训练大型神经网络的有效方法。这种情况在 20 世纪 80 年代中期发生了变化，当时有多人独立地重新发现了反向传播算法——一种利用梯度下降优化来训练神经网络的方法（第 2 章后面将给出这些概念的具体定义），并开始将其应用于神经网络。

# 1.3 深度学习的数据表示

计算机处理事物和人类不同，无论是图像、文字还是声音，它们都只能以数字的形式出现。神经网络处理事物如图 1-9 所示，神经网络对这些数字进行加工处理之后可以生成另一堆数字。

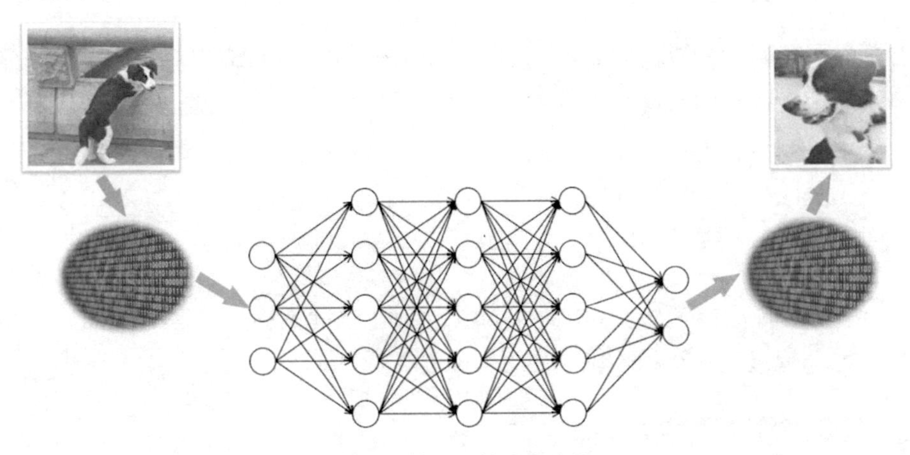

图 1-9 神经网络处理事物



在神经网络中，这些数字存储在多维 Numpy 数组中，也称为张量（Tensor）。当前所有深度学习系统都使用张量作为基本数据结构。张量对这个领域的重要性可以从 Google（谷歌）将其深度学习框架命名为 TensorFlow（张量流）看出来。那么，什么是张量呢？

张量就是一个数值数据容器。一维数组（向量）和二维数组（矩阵）分别是一阶张量和二阶张量。张量也可以看作是矩阵向任意维度的推广。

## 1.3.1 标量、向量、矩阵与张量

### 1. 标量

标量（Scalar）可以看作仅包含一个数字的张量，也称零阶张量。在 Numpy 中，一个 float32 或 float64 的数字就是一个标量张量（或标量数组）。可以用 ndim 属性来查看一个 Numpy 张量的轴的个数。标量张量有 0 个轴（ndim == 0）。张量轴的个数也称为阶（Rank）。下面的代码就是一个 Numpy 标量。例如，在 Jupter Notebook 中运行下列代码，可以得到#后面的结果。

```
import numpy as np
x = np.array(12)
x                          # array(12)
x.ndim              # 0
```

### 2. 向量

由一组数字组成的数组称为向量（Vector）或一阶张量。其所包含的元素的个数称为向量的维度。下面是一个 Numpy 向量。

```
x = np.array([12, 3, 6, 14, 7])
x                          #array([12,  3,  6, 14,  7])
x.ndim              #1
```

### 3. 矩阵（二阶张量）

由多个维度相同的向量构成的一张表称为矩阵（Matrix）或二阶张量。矩阵有两个轴（通常称为行和列）。下面是一个 Numpy 矩阵。

```
x = np.array([[5, 78, 2, 34, 0],
              [6, 79, 3, 35, 1],
              [7, 80, 4, 36, 2]])
x.ndim        #2
```

第一个轴上的元素称为行（Row），第二个轴上的元素称为列（Column）。在上面的例子中，[5, 78, 2, 34, 0]是 x 的第一行，[5, 6, 7]是第一列。

### 4. 三阶张量与更高维张量



多个形状相同的矩阵可以用一个三阶张量表示。而多个形状相同的三阶张量又可以用一个四阶张量表示。以此类推。深度学习处理的一般是一阶到四阶的张量，但处理视频数据时可能会遇到五阶张量。下面是一个 Numpy 三阶张量。

```
x = np.array([[[5, 78, 2, 34, 0],
               [6, 79, 3, 35, 1],
               [7, 80, 4, 36, 2]],
              [[5, 78, 2, 34, 0],
               [6, 79, 3, 35, 1],
               [7, 80, 4, 36, 2]],
              [[5, 78, 2, 34, 0],
               [6, 79, 3, 35, 1],
               [7, 80, 4, 36, 2]]])
x.ndim        # 3
```

### 5. 张量的关键属性

张量是由以下三个关键属性来定义的。

（1）轴的个数（阶）。例如，三阶张量有三个轴，矩阵有两个轴。

（2）形状。形状是一个整数元组，表示张量沿每个轴的维度大小（元素个数）。例如，前面 3 行 5 列的矩阵示例的形状为(3, 6)，3D 张量示例的形状为(3, 3, 5)。向量的形状只包含一个元素，比如(5,)，而标量的形状为空，即( )。

（3）数据类型（在 Python 库中用 dtype）。其是张量中所包含数据的类型。例如，张量的类型可以是 float32、uint8、float64 等。在极少数情况下，可能会遇到字符（Char）张量。注意，Numpy（及大多数其他库）中不存在字符串张量，因为张量存储在预先分配的连续内存段中，而字符串的长度是可变的，无法用这种方式存储。

### 1.3.2 现实世界中的张量数据

需要处理的数据一般是以下几个类别之一。

（1）矩阵数据：二阶张量，形状为（样本,特征）。

（2）时间序列数据或序列数据：三阶张量，形状为（样本,时间步,特征）。

（3）图像：四阶张量，形状为（样本,高度,宽度,通道）。

（4）视频：五阶张量，形状为（样本,帧,高度,宽度,通道）。

图 1-10 所示为张量维度之间的关系和现实世界中的部分数据类型的张量表示。

| 类型 | 阶数 | 形状 | 数据表示 | 数据 | 数据集 |
|---|---|---|---|---|---|
| 标量 | 0 | | 255 | | |
| 向量 | 1 | (6,) | 255 212 208 64 33 26 | 文本 | |
| 矩阵 | 2 | (6,6) | 255 212 208 64 33 26<br>124 108 96 22 94 37<br>42 46 39 182 168 109<br>48 83 76 54 78 135<br>45 72 251 212 188 132<br>67 85 196 202 12 133 | 灰度图 | 文本数据集（样本、文本） |
| 三阶张量 | 3 | (6,6,3) | 255 212 208 64 33 26<br>124 108 96 22 94 37<br>42 46 39 182 168 109<br>48 83 76 54 78 135<br>45 72 251 212 188 132<br>67 85 196 202 12 133 | 图像 | 灰度数据集 |
| 四阶张量 | 4 | (6,6,3,4) | 255 212 208 64 33 26<br>124 108 96 22 94 37<br>42 46 39 182 168 109<br>48 83 76 54 78 135<br>45 72 251 212 188 132<br>67 85 196 202 12 133 | 视频 | 图像数据集 |

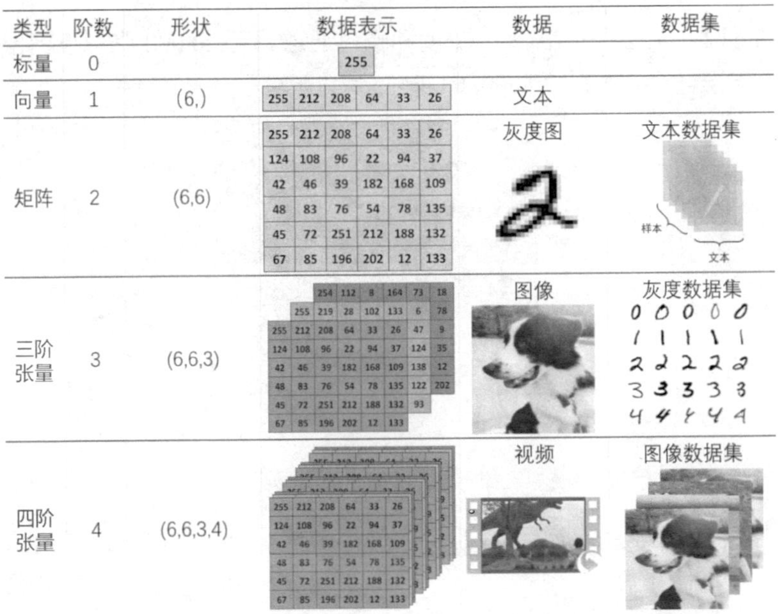

图 1-10　张量维度之间的关系和现实世界中的部分数据类型的张量表示

下面重点介绍一下图像数据、视频数据和语言数据。

#### 1. 图像数据

人类眼中的世界，在计算机“眼”中是什么样呢？事实上计算机是看不见图像的，需要通过相机把外界的图像信息转化为数字信息。

我们来看看一张图像在计算机中是如何表示的。为了保存一张图像，需要保存三个矩阵，它们分别对应图像中的红、绿、蓝三种颜色通道。如果图像大小为 64 像素×64 像素，那么就有三个规模为 64×64 的矩阵，分别对应图像中红、绿、蓝三种像素的强度值。图像在计算机中的表示如图 1-11 所示（图中前面矩阵为红色通道，中间矩阵为绿色通道，最后矩阵为蓝色通道，后同）。

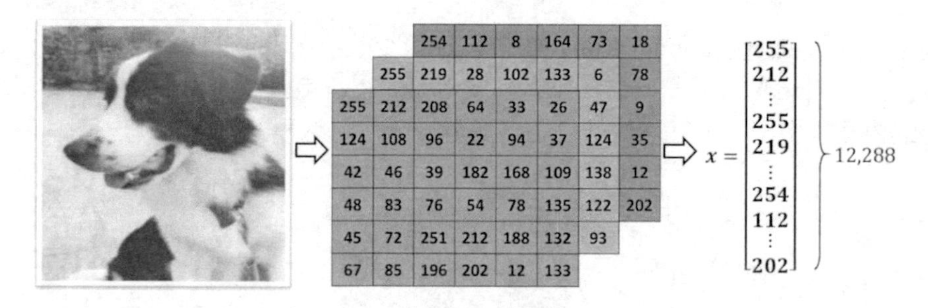


图 1-11　图像在计算机中的表示

有时，为了便于利用矩阵进行计算，我们把所有的像素都取出来（如 255、212、…，直到取完所有的红色像素，接着是绿色像素的 255、219、…，最后是蓝色像素的 255、112、…）放到一个特征向量 $\boldsymbol{x}$ 中。对于 64 像素×64 像素的图像，$\boldsymbol{x}$ 的总维度是 64×64×3=12 288。

图像通常具有三个维度：高度、宽度和颜色通道。而 20 000 张彩色图像组成的数据集则可以保存在一个形状为（20 000, 64, 64, 3）的张量中（见图 1-12）。

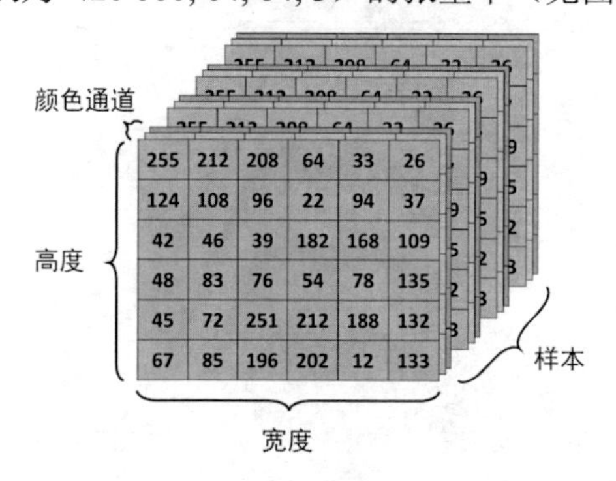


图 1-12　图像数据组成的 4D 张量（通道在前的约定）



灰度图像只有一个颜色通道，因此可以保存在 2D 张量中。图 1-13 所示为手写数字图像“2”在计算机中的存储形式，这是一个 28×28 的矩阵。数字 0 表示图像的该部分是白色，不为 0 的数字是图像的灰度值（数字部分）。

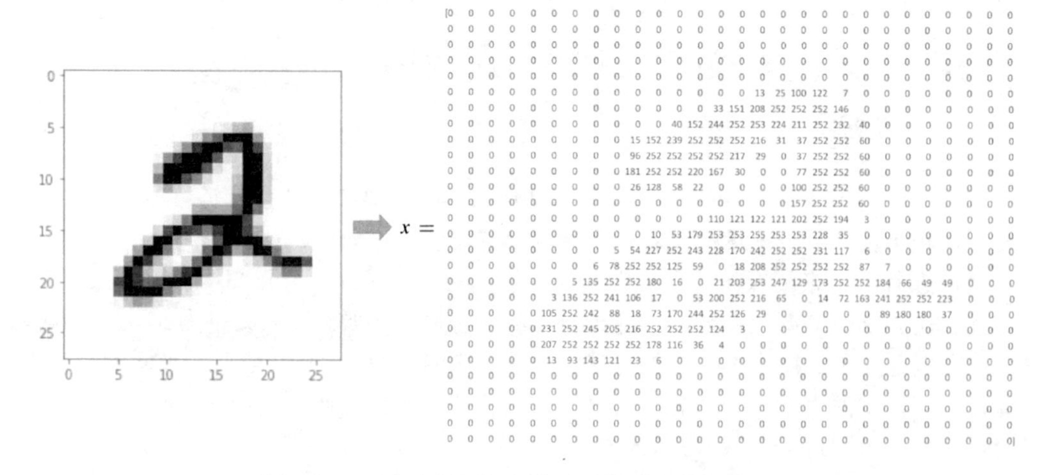


图 1-13　手写数字图像“2”在计算机中的存储形式

如果图像大小为 28 像素×28 像素，那么 60 000 张灰度图像组成的数据集可以保存在一个形状为(60 000, 28, 28)的张量中。

### 2. 视频数据

视频数据是现实生活中需要用到 5D 张量的少数数据类型之一。视频可以看作一系列帧，每一帧都是一张彩色图像。由于每一帧都可以保存在一个形状为(height, width, color_depth)的 3D 张量中，因此一系列帧可以保存在一个形状为(frames, height, width, color_depth)的 4D 张量中，而不同视频组成的批量则可以保存在一个 5D 张量中，其形状为(samples, frames, height, width, color_depth)。

例如，一个以每秒 24 帧采样的 60 秒小视频片段，视频尺寸为 540 像素×960 像素，这个视频共有 1 440 帧。4 个这样的视频片段组成的批量将保存在形状为(4, 1440, 540, 960, 3)的张量中，它们总共有 8 957 952 000 个值！如果张量的数据类型（Dtype）是 float32，每个值都是 32 位，那么这个张量共有 34GB，相当大！当然，在现实生活中遇到的视频要小得多，因为它们不以 float32 格式存储，而通常是以压缩格式存储，比如 MPEG 格式。

### 3. 语言数据

如果我们处理文本，情况就不同了。文本的数字表示需要一个构建词汇表的步骤（模型知道的唯一字清单）和嵌入步骤。我们可以处理一个小数据集，如新概念英语文本（存放在 datasets 文件夹下），该文本包含新概念英语第 2、3、4 三册。新概念英语是一个相当小的语料库，只有 326 462 个单词，但可以用它来构建一个词汇表（使用过的不同词的总数，这里是 7 989 个单词）。新概念英语词汇模型如表 1-1 所示。

表 1-1　新概念英语词汇模型

| 变量 | 词汇 |
|---|---|
| 0 | the |
| 1 | of |
| 2 | to |
| 3 | a |
| 4 | and |
| … | … |

这样，一个句子可以被分成一个 token 数组（基于通用规则的单词或单词的一部分），然后我们用词汇表中的 ID 替换每个单词（见图 1-14）。

| have | the | bards | who | preceded | me | left | any | theme | unsung |
|---|---|---|---|---|---|---|---|---|---|
| 38 | 0 | 29104 | 56 | 7027 | 745 | 225 | 104 | 2211 | 66609 |

图 1-14　一个句子可以被分成一个 token 数组

# 1.4 为什么要用深度学习

深度学习用于计算机视觉有两个关键思想，即卷积神经网络和反向传播，它们在 1990 年就已经为人们所熟知。长短期记忆（LSTM）算法是深度学习处理时间序列的基础，它在 1997 年就被开发出来了，而且此后几乎没有变化。那么为什么深度学习在 2012 年之后才开始取得成功呢？这几十年间发生了什么变化？总体来说，有三股技术力量在推动着深度学习的进步，即硬件、数据集和算法改进。由于这一领域是靠实验结果而不是靠理论指导的，因此只有当合适的数据和硬件可用于尝试新想法时，才可能出现算法上的改进。仅靠一支笔和一张纸不能实现机器学习的重大进展，它是一门工程科学。

## 1.4.1 深度学习有何不同

深度学习发展得如此迅速，主要原因在于它在很多问题上都表现出了更好的性能。但这并不是唯一的原因。深度学习还让解决问题变得更加简单，因为它将特征工程完全自动化，而这曾经是机器学习工作流程中最关键的一步。

深度学习的优点是对所有的问题都可以用同样的流程来解决。例如，不管要求解的问题是猫狗识别，还是人脸识别，深度学习都是通过不断学习样本数据，尝试发现待求解的问题的特征来实现的。也就是说，与待处理的问题无关，深度学习可以直接利用原始数据，进行端对端的学习。深度学习有时也被称为端到端机器学习。这里所说的端到端是指从一端到另一端的意思，也就是从原始数据（输入）中获得目标结果（输出）的意思。

在深度学习兴起之前，很多领域中建模的思路是投入大量精力做特征工程，将专家对某个领域的“人工”理解沉淀成特征表达（如图 1-2 中的坐标变换），然后使用简单模型完成任务（如分类或回归）。而在数据充足的情况下，深度学习模型可以实现端到端的学习，即不需要专门做特征工程，将原始的特征输入模型中，模型可同时完成特征提取和分类任务（见图 1-15）。

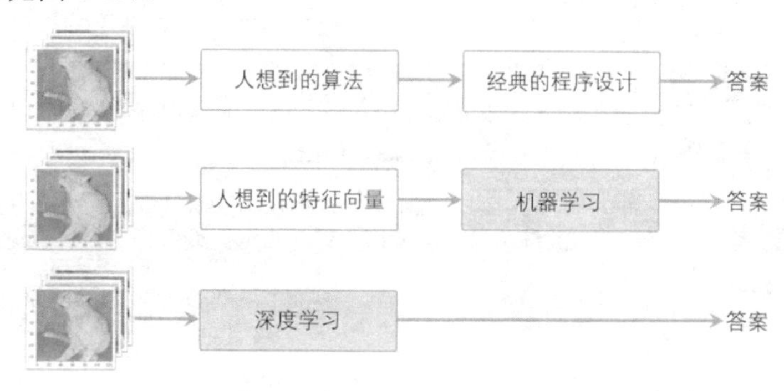


图 1-15 从人工设计规则转变为由机器从数据中学习规则（灰色表示没有人为介入）

### 1.4.2 深度学习的大众化

近年来，有许多新面孔进入深度学习领域，主要的驱动因素之一是该领域所使用工具集的大众化。在早期，从事深度学习需要精通 C++和 CUDA，只有少数人能掌握它们。如今，用户只要具有基本的 Python 脚本技能就可以从事高级的深度学习研究。这主要得益于 Pytorch、TensorFlow 及飞桨等用户友好型深度学习平台的兴起。这些平台都是张量运算的符号式 Python 框架，使深度学习变得像搭积木一样简单，并且很快就成为大量创业公司、技术人员转向该领域的首选深度学习解决方案。

深度学习数年来一直备受关注，目前还没有发现其能力的界限。每过几个月，我们都会学到新的用例和工程改进，从而突破先前的局限。深度学习在未来几年将会取得更多进展。

### 本章小结

（1）深度学习是机器学习的一个分支，是从连续的不同局部的感知中进行学习的。这一系列连续的不同局部的感知，称为表示层。

（2）在深度学习中，这些表示层几乎总是通过神经网络模型学习得到的。

（3）当前所有的深度学习系统都使用张量作为基本数据结构。

（4）张量是一个数值数据容器，可以看作是矩阵向任意维度的推广。

（5）深度学习有时也称为端到端的机器学习。

（6）具有基本的 Python 脚本技能，就可以从事高级的深度学习研究。

# 2　神经网络入门

本章包括以下内容：

- 神经元、激活函数；
- 损失函数；
- 梯度下降；
- 利用数值微分实现深度神经网络。

第 1 章已经介绍了人工神经元、神经网络的概念及其工作原理。本章将用程序实现这些概念和原理，构建一个完整的深度神经网络模型，并用该模型将手写数字的灰度图像（28 像素×28 像素）划分到 10 个类别中（0～9）。

## 2.1　神经元

神经生物学的研究成果揭示了一个有关智能的巨大奥秘：通过修改由简单的神经元构成的网络中的连接，就能产生智能行为。

### 2.1.1　人工神经元

受到生物神经元的启发，人们尝试构造了如图 2-1 所示的人工神经元模型。

图 2-1 中 $x[0]$、$x[1]$、$x[2]$表示输入，可以写成向量的形式：$\boldsymbol{x} = [x[0], x[1], x[2]]$。$w[0]$、$w[1]$、$w[2]$表示各个输入的权重，表示这一“输入”因素的重要程度。权重越大，对应的输入就越重要。权重用向量表示就是：$\boldsymbol{W} = [w[0], w[1], w[2]]$。图 2-1 中 $b$ 表示神经元被激活的容易程度（输出信号为 1 的程度）的参数，称为偏置。比如，若 $b$ 为−0.1，则只要输入信号的总和超过 0.1，神经元就会被激活。但是如果 $b$ 为−20.0，则输入信号的加权总和必须超过 20.0，神经元才会被激活。

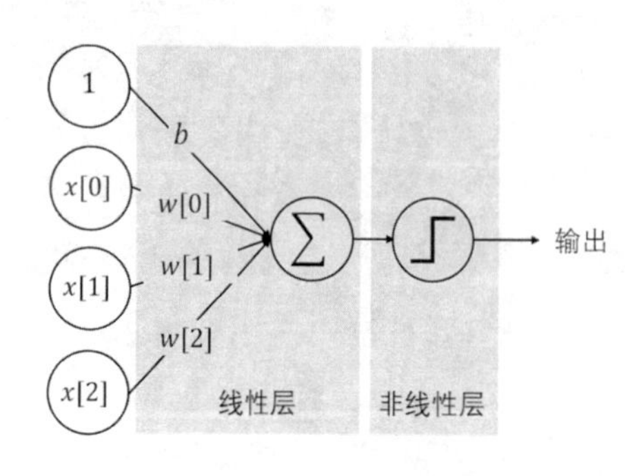

图 2-1　人工神经元模型

神经元会计算传送过来的信号的总和：$x[0]\times w[0]+x[1]\times w[1]+x[2]\times w[2]+b$。借助 Numpy 的 dot 运算符，只需一行代码就可以实现神经元的线性求和部分：

```
import numpy as np
z = np.dot(x, W) + b
```

Numpy 是外部库。这里所说的“外部”是指不包含在标准版 Python 中。因此，我们首先要导入 Numpy 库。Python 中使用 import 语句来导入库。这里的 import numpy as np，直译的话就是“将 numpy 作为 np 导入”的意思。通过写成这样的形式，之后 Numpy 相关的方法均可通过 np 来调用。

假设规定的阈值为 0，若 $z$ 大于 0，则神经元的最终输出为 1，若 $z$ 小于或等于 0，则神经元的最终输出为 0。我们可以用符号函数 sign 来表示（见代码清单 2-1）。

代码清单 2-1　符号函数 sign

```
def sign(z):
    if z>0: return 1
    else: return 0
```

于是，实现神经元如代码清单 2-2 所示。

代码清单 2-2　实现神经元

```
def neurOne(w,b,x):
    z = np.dot(x, w) + b
    return sign(z)
```

假设权重 $\boldsymbol{W}$ 为[0.5, 0.1, 0.4]，偏置 $b$ 为−1.0，如果输入 $\boldsymbol{x}$ 为[1.2, 0.9, 0.5]，神经元的输出如下列代码所示。



```
W = np.array([0.5, 0.1, 0.4])
b=-1.0
x = np.array([1.2, 0.9, 0.5])
neurOne(W,b,x)
```

```
0
```

显然，在输入 $\boldsymbol{x}$ 为[1.2, 0.9, 0.5]的情况下，该神经元未被激活。

说明

1. 线性求和

假设神经元接收到来自 $n$ 个上游神经元的输入值 $x_0, x_1, x_2, \cdots, x_{n-1}$（编号之所以从 0 开始，是为了方便后面基于 Python 进行实现），这些输入值的加权和 $z$ 是一个数值，可以由：$z = w_0x_0 + w_1x_1 + w_2x_2 + \cdots + w_{n-1}x_{n-1} + b$ 计算出来。其中 $w_0, w_1, w_2, \cdots, w_{n-1}$ 称为权重，用于控制各个输入量的重要程度；$b$ 是偏置，用于控制神经元被激活的难易程度。我们把由 $n$ 个数字构成的数组称为 $n$ 维向量，本书中用小写的黑体字母表示向量。于是输入值和权重可用两个 $n$ 维向量 $\boldsymbol{x}$ 和 $\boldsymbol{w}$ 表示：

$$\boldsymbol{x} = \left[x_0, x_1, x_2, \cdots, x_{p-1}\right]$$

$$\boldsymbol{w} = \left[w_0, w_1, w_2, \cdots, w_{p-1}\right]$$

这样加权和可以写成更简洁的形式：

$$z = \boldsymbol{x} \cdot \boldsymbol{w}^{\mathrm{T}} + b$$

其中，上标 T 代表转置。向量的这种运算被称为点积运算。

2. 激活

将非线性函数作用到求和的结果上便产生神经元的输出：

$$y = a(z)$$

非线性函数 $a$ 被称为激活函数。

## 2.1.2 激活函数

由前面的神经元的实现可以看出，加权和是一个线性方程，在二维情况下是一条直线，其计算结果可能很大也可能很小，但输出结果只有 0 和 1 两种状态。为此，我们利用非线性符号函数 sign 作用到线性加权和函数上，只要加权和大于阈值，就认为该神经元被激活，并强行将其设置为 1；否则，就强行将结果设置为 0。这个非线性函数（这里是符号函数）称为激活函数。

上述两个连续的操作构成了一个神经元。也就是说，一层线性函数接着一层激活函数构成了一个人工神经元。

实际上神经元的输出不会发生从 0 到 1 的突变，激活函数的输出也不会呈现从 0 到 1 的突变，它们均会呈现出 S 形变化。因此需要“更好”的激活函数。



### 1. sigmoid 函数

一种常用的激活函数是 sigmoid 函数（记为 $\sigma$）。sigmoid 函数平滑地从 0 走向 1 如图 2-2 所示。

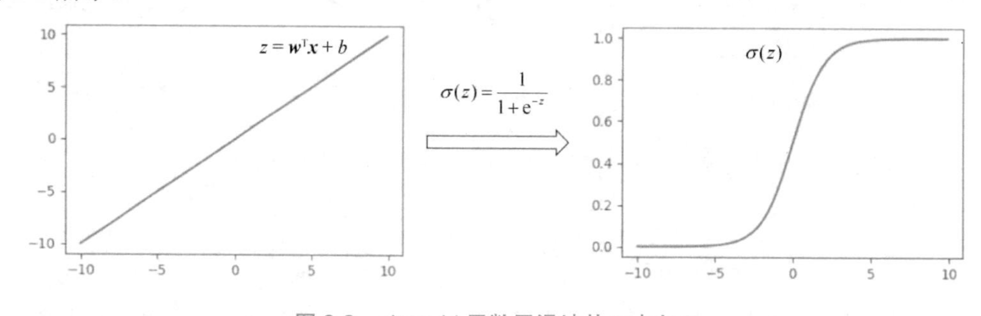


图 2-2 sigmoid 函数平滑地从 0 走向 1

图 2-2 中的 e 是自然常数 2.718 2…。从图 2-2 可以看出 sigmoid 函数作用到加权和上的结果是平滑地从 0 走向 1。如果 $z$ 非常大，那么 $\sigma(z)$将会接近 1，如果 $z$ 非常小，则 $\sigma(z)$将会接近 0。接下来，我们来实现 sigmoid 函数（见代码清单 2-3）。

代码清单 2-3 实现 sigmoid 函数

```
def sigmoid(z):    #@保存到 dlp.py
    return 1 / (1 + np.exp(-z))
```

其中 $\exp(-z)$ 是表示 $e^{-z}$ 的指数函数。需要说明的是，即使参数 $z$ 是一个 Numpy 数组，这个实现也能正确计算。如输入一个 Numpy 数组：

```
z = np.array([-1.0, 1.0, 2.0])
sigmoid(z)
```

```
array([0.26894142, 0.73105858, 0.88079708])
```

由此可见，使用 Numpy 数组时，sigmoid 函数的输出数组是一个与输入数组形状相同的数组。

#### 2. ReLU 函数

另外一种近几年应用得最为广泛的激活函数是 ReLU 函数。ReLU 函数在输入大于 0 时，直接输出该值；在输入小于等于 0 时，输出 0（见图 2-3）。

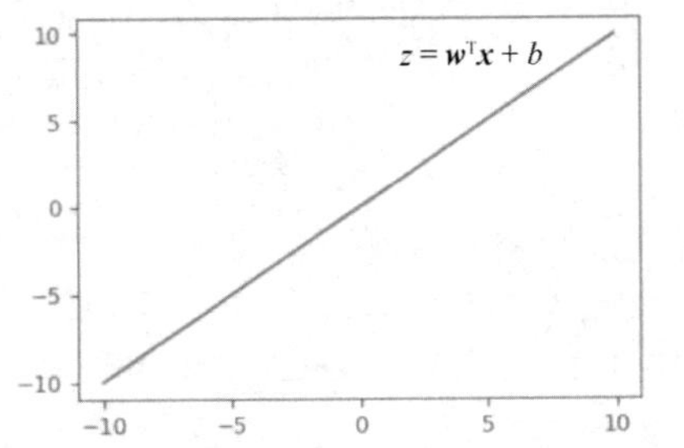


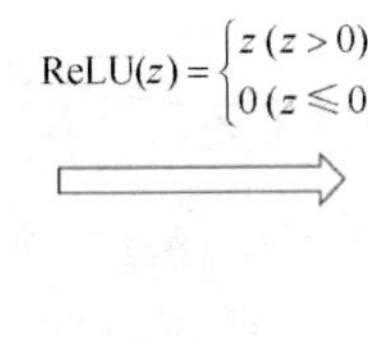


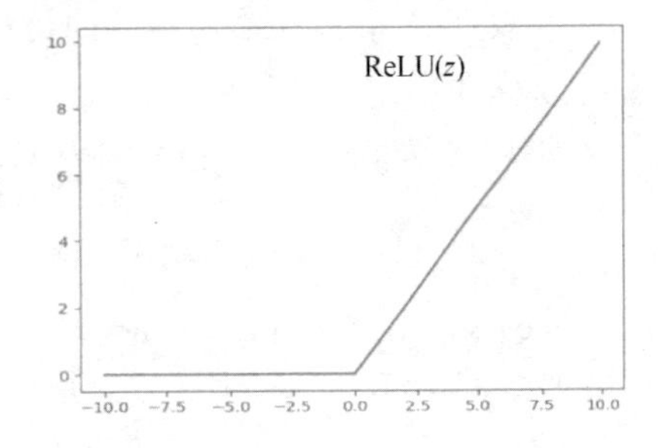


图 2-3　ReLU 函数



ReLU 函数非常简单，其实现代码如代码清单 2-4 所示。

代码清单 2-4　实现 ReLU 函数

```
def relu(x):        #@保存到 dlp.py
    return np.maximum(0, x)
```

这里使用了 Numpy 的 maximum 函数，它会从输入的数值中选择较大的那个值进行输出。与 sigmoid 函数相同，ReLU 函数的输出是一个与输入数组形状相同的 Numpy 数组。

```
relu(z)  #array([0., 1., 2.])
```

## 2.2　多层神经网络

我们已经建立了神经元的模型，本节我们把这些神经元堆叠起来构建一个多层神经网络来预测手写数字分类。为此，我们首先介绍一下什么是分类问题。

### 2.2.1　分类问题与独热编码

分类不是问“多少”，而是问“哪一个”，如问某个图像描绘的是“猫”还是“狗”。

在机器学习中，分类问题中的某个类别叫作类（Class），数据点叫作样本（Sample），与某个样本对应的类叫作标签（Label）。

尽管我们只对样本的“硬性”类别感兴趣，即属于哪个类别，但通常我们得到的是“软性”类别，即得到属于每个类别的概率。这两者的界限往往很模糊。其中的一个原因是，即使只关心“硬性”类别，我们仍然要使用“软性”类别的模型。

假设要区分每个图像属于类别“猫”、“狗”、“鸡”和“马”中的一个，我们要如何选择标签。我们有两个明显的选择：最直接的想法是选择一组整数{0, 1, 2, 3}，分别代表{猫, 狗, 鸡, 马}。这是在计算机中存储此类信息的有效方法。此外，统计学家很早以前就发明了一种表示分类数据的简单方法：独热编码（One-Hot Encoding）。

独热编码是一个向量，它的分量和类别一样多，将类别对应分类设置为 1，其他分量设置为 0。在区分“猫”、“狗”、“鸡”和“马”的例子中，标签将是一个四维向量，其中[1, 0, 0, 0]对应“猫”，[0, 1, 0, 0]对应“狗”，[0, 0, 1, 0]对应“鸡”，[0, 0, 0, 1]对应“马”。

独热编码是将标签转换为向量最常用、最基本的方法。为了便于后续使用，我们在util.py 模块中定义该方法。

将标签转换为 one-hot 向量如代码清单 2-5 所示。

代码清单 2-5　将标签转换为 one-hot 向量

```
def to_one_hot_label(X,n):        #@保存到 dlp.py
    T = np.zeros((X.size, n))
    for idx, row in enumerate(T):
        row[X[idx]] = 1
    return T
```



上述代码中 enumerate()函数用于将一个可遍历的数据对象（如列表、元组或字符串）组合为一个索引序列，同时列出数据和数据下标，一般用在 for 循环当中。

对于一个数组，如[3, 1, 2,0]，调用 to_one_hot_label 函数的结果如下：

```
X = np.array([3, 1, 2,0])
print(to_one_hot_label(X,4))
```

```
[[0. 0. 0. 1.]
 [0. 1. 0. 0.]
 [0. 0. 1. 0.]
 [1. 0. 0. 0.]]
```

理解了分类问题并实现了独热编码之后，还需要理解数据。

### 2.2.2 MNIST 数据集

将数据集看作黑盒子不是一种好的做法。在构建神经网络之前，我们将探索数据并将其可视化，以深入了解数据为何具有预测性。

本节使用 MNIST 数据集。该数据集是机器学习领域一个经典的数据集，其历史几乎和这个领域一样长，而且已被人们深入研究。MNIST 问题是将手写数字的灰度图像（28 像素×28 像素）划分到 10 个类别中（0～9），可以看作深度学习的“Hello World”，一般用它来验证算法是否按预期运行。

### 1. 加载数据

在本书所附的程序中，MNIST 数据集存放在 datasets 文件夹下，其中包括 4 个 Numpy 数组。为了便于后续使用，我们定义一个加载 MNIST 数据集的函数 load_data（见代码清单 2-6）。

代码清单 2-6 加载 MNIST 数据集

```
def load_data(path):
    f = np.load(path)
    train_images, train_labels = f['x_train'], f['y_train']
    test_images, test_labels = f['x_test'], f['y_test']
    f.close()
    return (train_images, train_labels), (test_images, test_labels)
```

train_images 和 train_labels 组成了训练集的数据和标签，模型将从这些数据中进行学习，然后在测试集（test_images 和 test_labels）上对模型进行测试。图像 train_images 和 test_images 被编码为 Numpy 数组，而标签 train_labels 和 test_labels 是数字数组，取值范围为 0～9。图像和标签一一对应。我们来看一下数据的形状。读入图像数据如代码清单 2-7 所示。

代码清单 2-7 读入图像数据

```
(train_images,train_labels), (test_images,test_labels)=load_data('.../mnist.npz')
#用实际路径代替'...'
print(train_images.shape)
print(train_labels)
print(test_images.shape)
print(test_labels)
```

```
(60000, 28, 28)
[5 0 4 ... 5 6 8]
(10000, 28, 28)
[7 2 1 ... 4 5 6]
```

代码清单 2-8 可以直观显示 MNIST 数据集的一些样本（见图 2-4）。

代码清单 2-8 显示 MNIST 数据集的一些样本

```
import matplotlib.pyplot as plt
from IPython import display
import matplotlib_inline
from PIL import Image
def use_svg_display():
    """使用 svg 格式在 Jupyter 中显示绘图"""
```

```
    matplotlib_inline.backend_inline.set_matplotlib_formats('svg')

def set_figsize(figsize=(3.5, 2.5)):
    """设置 matplotlib 的图表大小"""
    plt.rcParams['figure.figsize'] = figsize

images = train_images[:100]
plt.figure(dpi=600)
set_figsize(figsize=(8, 8))
for i in range(0,100):
    plt.subplot(10,10,i+1)
    plt.imshow(train_images[i],cmap='Greys')
    plt.axis('off')
plt.show()
```

图 2-4　MNIST 数字图像样本

#### 2. 数据预处理

在深度学习中，需要确保数据集的形状与模型要求的形状一致，经常需要变换维度。例如，MNIST 数据集中的数据用三阶张量存放，形状为(60 000, 28, 28)。其中，张量的 0 轴为样本轴，这里是 60 000。1 轴和 2 轴是用像素值表示的图像高度和宽度，取值区间为[0, 255]。我们需要将其变换为网络要求的(60 000, 28×28)形状，并缩放到所有值都在[0, 1]区间。在代码清单 2-9 中，用 reshape()将其形状变换为(60 000, 28×28)，用 astype()将其变换为 float32 数组，并使其取值范围为 0～1，同时将训练标签和测试标签转换为独热编码。

代码清单 2-9　数据预处理

```
train_images = train_images.reshape((60000, 28 * 28))
train_images = train_images.astype('float32') / 255
train_labels = to_one_hot_label(train_labels,10)
```

### 2.2.3　神经网络

我们建立一个如图 2-5 所示的 2 层神经网络来预测手写数字。最左边的一层称为输入层，最右边的一层称为输出层，中间一层称为隐藏层。“隐藏”一词的意思是我们不清楚隐藏层神经元的权重和输出。我们把输入层到输出层的各层依次称为第 0 层、第 1 层和第 2 层（层号之所以从 0 开始，是为了方便后面基于 Python 进行实现）。在图 2-5 中，第 0 层对应输入层，第 1 层对应隐藏层，第 2 层对应输出层。除输入层之外，每一层的神经元都由线性求和函数（图中的Σ）和非线性的激活函数（图中的⟋和∫）组成。

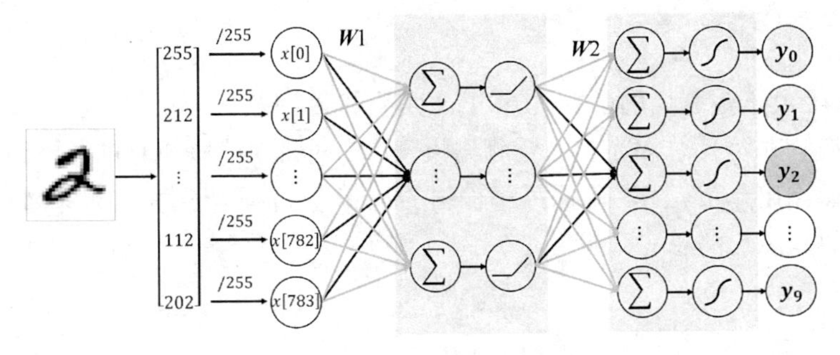


图 2-5　两层神经网络

这个神经网络有 784 个输入，10 个输出。隐藏层包含 100 个神经元，每个神经元都要对输入层的 784 个输入求和并输出一个激活值。输出层有 10 个神经元，每个神经元都要对来自隐藏层的 100 个输入求和并输出一个激活值。由于后一层的每个神经元都会受到前一层所有输出的影响，隐藏层与输入层，以及输出层与隐藏层之间都是全连接的。输入层不涉及任何计算，神经网络只需要实现隐藏层和输出层的计算。因此，这个多层神经网络中的层数为 2。

## 2.2.4　神经网络的输出

考虑手写数字分类问题，其输入的高和宽均为 28 像素，且色彩为灰度值。由于每个像素值都可以用一个标量表示，一张图像中的 28 像素×28 像素可以用一个向量 ***x***=[*x*[0], *x*[1], ⋯, *x*[783]]表示。手写数字图像分类问题如图 2-6 所示。



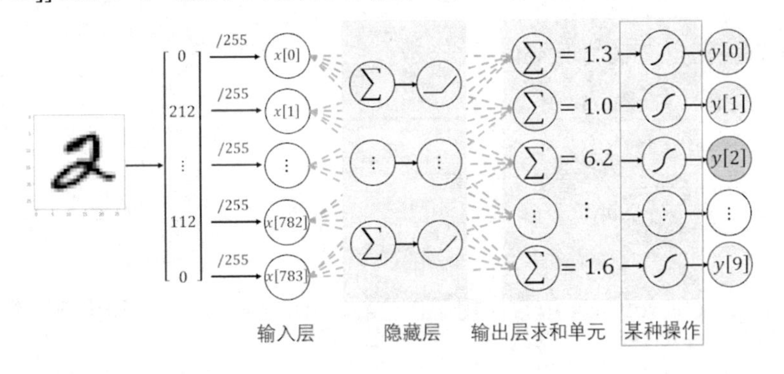


图 2-6　手写数字图像分类问题

图像分类问题的目标是，以图像的特征向量 ***x*** 作为输入，通过神经网络的若干隐藏层计算后，输出层的求和单元对最后一层隐藏层的输出求和，得到一个向量。最后对该向量用“某种操作”作为激活函数，预测输出结果是 0～9 这 10 个数字中的哪一个。

如输出向量 ***y*** 为[0.1, 0.05, 0.6, 0.0, 0.05, 0.1, 0.0, 0.1, 0.0, 0.0]，则代表分类器识别出来的是“2”，因为向量 ***y***[2]的得分高，为 0.6，而数字“2”的期望值是[0, 0, 1, 0, 0, 0, 0, 0, 0, 0]。

## 2.2.5 softmax 函数

softmax 函数正是这样的函数：softmax 函数将未规范化（所有元素之和不等于 1）的预测结果变换为非负且总和为 1 的预测结果。首先对每个未规范化的预测进行指数运算，这样可以确保输出非负。为了确保最终输出的总和为 1，要再用每个求指数运算的结果除以求它们指数运算后的总和（见图 2-7）。

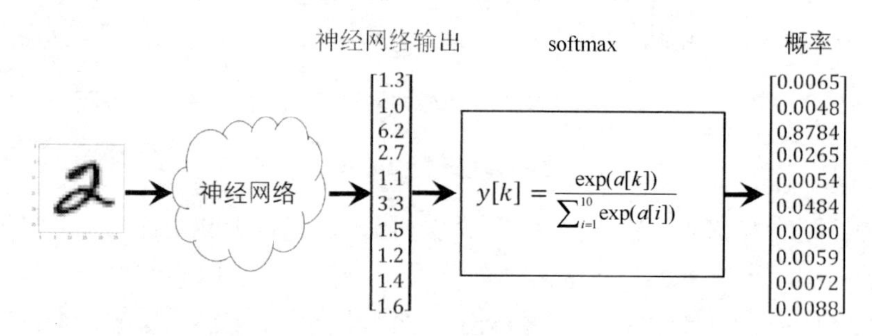


图 2-7 softmax 函数把输入映射为 0 ~ 1 之间的实数，并且保证归一化和为 1

图 2-7 中的 softmax 函数表示共有 10 个输出类型，其中第 $k$ 个输出值为 $y[k]$。softmax 函数的分子是输入 $a[k]$的指数函数，分母是所有输入的指数函数之和。显然 softmax 函数满足 $y[0]+y[1]+\cdots+y[9]=1$，且 $0\leqslant y[0], y[1],\cdots, y[9]\leqslant 1$。

这样，用 softmax 函数作为图 2-6 中的“某种操作”，得到的结果如图 2-7 所示。如果把 softmax 函数作用的结果当作概率，那么第 2 号元素的概率最大，为 0.8784。也就是选择“2”作为该图像的神经网络输出。



### 1. 实现 softmax 函数

我们可以依据定义来实现 softmax 函数：

```
def softmax(a):
    exp_a = np.exp(a)
    sum_exp_a = np.sum(exp_a)
    y = exp_a / sum_exp_a
    return y
```

利用上面定义的 softmax 函数作用于图 2-6 所示的神经网络的输出，可得图 2-6 最右边的概率输出。

```
X = np.array([1.3, 1.0, 6.2, 2.7, 1.1, 3.3, 1.5, 1.2, 1.4, 1.6])
softmax(X)
```

```
array([0.0065413 , 0.00484591, 0.87842948, 0.02652627, 0.00535556,
       0.04833402, 0.00798956, 0.00591881, 0.00722925, 0.00882983])
```

但上面定义的 softmax 函数在运算时会出现溢出，这是由于 softmax 函数的分子、分母都要对输入数据进行指数运算，指数运算的结果很容易变得非常大。例如，exp(10)会超过 20 000，exp(100)会变成一个后面有 40 多个 0 的超大值，exp(1 000)的结果会返回一个表示无穷大的 inf。如在这些超大值之间进行除法运算，那么结果会出现“不确定”的情况。

```
a = np.array([1010, 1000, 990])
softmax(a)              # array([ nan, nan, nan])  不确定
```

如果在分子、分母的指数中都减去输入数据中的最大值，根据指数函数的性质，其结果与原来的函数值相同，但此时指数是小于或等于 0 的数，其指数函数会在 0～1 的范围内，这样就避免了溢出。

说明

如果在分子、分母的指数中都减去输入数据中的最大值 $a_{\max}$，根据指数函数的性质，其结果与原来的函数值相同：

$$y_k = \frac{\exp(a_k)}{\sum_{i=1}^{n}\exp(a_i)} = \frac{\exp(-a_{\max})\exp(a_k)}{\exp(-a_{\max})\left(\sum_{i=1}^{n}\exp(a_i)\right)} = \frac{\exp(a_k - a_{\max})}{\sum_{i=1}^{n}\exp(a_i - a_{\max})}$$

但此时 $a_k - a_{\max}$ 是小于或等于 0 的数，其指数会在 0～1 的范围内。

我们来看一个具体的例子。

```
c = np.max(a) #最大值为 1010
a - c         #结果为[0, -10, -20]
np.exp(a - c) / np.sum(np.exp(a - c))   array([ 9.99954600e-01, 4.53978686e-05,
2.06106005e-09])
```

如该例所示，通过减去输入数据中的最大值（上例中的 c），使原本输出为 array([ nan, nan, nan])（不确定）的地方，现在被正确计算了。因此，可以像代码清单 2-10 一样实现 softmax 函数。

代码清单 2-10　softmax 函数的实现

```
def softmax(x):     #@保存到 dlp.py
    if x.ndim == 2:
        x = x.T
        x = x - np.max(x, axis=0)
        y = np.exp(x) / np.sum(np.exp(x), axis=0)
        return y.T
    x = x - np.max(x) # 溢出对策
    return np.exp(x) / np.sum(np.exp(x))
```

### 2. softmax 函数的特征

可以按如下方式使用 softmax()函数。

```
y = softmax(X)
print(y)
print(np.sum(y))
```

```
[0.0065413  0.00484591 0.87842948 0.02652627 0.00535556 0.04833402
```

```
 0.00798956 0.00591881 0.00722925 0.00882983]
1.0
```

如上所示，softmax 函数的输出是 0 到 1 之间的实数，并且 softmax 函数的输出值的总和是 1。输出总和为 1 是 softmax 函数的一个重要性质。正因为有了这个性质，我们才可以把 softmax 函数的输出解释为“概率”。例如，上面的例子可以解释成 $y$[0]的概率是 0.006 541 3，$y$[1]的概率是 0.004 845 91，$y$[2]的概率是 0.878 429 48，…，$y$[9]的概率是 0.008 829 83。从概率的结果来看，可以说“因为第 3 个元素的概率最高，所以答案是第 3 个类别”；还可以说“有 87.8%的概率是第 3 个类别，有 2.65 %的概率是第 4 个类别”等。也就是说，通过使用 softmax 函数，我们可以用概率的方法处理问题。

这里需要注意的是，即便使用了 softmax 函数，各个元素之间的大小关系也不会改变。这是因为指数函数 $y = \exp(x)$是单调递增函数。实际上，$a$ 的各元素的大小关系和 $y$ 的各元素的大小关系并没有改变。例如，在图 2-7 中 $a$ 的最大值是第 3 个元素，$y$ 的最大值也是第 3 个元素。

神经网络只把输出值最大的类别作为识别结果。可以使用 argmax()方法获取识别结果。

```
y.argmax()   #2
```

## 2.3　神经网络的前向传播



参考图 2-5 所示的 2 层神经网络，该网络有 784 个输入，隐藏层有 100 个神经元，输出层有 10 个神经元。

就像之前用向量 $\boldsymbol{x}$ 表示输入特征，这里用向量 $\boldsymbol{a}$ 表示激活函数的输出，意为示激活。向量 $\boldsymbol{ak}$ 表示第 $k$ 层的输出。输入层将 $\boldsymbol{x}$ 传递给隐藏层 1，也可以将输入层记为 $\boldsymbol{a}0$；下一层，即隐藏层 1 也同样会产生一些激活值，将其记作 $\boldsymbol{a}1$。具体地讲，这里的第一个结点值表示为 $a1[0]$，第二个结点值记为 $a1[1]$，以此类推。所以 $\boldsymbol{a}1$ 可以用一个 100 维的列向量表示，即 $\boldsymbol{a}1 = [a1[0], a1[1], \cdots, a1[99]]$。输出层将产生预测值 $\boldsymbol{y}$，这里有 10 种输出 $\boldsymbol{y} = [y[0], y[1], \cdots, y[9]]$。

权重的符号说明如图 2-8 所示，隐藏层及最后的输出层是带有权重 $\boldsymbol{W}$ 和偏置 $\boldsymbol{b}$ 的(这里权重 $\boldsymbol{W}$ 是一个矩阵)。我们在其后加上标号 $k$ 表示其所在的层，这样（$\boldsymbol{Wk}$，$\boldsymbol{bk}$）表示第 $k$ 层相关的权重和偏置。$\boldsymbol{Wk}$ 的每个元素写作 $wk[i][j]$，表示前一层（$k$−1 层）的第 $i$ 个神经元的输出对后一层（$k$ 层）的第 $j$ 个神经元的贡献（权重）。例如，（$\boldsymbol{W}1$，$\boldsymbol{b}1$）表示第 1 层相关的权重和偏置。其中 $\boldsymbol{W}1$ 是一个 784×100 的矩阵，因为该层有 784 个输入和 100 个隐藏神经元，如 $w1[0][j]$表示输入层的第 0 个特征对第 1 层（隐藏层 1）的第 $j$ 个神经元的贡献（见图 2-8）。$\boldsymbol{b}1$ 是一个 100 维向量。$\boldsymbol{W}2$ 和 $\boldsymbol{b}2$ 表示输出层关联的权重和偏置，分别是 100×10 矩阵和 10 维向量。100×10 是因为输出层有 10 个神经元和 100 个来自隐藏层的输出特征。

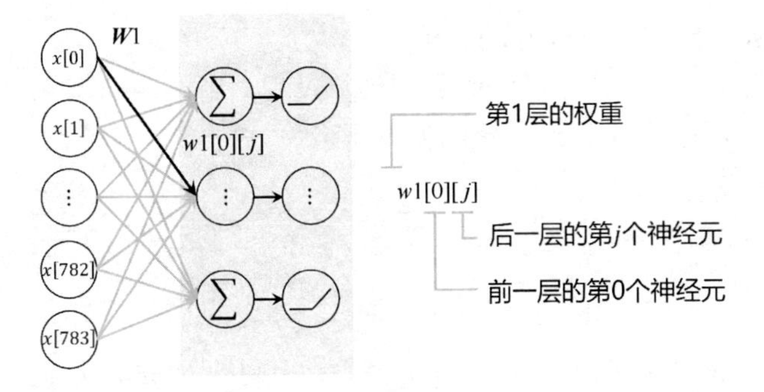


图 2-8　权重的符号说明

下面来考虑这个神经网络是如何进行计算的。

## 2.3.1　各层间数据传递

现在看一下从输入层到第 1 层的数据传递过程（见图 2-8）。输入层对第 1 层神经元的数据传递按如下方式进行计算。

```
z1 = np.dot(x, W1) + b1
```

下面用 Numpy 多维数组来实现第 1 层，这里用 MNIST 数据集中的第 5 号样本作为输入数据。

```
from com.functions import *
from datasets.load_mnist import load_data
from com.util import to_one_hot_label
# 读入数据
(train_images,train_labels),
(test_images,test_labels)=load_data('…\datasets\mnist.npz')
train_images = train_images.reshape((60000, 28 * 28))
train_images = train_images.astype('float32') / 255
train_labels=to_one_hot_label(train_labels,10)
x=train_images[5]
t=train_labels[5]
print(t)
```

```
[0. 0. 1. 0. 0. 0. 0. 0. 0. 0.]
```

由第 5 号样本的标签 [0. 0. 1. 0. 0. 0. 0. 0. 0. 0.]可知，该样本是数字“2”。

接下来需要给权重和偏置设置初始值。这里把权重初始值设置成随机数，偏置的初始值设置为 0。

```
import numpy as np
np.random.seed(1) # 设置随机数种子
W1 = np.random.normal(0, 0.01,(784, 100))
b1 = np.zeros(100)
z1 = np.dot(x, W1) + b1
```

在这个运算中 ***W*1** 是 784×100 的二维数组，***x*** 是元素个数为 784 的一维数组。这里，

***W***1 和 ***x*** 对应维度的元素个数也保持了一致。

接下来，我们观察第 1 层中激活函数的计算过程，用 *z*1 表示隐藏层的求和结果，被激活函数转换后的结果用 ***a***1 表示，代码如下所示。

```
a1=relu(z1)
print(a1.shape)
```

```
(100,)
```

relu()函数接收 Numpy 数组，并返回元素个数相同的 Numpy 数组。

最后是隐藏层到输出层的传递。输出层的实现和之前的实现基本相同。不过，最后的激活函数和之前的隐藏层有所不同，使用的是 softmax 函数。

```
W2 = np.random.normal(0, 0.01,(100, 10))
b2 = np.zeros(10)
z2 = np.dot(a1, W2) + b2
y=softmax(z2)
print(y)
p = np.argmax(y)     #取概率最大者
print(p)
```

```
[0.1019298  0.09052825 0.09950508 0.09616857 0.1129511  0.10038442
 0.08687638 0.110628   0.10258736 0.09844104]
4
```

softmax()输出的 10 个值之和为 1，即表示输出分别为 0、1、2、…、9 号标签的概率，并将概率最大者作为预测结果。尽管本次预测结果为数字“4”，事实上各个数字被预测到的概率都在 10%左右。

为方便起见，我们将本节代码封装为 predict()函数（见代码清单 2-11）。

代码清单 2-11　实现 predict()函数

```
import numpy as np
def predict(x):
    np.random.seed(1) # 设置随机数种子
    W1 = np.random.normal(0, 0.01,(784, 100))
    b1 = np.zeros(128)
    z1 = np.dot(x, W1) + b1
    a1=relu(z1)
    W2 = np.random.normal(0, 0.01,(100, 10))
    b2 = np.zeros(10)
    z2 = np.dot(a1, W2) + b2
    y=softmax(z2)
    return y
```

### 2.3.2　多个样本情况

对于多个样本，predict()函数仍然适用。

MNIST 数据集有 60 000 个训练样本。这时输入数据的形状为 60 000×784 的矩阵，程序中用 train_images 表示，即将 60 000 张图像打包作为输入数据。

```
print(train_images.shape)
Y= predict(train_images)
print(Y.shape)
```

```
(60000, 784)
(60000,10)
```

输入数据的形状为 60 000×784，输出数据的形状为 60 000×10。这表示输入的 60 000 张图像的结果被一次性输出了。比如，train_images[0]和 Y[0]中保存了第 0 张图像及其推理结果，train_images[1]和 Y[1]中保存了第 1 张图像及其推理结果等。

### 2.3.3 识别精度

对于多个样本可以评价它的识别精度（Accuracy），即能在多大程度上正确分类。为此可以定义一个 accuracy()函数。识别精度的 for 循环实现如代码清单 2-12 所示。

代码清单 2-12 识别精度的 for 循环实现

```
def accuracy_for(x,t):
    accuracy_cnt = 0
    for i in range(len(x)):
        y = predict(x[i])
        p = np.argmax(y)  # 获取概率最高的元素的索引
        tb=np.argmax(t[i])
        if p == tb:
            accuracy_cnt += 1
    print("预测精度:" + str(float(accuracy_cnt) / len(x)))

accuracy_for(train_images, train_labels)
```

```
预测精度: 0.10681666666666667
```

可以看出，程序对于 60 000 个样本的识别精度约为 10%，和概率一样。这是可以预料的，因为权重是随机赋予的。

该函数首先获得数据集中的数据 $x$ 和标签 $t$。对于数据中的每个样本 $x[i]$，调用 predict()函数进行分类，并与对应的标签 $t[i]$进行比较，计算出分类正确的样本数，最后除以样本总数。如某样本的输出为[0.1, 0.3, 0.02,⋯, 0.04]，表示数字“0”的概率为 0.1，表示数字“1”的概率为 0.3 等。用 argmax()获得这个概率列表中最大值的索引（第几个元素的概率最高）作为预测结果。

在进行识别精度的计算中，代码的运行时间较长。这是由于在代码中显式地使用 for 循环使算法很低效，同时在深度学习领域会有越来越大的数据集（本例中为 60 000）。因此，能够应用没有显式的 for 循环的算法是很重要的，这可以帮助我们使用更大的数据集。向量化技术可以允许代码摆脱这些显式的 for 循环。代码清单 2-13 使用向量化实现对识别精度进行了改进。

代码清单 2-13 识别精度的向量化实现

```
def accuracy(x, t):
    y= np.argmax(predict(x), axis=1)
    if t.ndim != 1: t = np.argmax(t, axis=1)
    accuracy = np.sum(y == t) / float(x.shape[0])
    return accuracy

accuracy(train_images,train_labels)
```

```
0.10681666666666667
```

首先，predict()函数计算出输入数据 train_images 的每个样本，并以矩阵的形式输出各个标签对应的概率，即输出矩阵 **y** 的第一个维度与输入数据 train_images 的第一个维度相同，代表样本索引，**y** 的第二个维度存储每个类的预测分数。例如，第 $i$ 号样本的输出 **y**[$i$]为[0.1, 0.3, 0.02,⋯, 0.04] 的数组，该数组表示为“0”号标签，即数字“0”的概率为 0.1；“1”号标签，即数字“1”的概率为 0.3 等。然后，我们取出这个概率列表中最大值的索引（第几个元素的概率最高）作为预测结果。用 argmax(x)函数取出数组中最大值的索引。最后，比较神经网络所预测的答案和正确解标签，将回答正确的概率作为识别精度。

我们可以比较一下识别精度的 for 循环版本和向量化版本之间的运行效率。

```
import time #导入时间库
tic = time.time() #现在测量一下当前时间
accuracy_for(train_images,train_labels)
toc = time.time()
print("For 循环版本:" + str((toc-tic)) +"s")
```

```
for 循环版本:557.512773513794s
```

```
tic = time.time() #现在测量一下当前时间
accuracy(train_images,train_labels)
toc = time.time()
print("向量化版本:" + str((toc-tic)) +"s")
```

```
向量化版本:0.6256988048553467s
```

我们用 for 循环版本和向量化版本计算了相同的值，向量化版本花费了约 0.62 秒，for 循环版本花费了约 557.51 秒。在这个例子中，仅仅是对代码进行向量化，向量化版本的效率是 for 循环版本的约 900 倍。在深度学习实践中会经常训练大数据集，所以代码运行速度非常重要。

## 2.4 监督学习与损失函数

在 2.3 节我们建立了 2 层前馈神经网络，并对 MNIST 数据集进行了识别。其中，我们随机赋值了该神经网络的 79 510 个权重，得到的识别精度取决于这些权重的随机值。多数情况下，识别精度在 10%左右，即从 10 种数字中随机抽取一种的概率。由神经生物学我们知道：通过修改由简单神经元构成的神经网络中的连接参数，就能产生智能行为。那么，如何调节这些权重参数产生智能，进而提高预测结果的精度呢？

答案是学习，即为神经网络的所有层找到一组权重值，使得该神经网络能够将每个示例的输入与其目标正确地一一对应。但这时就会出现一个问题：一个深度神经网络可能包含上千万个参数，找到所有参数的正确取值似乎是一项非常艰巨的任务，特别是考虑到修改一个参数值将影响其他所有参数的行为。

若要控制某个事物，首先需要能够观察它。若要控制神经网络的输出，则需要能够衡量该输出与预期结果之间的距离。这是神经网络损失函数（Loss Function）的任务，该函数有时也被称为目标函数（Objective Function）或代价函数（Cost Function）。

通过调整系统参数来降低损失函数，这就是监督学习的原理。

### 2.4.1 监督学习

受人类通过反复观察从而识别物体的启发，人们希望神经网络也能通过反复地预测→比较→调整权重，找出一组合适的特征，依据这些特征辨识物体。这就是监督学习的过程：首先，需要有已经标注好的数据集，即数据集里的每一张图像都有一个标签，标明该图像中的物体，这些数据称为样本；然后，选择有监督的学习算法，它将训练数据集作为输入，并输出一个“完成学习模型”；最后，我们将之前没见过的样本特征放到这个“完成学习模型”中，使用模型的输出作为相应标签的预测。监督学习过程如图 2-9 所示。

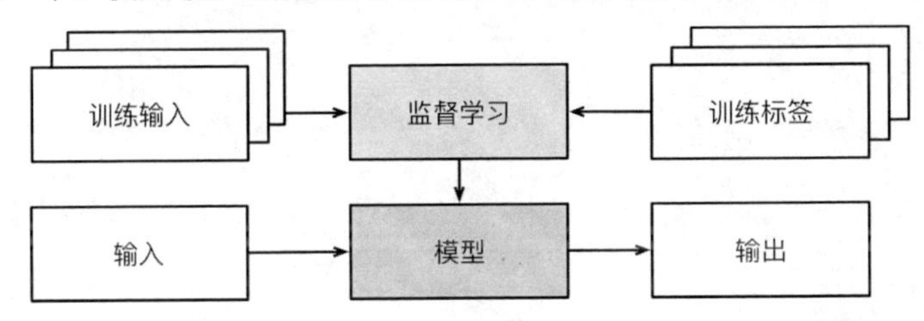


图 2-9　监督学习过程

下面我们来看看具体的监督学习过程。

用大写的 $X$ 表示（手写数字）输入数据。一开始，这些权重矩阵取较小的随机值，这一步称为随机初始化。当然，输出 softmax (dot(x, W) + b)不会得到任何有用的表示，但神经元完成了一次预测。下一步就是和正确答案进行比较，根据反馈结果逐渐调节这些权重。这个逐渐调节的过程称为训练，也就是机器学习中的学习。

上述过程发生在一个训练循环内，其具体过程如下。

（1）抽取一批训练样本和对应标签。

（2）在训练样本上运行神经元，得到预测值 $y$，这一步称为前向传播。

（3）计算神经元在这批数据上的预测值 $y$ 和目标值 $t$ 之间的距离。

（4）使用某种方法更新所有权重 $\boldsymbol{W}$ 和 $b$，使神经元在这批数据上的预测值 $y$ 和目标值 $t$ 之间的距离微下降。

必要时一直重复上述步骤。最终得到的神经元在训练数据上的预测值 $y$ 和目标值 $t$ 之间的距离非常小。这样，神经元就通过不断修改权重来纠错，进行自我调整，进而“认识”这些图像。



### 2.4.2 损失函数

神经网络利用损失函数衡量“预测值 $y$ 和目标值 $t$ 之间的距离”。如果我们期望一个系统可以从 MNIST 样本图像中识别出手写数字，那么系统就要给出 10 种输出，并且输出是一个向量。10 种类型中的每一种都会被赋予一个值。例如，第一种输出代表数字“0”类，即[1, 0, 0, 0, 0, 0, 0, 0, 0, 0]；第二种输出代表“1”类，即[0, 1, 0, 0, 0, 0, 0, 0, 0, 0]；以此类推，第十种输出代表“9”类，即[0, 0, 0, 0, 0, 0, 0, 0, 0, 1]。那么输出向量[0.1, 0.05, 0.6, 0.0, 0.05, 0.1, 0.0, 0.1, 0.0, 0.0]代表系统识别出来的是“2”类，因为“2”类的得分高，为 0.6。在训练中，“2”类的期望输出是[0, 0, 1, 0, 0, 0, 0, 0, 0, 0]。

用均方误差可以计算神经网络的输出和真实数据各个元素之差的平方，再求总和。现在，我们用 Python 来实现这个均方误差，实现方式如下所示。

```
import numpy as np
def mean_squared_error(y, t):
    return 0.5 * np.sum((y-t)**2)
```

这里的 y 和 t 是 Numpy 数组。现在使用这个函数来实际计算一下。



```
# 设“2”类为正确解
t = [0, 0, 1, 0, 0, 0, 0, 0, 0, 0]
# “2”类的概率最高的情况（0.6）
y = [0.1, 0.05, 0.6, 0.0, 0.05, 0.1, 0.0, 0.1, 0.0, 0.0]
print(mean_squared_error(np.array(y), np.array(t)))

0.09750000000000031

# “7”类的概率最高的情况（0.6）
y = [0.1, 0.05, 0.1, 0.0, 0.05, 0.1, 0.0, 0.6, 0.0, 0.0]
print(mean_squared_error(np.array(y), np.array(t)))

0.5975
```

本程序举了两个例子。在第一个例子中，正确解是“2”类，神经网络输出的最大值是“2”；在第二个例子中，正确解是“2”，假设神经网络输出的最大值是“7”，则输出错误。如计算结果所示，我们发现第一个例子的损失函数的值更小，和真实数据之间的误差较小。也就是说，均方误差显示第一个例子的输出结果与真实数据更加吻合。

#### 1. 交叉熵损失函数

针对多类别的分类问题，我们常常会建立输出为类似概率的分数（介于 0 和 1 之间且和为 1 的分数）的模型，并使用交叉熵误差作为损失函数。这种函数能将期望类别的输出推向 1，而将其他类别的输出推向 0，如图 2-10 所示。

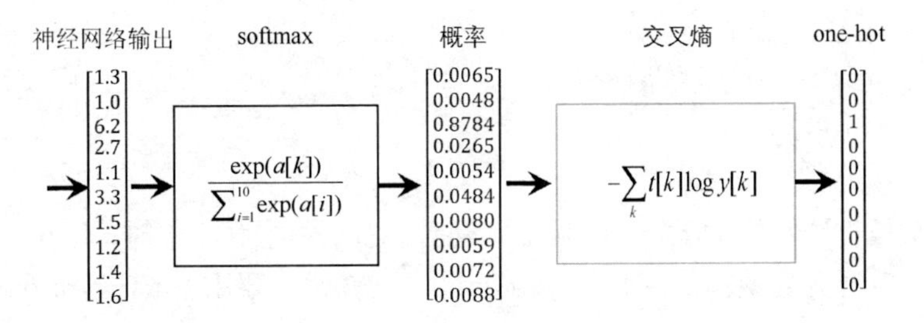


图 2-10　交叉熵损失函数能将期望类别的输出推向 1，而将其他类别的输出推向 0

图 2-10 中的 log 表示以 e 为底数的自然对数，只有正确解标签的索引为 1，其他均为 0（one-hot 表示）。因此，交叉熵损失函数实际上只计算对应正确解标签的输出的自然对数。

下面，我们用代码实现交叉熵误差。

```
def cross_entropy_error(y, t):
    delta = 1e-7
    return -np.sum(t * np.log(y + delta))
```

这里，参数 y 和 t 是 Numpy 数组。函数内部在计算 np.log 时，加上了一个微小值 delta。这是因为，当出现 np.log(0)时，np.log(0)会变为负无限大的，这样一来就会导致后续计算无法进行。作为保护性对策，添加一个微小值可以防止负无限大发生。下面，我们使用 cross_entropy_error(y, t)进行一些简单的计算。

```
t = [0, 0, 1, 0, 0, 0, 0, 0, 0, 0]
y = [0.1, 0.05, 0.6, 0.0, 0.05, 0.1, 0.0, 0.1, 0.0, 0.0]
print(cross_entropy_error(np.array(y), np.array(t))) #
y = [0.1, 0.05, 0.1, 0.0, 0.05, 0.1, 0.0, 0.6, 0.0, 0.0]
print(cross_entropy_error(np.array(y), np.array(t))) #
```

```
0.510825457099338
2.302584092994546
```

在本程序的第一个例子中，正确解标签对应的输出为 0.6，此时的交叉熵误差约为 0.51；在第二个例子中，正确解标签对应的输出为 0.1 的低值，此时的交叉熵误差约为 2.3。由此可以看出，这些结果与前面讨论的均方误差的结果在趋势上是一致的。

### 2. 多个样本损失函数

前面我们讨论的是针对单个样本的损失函数，使用训练数据进行学习，严格来说，就是针对所有训练样本计算损失函数的值，找出使该值尽可能小的参数。因此，计算损失函数时必须将所有的训练数据作为对象。如果有 1 000 个训练数据，就要把这 1 000 个损失函数的总和作为学习的指标，最后再除以 1 000 得到样本的“平均损失函数”，本教材也称其为损失函数。通过这样的平均化，可以获得和训练样本的数量无关的统一指标。

只要改良一下单个样本损失函数的交叉熵误差就可以实现一个能同时处理单个样本和批量样本（样本作为 batch 集中输入）两种情况的损失函数。

```
def cross_entropy_error(y, t):
    if y.ndim == 1:
```

```
        t = t.reshape(1, t.size)
        y = y.reshape(1, y.size)
    batch_size = y.shape[0]
    return -np.sum(t * np.log(y + 1e-7)) / batch_size
```

代码中 y 是神经网络的输出，t 是标签数据。当 y 的维度为 1 时，即求单个样本的交叉熵误差时，需要改变数据的形状。当 y 的维度为 2 时，要用 batch 的个数进行正规化，计算平均交叉熵误差。

如下面代码，参数 y 和 t 均包含两个样本，使用 cross_entropy_error(y, t)计算结果如下。

```
t = [[0, 0, 1, 0, 0, 0, 0, 0, 0, 0],[0, 0, 1, 0, 0, 0, 0, 0, 0, 0]]
y = [[0.1, 0.05, 0.6, 0.0, 0.05, 0.0, 0.0, 0.1, 0.0, 0.0], [0.1, 0.05, 0.1,
0.0, 0.05, 0.1, 0.0, 0.6, 0.0, 0.0]]
print(cross_entropy_error(np.array(y), np.array(t)))
```

```
1.406704775046942
```

该程序得到的是单次计算两个样本的平均值，这正是我们希望得到的结果。

以上代码是针对标签 t 用 one-hot 表示的情况。但是当 t 为标签形式存储时，如对于 0 号和 1 号两个样本，t 中的标签是以[2, 2]的形式存储时，前面交叉熵误差的代码是不适用的。

为了统一处理两种情况，把 one-hot-vector 标签转换为标签的索引。

```
if t.size == y.size:
t = t.argmax(axis=1)
```



这样，统一处理 one-hot 表示的标签和一维数组形式存储的标签的交叉熵误差如代码清单 2-14 所示。

代码清单 2-14　最终版的交叉熵误差

```
def cross_entropy_error(y, t):    #@保存到 dlp.py
    if y.ndim == 1:
        t = t.reshape(1, t.size)
        y = y.reshape(1, y.size)
    # 在监督数据是 one-hot-vector 的情况下，转换为标签的索引
    if t.size == y.size:
        t = t.argmax(axis=1)
    batch_size = y.shape[0]
    return -np.sum(np.log(y[np.arange(batch_size), t] + 1e-7)) / batch_size
```

### 3. 为什么要设定损失函数

读者可能会问：“为什么要引入损失函数呢？”以数字识别任务为例，既然我们的目标是获得使识别精度尽可能高的神经网络，那为什么不把识别精度作为指标，而是再引入一个损失函数呢？

在神经网络寻找最优参数（权重和偏置）时，要寻找使损失函数的值尽可能小的参数。假设我们关注一个神经网络中的某个权重参数，需要观察“如果稍微改变这个权重

参数的值，损失函数的值会如何变化”。

我们来看一个例子。假设有一组标签 t 和预测结果 y1 及稍微改变了权重之后的预测结果 y2 如下。

```
t = [[0, 0, 1, 0, 0, 0, 0, 0, 0, 0],
     [0, 0, 0, 0, 1, 0, 0, 0, 0, 0],
     [0, 0, 0, 0, 0, 0, 0, 0, 0, 1],
     [1, 0, 0, 0, 0, 0, 0, 0, 0, 0],
     [0, 0, 1, 0, 0, 0, 0, 0, 0, 0]]
y1 = [[0.1, 0.0, 0.6, 0.0, 0.05, 0.1, 0.0, 0.1, 0.0, 0.05],
     [0.0, 0.0, 0.0, 0.0, 0.75, 0.05, 0.0, 0.1, 0.0, 0.1],
     [0.0, 0.05, 0.3, 0.0, 0.05, 0.0, 0.2, 0.0, 0.0, 0.4],
     [0.5, 0.0, 0.05, 0.0, 0.0, 0.05, 0.0, 0.4, 0.0, 0.0],
     [0.1, 0.1, 0.1, 0.0, 0.0, 0.1, 0.0, 0.6, 0.0, 0.0]]
y2 = [[0.1, 0.0, 0.7, 0.0, 0.05, 0.0, 0.0, 0.1, 0.0, 0.05],
     [0.0, 0.0, 0.0, 0.0, 0.75, 0.05, 0.0, 0.1, 0.0, 0.1],
     [0.0, 0.05, 0.0, 0.0, 0.05, 0.0, 0.2, 0.0, 0.0, 0.7],
     [0.9, 0.0, 0.05, 0.0, 0.0, 0.05, 0.0, 0.0, 0.0, 0.0],
     [0.1, 0.1, 0.1, 0.0, 0.0, 0.1, 0.0, 0.6, 0.0, 0.0]]
```

在直观上，预测结果 y2 要优于预测结果 y1，因为其在样本 1、3 和 4 的置信度都有所提高。下面我们分别计算一下两种预测结果的精度和损失函数。

```
def accuracy(y,t):
    accuracy_cnt = 0
    for i in range(len(y)):
        p = np.argmax(y[i])  # 获取概率最高的元素的索引
        tb=np.argmax(t[i])
        if p == tb:
            accuracy_cnt += 1
    print("预测精度:" + str(float(accuracy_cnt) / len(y)))

print("损失函数:",cross_entropy_error(np.array(y1), np.array(t)))
accuracy(y1, t)
print("损失函数:",cross_entropy_error(np.array(y2), np.array(t)))
accuracy(y2, t)
```

```
损失函数: 0.9421057903292983
预测精度: 0.8
损失函数: 0.6817952077645847
预测精度: 0.8
```

可以看到，识别精度对这种微小的参数变化基本上没有什么反应，即便有反应，它的值也是不连续、突然变化的。而从损失函数可以看出预测结果 y2 要优于预测结果 y1。

# 2.5 梯度下降法

我们已经实现了损失函数，接下来就是如何找到这样一组使损失函数最低的 $\boldsymbol{W}$ 和 $b$。

## 2.5.1 梯度下降

在二维情况下，可以将损失函数视作一处山坳。假设的山坳形状如图 2-11 所示（喀斯特地形常见这种山坳）。山上任意地点的位置用参数 $w$ 和 $b$ 表示（假如分别代表东西向和南北向），海拔高度是该地点对应的损失值，为 $L(w,b)$。

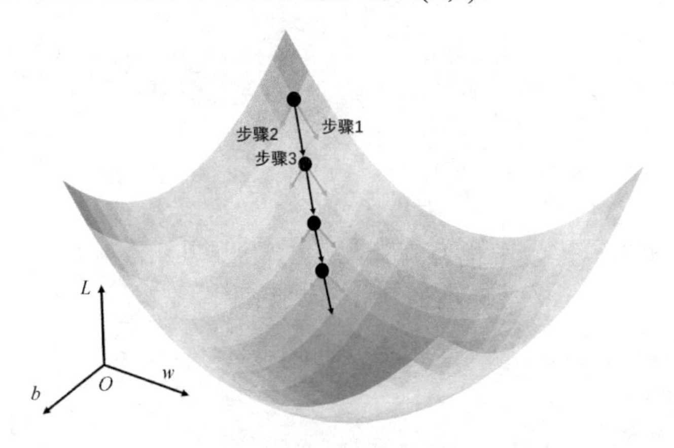


图 2-11　假设的山坳形状

要想尽快地从山中一个海拔较高的位置到达海拔较低的位置或底部，在没有明确路线的情况下，我们会选择沿着坡度最大的路线前进（见图 2-11）。我们要试探周围（比如一步的范围内）哪个方向最低，然后朝着这个最低的方向迈出第一步，接着再用同样的方法试探下一步。这样一步一步向前，最终会到达海拔较低的位置或底部。具体步骤如下：

步骤 1：首先转向 $w$ 方向（向东），先试探很小的一步 $h$，测量相应的高度变化$\Delta L = L(w+h,b) - L(w,b)$，如果$\Delta L$ 小于 0，即海拔降低，说明这是下山的方向；如果$\Delta L$ 大于 0，即海拔升高，说明这是上山的方向。同时，坡度越陡对于现实目标越有利。可以用得到的高度差值除以步长来衡量沿 $w$ 方向的坡度。为了方便起见，用$\partial L/\partial w$ 表示沿 $w$ 方向的坡度。

$$\partial L/\partial w=[L(w+h, b) - L(w,b)]/h$$

这样，$-\partial L/\partial w$ 就是下山的方向。上式可以用如下程序表示。

```
def numerical_dl_dw(L, w,b):
    h = 1e-4
    return (L(w+h, b) - L(w-h, b)) / (2*h)
```

为了降低数值误差，代码实际计算的是 $L$ 在$(w + h)$和$(w - h)$之间的差分。因为这种计

算方法以 $w$ 为中心来计算它左右两边的差分，所以也称为中心差分。如上式所示，利用微小的差分求导数的过程称为数值微分（Numerical Differentiation）。

我们看一个具体的函数：$L=w^2+0.5\times b^2$。

这个式子可以用 Python 来实现，代码如下。

```
def L(w,b):
    return w**2 +0.5* b**2

L(3,4)      #在(3,4)位置的高度
```

```
17
```

现在我们来计算函数 $L$ 在(3, 4)点沿 $w$ 方向的坡度。

```
numerical_dl_dw(L,3,4)
```

```
6.00000000000378
```

步骤 2：逆时针转 90 度，沿着 $b$ 的方向（向北）前进，重复上述操作，计算沿 $b$ 的方向的坡度，并用$\partial L/\partial b$ 表示。

$$\partial L/\partial b=[L(w,b+h) - L(w,b)]/h$$

同样，下山的方向是$-\partial L/\partial b$。用程序描述如下：

```
def numerical_dl_db(L, w, b):
    h = 1e-4
    return (L(w, b+h) - L(w, b-h)) / (2*h)
```

现在我们来计算函数 $L=w^2+0.5\times b^2$ 在(3, 4)点沿 $b$ 方向的坡度。

```
numerical_dl_db(L, 3,4)
```

```
4.000000000008441
```

上述两个方向的坡度$\partial L/\partial w$ 和$\partial L/\partial b$ 分别称为损失函数 $L$ 对 $w$ 和 $b$ 的偏导数。偏导数是通过固定除一个变量以外的所有变量而获得的函数的导数形式。这两个特殊的导数构成的向量$(\partial L/\partial w,\partial L/\partial b)$称为梯度。

对于山坳来说，梯度就是坡度最陡的方向。向着与该梯度相反的方向前进，就是朝着山坳底部移动。$(\partial L/\partial w, \partial L/\partial b)$相反的方向$(-\partial L/\partial w, -\partial L/\partial b)$就是下降最快的方向。

对于用函数 $L=w^2+0.5\times b^2$ 表示的山坳，在(3, 4)点沿 $b$ 方向的梯度为(6.0, 4.0)。

步骤 3：沿着$(-\partial L/\partial w, -\partial L/\partial b)$方向迈出第一步，就向着山坳底部前进了一步。新的位置是将向量$(w, b)$用其本身值减去梯度向量，并乘以迈出的步长 lr（学习率）来代替的。

$$w = w - \mathrm{lr} * \partial L/\partial w$$

$$b = b - \mathrm{lr} * \partial L/\partial b$$

上述位置更新过程用程序实现的代码如下所示。

```
def update(L,w,b,lr):
    dw = numerical_dl_dw(L, w, b)
    db = numerical_dl_db(L, w, b)
    w -= lr*dw
```

```
    b -= lr*db
    return w,b
```

假设学习率为 0.01，那么函数 $L=w^2+0.5\times b^2$ 在(3, 4)点沿梯度相反方向迈出一步的新的位置和高度如下。

```
w,b = update(L, 3, 4, 0.01)
print(w,b)
L(w,b)
```

```
2.939999999999962   3.959999999999156
16.484399999999443
```

梯度下降过程就是寻找山坳底部的过程，即找到产生最低损失值的可训练参数的值。

梯度下降法的实现步骤如下。

（1）计算当前权重向量值（在当前点）的损失函数。

（2）测量每个方向的坡度（偏导数），并将其存放在梯度向量 $(\partial L/\partial w, \partial L/\partial b)$中。

（3）沿着与梯度相反的方向更新权重向量，将权重向量的每个分量替换为其当前值减去梯度向量的相应分量乘以步长 lr，即 $w' = w - \mathrm{lr} * \partial L/\partial w$，$b' = b - \mathrm{lr} * \partial L/\partial b$。

（4）重复以上操作直至到达山坳底部——得损失函数的最小值。

朝着当前所在位置的梯度最大方向前进，这就是梯度下降法的策略。用程序表示如下：

```
def gradient_descent(L, w,b, lr=0.1, step_num=10):
    L_history = []
    for i in range(step_num):
        w,b =update(L,w,b,lr)
        L_history.append(L(w,b))
    return np.array(L_history)
```



下列代码给出了从函数 $L=w^2+0.5\times b^2$ 的(3, 4)点出发，采用 0.1 的学习率，沿着梯度方向连续走 10 步之后各个点的高度。

```
gradient_descent(L, 3.0,4.0)
```

```
array([12.24      ,  8.9352    ,  6.610824  ,  4.95368712,  3.75579516,
        2.87791158,  2.22596758,  1.73574363,  1.36288667,  1.07637617])
```

### 2.5.2 梯度的实现

我们在 2.5.1 节中实现了在有两个变量的情况下，按变量分别计算 $w$ 和 $b$ 的偏导数。我们现在希望一起计算 $w$ 和 $b$ 的偏导数，同时变量个数不再局限于两个，可以是任意多个的情况，并将这些偏导数汇总成梯度。数值梯度实现如代码清单 2-15 所示。

代码清单 2-15　数值梯度实现

```
def numerical_gradient(f, x):
    h = 1e-4  # 0.0001
    grad = np.zeros_like(x)  #这个函数方便地构造了新矩阵，无须用参数指定 shape 大小
```

```
    it = np.nditer(x, flags=['multi_index'], op_flags=['readwrite'])  #针对多维数组的迭代器
    while not it.finished:
        idx = it.multi_index
        tmp_val = x[idx]
        x[idx] = float(tmp_val) + h
        fxh1 = f(x)  # f(x+h)
        x[idx] = tmp_val - h
        fxh2 = f(x)  # f(x-h)
        grad[idx] = (fxh1 - fxh2) / (2 * h)
        x[idx] = tmp_val  # 还原值
        it.iternext()
    return grad
```

需要说明的是，np.zeros_like(x)会生成一个形状和输入 x 相同、所有元素都为 0 的数组。

在函数 numerical_gradient(f, x)中，参数 f 为函数，x 为 Numpy 数组，该函数对 Numpy 数组中的 x 的各个元素求数值微分。现在，我们用这个函数实际计算一下 2.5.1 节中损失函数 $L$ 的梯度。为此，需要重新定义一下 $L$，使其接收 Numpy 数组中的 $x$ 而不是接收 $w$ 和 $b$ 两个数值作为参数。这里我们求点(3, 4)处的梯度。

```
def L(x):
    return x[0]**2 + 0.5*x[1]**2

numerical_gradient(L, np.array([3.0, 4.0]))
```

```
array([6., 4.])
```

### 2.5.3 梯度下降法的实现

现在，我们来将 2.5.1 节的梯度下降法推广到多个维度。梯度下降法的实现如代码清单 2-16 所示。

代码清单 2-16 梯度下降法的实现

```
def gradient_descent(f, init_x, lr=0.01, step_num=100):
    x = init_x
    for i in range(step_num):
        grad = numerical_gradient(f, x)
        x -= lr * grad
    return x
```

在代码清单 2-16 中，参数 f 是要进行最优化的函数，init_x 是初始值，lr 是学习率，即 learning rate，step_num 是梯度法的重复次数。numerical_gradient(f,x)会求函数的梯度，用该梯度乘以学习率得到的值进行更新操作，由 step_num 指定重复的次数。

使用这个函数可以求函数的极小值，如果顺利，还可以用它求函数的最小值。下面，我们就来尝试解决求 $L$ 的最小值问题。

```
init_x = np.array([3.0, 4.0])
gradient_descent(L, init_x=init_x, lr=0.01, step_num=1000)
```

```
array([5.04890207e-09, 1.72684990e-04])
```

这里，设初始值为[3.0, 4.0]，开始使用梯度法寻找最小值，得到的最终结果非常接近真实最小值(0, 0)。图 2-12 给出了梯度法的更新过程，由图 2-12 可知，原点处是最低的地方，函数的取值一点点在向其靠近。

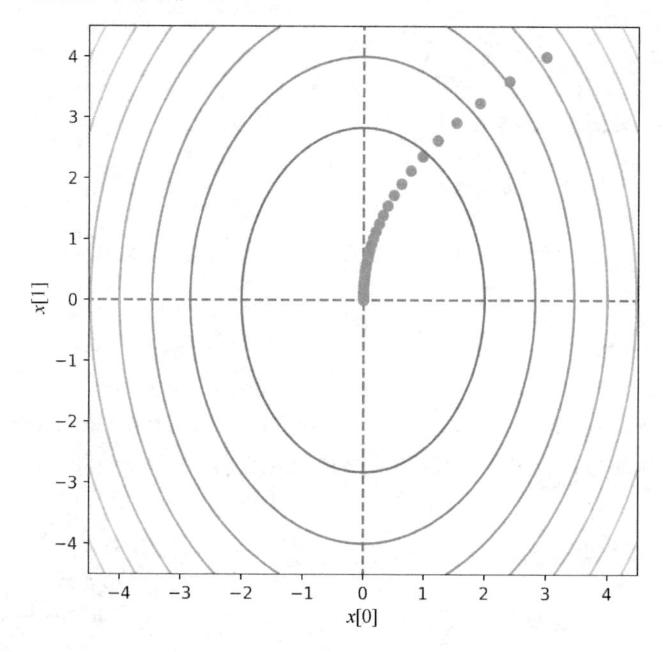


图 2-12　梯度法的更新过程（虚线是函数的等高线）

上述计算过程的程序实现如代码清单 2-17 所示。

代码清单 2-17　显示更新过程

```
import matplotlib.pylab as plt

def gradient_descent(f, init_x, lr=0.01, step_num=100):
    x = init_x
    x_history = []
    for i in range(step_num):
        x_history.append( x.copy() )
        grad = numerical_gradient(f, x)
        x -= lr * grad
    return x, np.array(x_history)

init_x = np.array([3.0, 4.0])
lr = 0.1
step_num = 200
x, x_history = gradient_descent(L, init_x, lr=lr, step_num=step_num)
a1 = np.arange(-4.5, 4.5, 0.01)
```

```
a2 = np.arange(-4.5, 4.5, 0.01)
X, Y = np.meshgrid(a1, a2)
def f(x, y):
    return x**2 + 0.5*y**2
Z = f(X, Y)
plt.figure(figsize=(4,4), dpi=300)
plt.plot( [-5, 5], [0,0], '--b')
plt.plot( [0,0], [-5, 5], '--b')
plt.plot(x_history[:,0], x_history[:,1], 'o')
plt.contour(X, Y, Z)
plt.xlim(-4.5, 4.5)
plt.ylim(-4.5, 4.5)
plt.xlabel("x[0]")
plt.ylabel("x[1]")
plt.show()
```

代码清单 2-17 中重新定义了 gradient_descent，添加了 x_history 用于记录历史过程。下面来看看学习率 lr 过大或过小会产生什么样的结果。我们来实践一下。

```
# 学习率过大的例子：lr=10.0
init_x = np.array([3.0, 4.0])
gradient_descent(L, init_x=init_x, lr=10.0, step_num=100)
```

```
array([1.91874883e+13, 1.85725522e+08])
```



```
# 学习率过小的例子：lr=1e-10
init_x = np.array([3.0, 4.0])
gradient_descent(L, init_x=init_x, lr=1e-10, step_num=100)
```

```
array([2.99999994, 3.99999996])
```

以上两个例子的结果表明，学习率过大的话，其会发散成一个很大的值；反过来，学习率过小的话，需要更多次迭代，会降低效率。也就是说，设定合适的学习率是一个很重要的问题。

## 2.6 学习算法的实现

我们来确认一下神经网络的学习步骤。

神经网络包含合适的权重和偏置，调整权重和偏置以拟合训练数据的过程称为“学习”。神经网络的学习包括下面 4 个步骤。

（1）步骤 1（mini-batch）：从训练数据中随机选出一部分数据，这部分数据称为 mini-batch，我们的目标是减小 mini-batch 损失函数的值。

（2）步骤 2（计算梯度）：为了减小 mini-batch 损失函数的值，需要求出各个权重参数的梯度，梯度表示损失函数的值减小最多的方向。

（3）步骤 3（更新参数）：将权重参数沿梯度方向进行微小更新。

（4）步骤 4（重复）：重复步骤 1、步骤 2、步骤 3。

神经网络的学习按照上面 4 个步骤进行。这个方法通过梯度下降法更新参数，不过因为这里使用的数据是随机选择的 mini-batch 数据，所以又称为随机梯度下降法（Stochastic Gradient Descent）。“随机”是“随机选择的”的意思，因此随机梯度下降法是“对随机选择的数据进行的梯度下降法”。

在深度学习的很多框架中，随机梯度下降法一般由一个名为 SGD 的函数来实现。SGD 来源于随机梯度下降法英文名称的首字母。

下面，我们来实现手写数字识别的神经网络。这里以两层神经网络（隐藏层为 1 层的网络）为对象，使用 MNIST 数据集进行学习。

### 2.6.1 两层神经网络模型

我们将这个两层神经网络实现为一个名为 TwoLayerNet 的类，实现过程如代码清单 2-18 所示。

代码清单 2-18 实现两层神经网络

```
class TwoLayerNet:
    def __init__(self, input_size, hidden_size,output_size, weight_init_std=0.01):
        # 初始化权重
        self.params = {}
        self.params['W1'] = weight_init_std * np.random.randn(input_size,
hidden_size)
        self.params['b1'] = np.zeros(hidden_size)
        self.params['W2'] = weight_init_std * np.random.randn(hidden_size,
output_size)
        self.params['b2'] = np.zeros(output_size)

    def predict(self, x):
        W1, W2 = self.params['W1'], self.params['W2']
        b1, b2 = self.params['b1'], self.params['b2']
        a1 = np.dot(x, W1) + b1
        z1 = relu(a1)
        a2 = np.dot(z1, W2) + b2
        y = softmax(a2)
        return y

    # x:输入数据。t:监督数据
    def loss(self, x, t):
        y = self.predict(x)
        return cross_entropy_error(y, t)

    def accuracy(self, x, t):
```

```
        y = self.predict(x)
        y = np.argmax(y, axis=1)
        t = np.argmax(t, axis=1)
        accuracy = np.sum(y == t) / float(x.shape[0])
        return accuracy

    # x:输入数据。t:监督数据
    def numerical_gradient(self, x, t):
        loss_W = lambda W: self.loss(x, t)
        grads = {}
        grads['W1'] = numerical_gradient(loss_W, self.params['W1'])
        grads['b1'] = numerical_gradient(loss_W, self.params['b1'])
        grads['W2'] = numerical_gradient(loss_W, self.params['W2'])
        grads['b2'] = numerical_gradient(loss_W, self.params['b2'])
        return grads
```

虽然这个类的实现有些长，但是因为和 2.3 节神经网络的前向传播的实现有许多共通之处，所以并没有太多新的知识点。TwoLayerNet 类有 params 和 grads 两个字典型实例变量。params 变量中保存了权重参数，比如 params['W1']以 Numpy 数组的形式保存了第 1 层的权重参数。此外，第 1 层的偏置可以通过 param['b1'] 进行访问。这里来看一个例子。

```
net = TwoLayerNet(input_size=784, hidden_size=100, output_size=10)
net.params['W1'].shape # (784, 100)
net.params['b1'].shape # (100,)
net.params['W2'].shape # (100, 10)
net.params['b2'].shape # (10,)
```



如上所示，params 变量中保存了该神经网络所需的全部参数，并且 params 变量中保存的权重参数会用在推理处理（前向处理）中。推理处理的实现如下所示。

```
x = np.random.rand(100, 784) # 伪输入数据（100 笔）
y = net.predict(x)
```

与 params 变量对应，grads 变量中保存了各个参数的梯度。使用 numerical_gradient() 方法计算梯度后，梯度的信息将保存在 grads 变量中。

```
x = np.random.rand(100, 784)           # 伪输入数据（100 笔）
t = np.random.rand(100, 10)            # 伪正确解标签（100 笔）
grads = net.numerical_gradient(x, t)   # 计算梯度
grads['W1'].shape # (784, 100)
grads['b1'].shape # (100,)
grads['W2'].shape # (100, 10)
grads['b2'].shape # (10,)
```

接着，我们来看一下 TwoLayerNet 类的方法的实现。首先是__init__(self, input_size, hidden_size, output_size)方法，它是类的初始化方法（所谓初始化方法，就是生成 TwoLayerNet 类的实例时被调用的方法）。从第 1 个参数开始，依次表示输入层的神经元

数、隐藏层的神经元数、输出层的神经元数。另外，因为进行手写数字识别时，输入图像的大小是 784（28 像素×28 像素），输出为 10 个类别，所以指定参数 input_size=784、output_size=10，将隐藏层的个数 hidden_size 设置为一个合适的值即可。

此外，这个初始化方法会对权重参数进行初始化。如何设置权重参数的初始值这一问题是关系到神经网络能否成功学习的重要问题。后面我们会详细讨论权重参数的初始化，这里只需要知道权重使用符合高斯分布的随机数进行初始化，偏置使用 0 进行初始化。predict(self, x)和 accuracy(self, x, t)的实现见代码清单 2-11 和代码清单 2-13。另外，loss(self, x, t) 是计算损失函数值的方法。这个方法会基于 predict()的结果和正确解标签，计算交叉熵误差。

剩下的 numerical_gradient(self, x, t)方法会计算各个参数的梯度，并根据数值微分计算各个参数相对于损失函数的梯度。

### 2.6.2 神经网络的训练

神经网络学习的实现使用的是前面介绍过的 mini-batch 学习。所谓 mini-batch 学习，就是从训练数据中随机选择一部分数据（称为 mini-batch），再以这些 mini-batch 为对象，使用梯度法更新参数的过程。下面，我们就以 TwoLayerNet 类为对象，使用 MNIST 数据集进行学习。为了减少运算时间，我们只用 2 000 个训练样本和 200 个测试样本。训练神经网络如代码清单 2-19 所示。



代码清单 2-19　训练神经网络

```
import time #导入时间库
# 读入数据
(x_train, t_train), (x_test, t_test) = load_data('…/mnist.npz') #用实际路径代替这里的“…”，后续情况相同
x_train = x_train[:2000]
t_train = t_train[:2000]
x_test = x_test[:200]
t_test = t_test[:200]
x_train = x_train.reshape((2000, 28 * 28))
x_train = x_train.astype('float32') / 255
x_test = x_test.reshape((200, 28 * 28))
x_test = x_test.astype('float32') / 255
t_train=to_one_hot_label(t_train,10)
t_test=to_one_hot_label(t_test,10)
network = TwoLayerNet(input_size=784, hidden_size=50, output_size=10)
iters_num = 800  # 适当设定循环的次数
train_size = x_train.shape[0]
batch_size = 20
learning_rate = 0.1
train_loss_list = []
train_acc_list = []
test_acc_list = []
```

```
iter_per_epoch =10# max(0.1*train_size / batch_size, 1)
tic = time.time() #现在测量一下当前时间
for i in range(iters_num):
    batch_mask = np.random.choice(train_size, batch_size)
    x_batch = x_train[batch_mask]
    t_batch = t_train[batch_mask]
    # 计算梯度
    grad = network.numerical_gradient(x_batch, t_batch)
    # 更新参数
    for key in ('W1', 'b1', 'W2', 'b2'):
        network.params[key] -= learning_rate * grad[key]
    loss = network.loss(x_batch, t_batch)
    train_loss_list.append(loss)
    if i % iter_per_epoch == 0:
        train_acc = network.accuracy(x_train, t_train)
        test_acc = network.accuracy(x_test, t_test)
        train_acc_list.append(train_acc)
        test_acc_list.append(test_acc)
        print("迭代次数: " + str(i) + "  训练精度, 测试精度 | " + str(train_acc) +
", " + str(test_acc))
toc = time.time()
print("耗时:" + str((toc-tic)) +"s")
```

```
迭代次数: 0  训练精度, 测试精度 | 0.1165, 0.115
迭代次数: 10  训练精度, 测试精度 | 0.2205, 0.155
迭代次数: 20  训练精度, 测试精度 | 0.1655, 0.14
……
迭代次数: 650  训练精度, 测试精度 | 0.934, 0.92
迭代次数: 660  训练精度, 测试精度 | 0.9325, 0.915
迭代次数: 670  训练精度, 测试精度 | 0.936, 0.93
……
迭代次数: 770  训练精度, 测试精度 | 0.948, 0.91
迭代次数: 780  训练精度, 测试精度 | 0.947, 0.905
迭代次数: 790  训练精度, 测试精度 | 0.95, 0.89
耗时:4050.1025977134705s
```

这里，batch_size 的大小为 20，需要每次从 2 000 个训练数据中随机取出 20 个数据（图像数据和正确解标签数据）。然后，对这个包含 20 笔数据的 mini-batch 求梯度，使用随机梯度下降法（SGD）更新参数。这里，随机梯度下降法的更新次数（循环的次数）为 800。每更新一次都对训练数据计算损失函数的值，并把该值添加到数组中。

经过 4 000 秒以上的运算后，我们得到了最高 95%的训练精度和最高 93%的测试精度。

### 2.6.3 基于测试数据的评价

神经网络学习的目标是泛化能力，要评价泛化能力，就必须使用不包含在训练数据中的数据。下面的代码在进行学习的过程中，会定期地对训练数据和测试数据记录识别精度。这里，每经过一个 epoch，我们都会记录下训练数据和测试数据的识别精度。

epoch 是一个单位。一个 epoch 表示学习中所有训练数据均被使用过一次时的更新次数。例如，对于 2 000 笔训练数据，用大小为 20 笔数据的 mini-batch 进行学习时，重复随机梯度下降法 20 次，所有的训练数据就都被“看过”了。此时，20 次就是一个 epoch。

在上面的例子中，每经过一个 epoch 就对所有的训练数据和测试数据计算识别精度，并记录结果。之所以要计算每个 epoch 的识别精度，是因为如果在 for 语句的循环中一直计算识别精度，会花费太多时间，并且也没有必要那么频繁地记录识别精度（只要从大方向上大致把握识别精度的推移就可以了）。因此，我们才会每经过一个 epoch 就记录一次训练数据的识别精度。

代码清单 2-20 把从代码清单 2-19 中得到的结果用图表示了出来。

代码清单 2-20　绘制图像

```
# 绘制图形
markers = {'train': 'o', 'test': 's'}
x = np.arange(len(train_acc_list))
plt.figure(figsize=(4,3), dpi=600)
plt.rcParams['font.sans-serif'] = ['SimHei']  # 显示中文（替换 sans-serif 字体）
plt.plot(x, train_acc_list, label='训练精度')
plt.plot(x, test_acc_list, label='测试精度', linestyle='--')
plt.xlabel("迭代轮次")
plt.ylabel("精度")
plt.ylim(0, 1.0)
plt.legend(loc='lower right')
plt.show()
```

在图 2-13 所示的训练数据和测试数据的识别精度的推移中，实线表示训练数据的训练精度，虚线表示测试数据的测试精度。如图 2-13 所示，随着 epoch 的前进（学习的进行），我们发现使用训练数据和测试数据评价的精度都提高了，并且这两个精度基本上没有差异（两条线基本重叠在一起）。因此，可以说这次的学习中没有发生过拟合的现象。

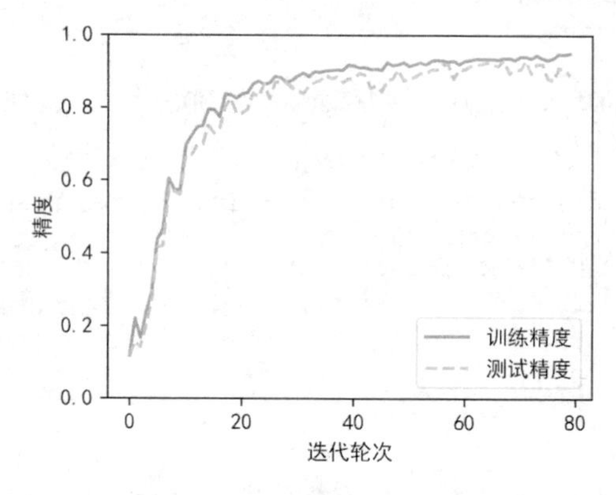


图 2-13　训练数据和测试数据的识别精度的推移（横轴的单位是 epoch）

## 2.7 练习题

1．为什么引入非线性激活函数？

2．分类问题中能否使用均方误差作为损失函数？

3．为什么不把识别精度作为指标，而是再引入一个损失函数？

4．结合 MNIST 数据集中的测试集，以识别精度为例，用程序说明向量化实现和 for 循环实现的计算效率差别。

5．用数值梯度下降法从(3.0, 4.0)开始寻找函数 f:w**4+b**2 的最小值。

6．使用更多或更少样本（如 4 000 个或 1 000 个样本）训练 2.6 节中的两层神经网络，比较训练结果。

### 本章小结

（1）通过修改由简单的神经元构成的网络中的连接，就能产生智能行为。

（2）一层线性函数接着一层激活函数构成一个神经元。

（3）神经元中的激活函数使用平滑变化的 sigmoid 函数或 ReLU 函数。

（4）神经网络用训练数据进行学习，并用测试数据评价学习到的模型的泛化能力。

（5）神经网络的学习以损失函数为指标，通过更新权重参数，使损失函数的值减小。

（6）利用某个给定的微小值的差分求导数的过程称为数值微分。

（7）利用数值微分可以计算损失函数相对于权重参数的梯度，进而实现学习算法。

# 3　神经网络的反向传播

本章包括以下内容：

- 反向传播；
- 层的概念；
- 神经网络如何通过反向传播与梯度下降进行学习。

在上一章中，我们介绍了神经网络的学习，并通过数值微分计算了神经网络的损失函数关于权重参数的梯度。数值微分虽然简单，也容易实现，但缺点是在计算上非常费时。本章我们将学习一个能够高效计算权重参数的梯度的方法——反向传播。

## 3.1　反向传播的基础知识

反向传播基于的数学概念是复合函数求导的链式法则。复合函数就是将一个函数作用于另一个函数的输出。比如，一个神经元是由一个线性操作和一个非线性（激活）操作构成的复合函数。

$$\boldsymbol{z}=\mathrm{dot}(\boldsymbol{W},\boldsymbol{x})+\boldsymbol{b}$$
$$\boldsymbol{y}=\mathrm{activate}(\boldsymbol{z})$$

式中，dot 表示点积运算；activate 表示激活函数，可以是 sigmoid 、 ReLU 或 softmax 等。

多层神经网络可以视为由多个上述函数嵌套成的复合函数。比如，对于图 3-1 所示的两层神经网络，利用复合函数可以表示为：

$$\boldsymbol{y}=\mathrm{softmax}\left(\underbrace{\mathrm{dot}\left(\boldsymbol{W}2,\mathrm{ReLU}\left[\underbrace{\mathrm{dot}(\boldsymbol{W}1,\boldsymbol{x})+\boldsymbol{b}1}_{z1}\right]\right)+\boldsymbol{b}2}_{z2}\right)$$

这是一个由变量 $\boldsymbol{W}1$、$\boldsymbol{b}1$、$\boldsymbol{W}2$ 和 $\boldsymbol{b}2$（分别属于第 1 个和第 2 个密集连接层）参数化的函数，其中用到的基本运算是加法、 dot 、 ReLU 和 softmax 。

反向传播是这样一种方法：利用复合函数求导的链式法则，通过基本运算（如加法、dot、sigmoid、ReLU 或 softmax）的导数，可以轻松计算出这些运算任意组合之后得到的复杂运算的梯度。

链式法则定义如下：如果某个函数由复合函数表示，则该复合函数的导数可以用构成复合函数的各个函数的导数的乘积表示。

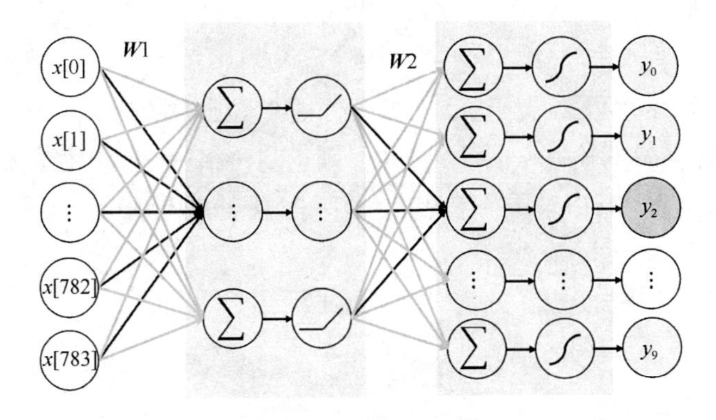


图 3-1　两层神经网络

比如，$z=[(2\times x+y)]^2$ 可以看作由下面两个函数构成的复合函数：

$$z=u^2$$

$$u=2\times x+y$$

$z$ 对 $x$ 的导数分别由 $z$ 对 $u$ 的导数和 $u$ 对 $x$ 的导数的乘积表示。显然，$z$ 对 $u$ 的导数为 $2\times u$，$u$ 对 $x$ 的导数是 2，于是 $z$ 对 $x$ 的导数就是：$2\times u\times 2=4\times(2\times x+y)$。同样，$z$ 对 $y$ 的导数分别由 $z$ 对 $u$ 的导数和 $u$ 对 $y$ 的导数的乘积表示。$z$ 对 $u$ 的导数为 $2\times u$，$u$ 对 $y$ 的导数是 1，于是 $z$ 对 $y$ 的导数就是：$2\times u\times 1=2\times(2\times x+y)$。

将链式法则应用于神经网络梯度的计算就得到了一种反向传播的算法。我们来具体看一下它的工作原理。



## 3.2　反向传播的实现

神经网络的每一层都可以看作是由一个线性函数和一个激活函数构成的。这样，只要计算出各层中线性函数和激活函数的导数，再利用链式法则便可以完成深度神经网络反向传播的计算。此外，还可以将中间的计算结果全部保存起来，进而高效计算梯度。

我们把要实现的每一层中的线性函数和激活函数也称为“层”（Layer），包括 ReLU 层、sigmoid 层、Linear 层和 softmax-with-Loss 层等。

注意：这里的层与神经网络中的输入层、隐藏层和输出层有所区别，后者的层一般包括这里的一个或多个层。

### 3.2.1　ReLU 层

激活函数 ReLU 由下式表示。

$$y=\begin{cases}x\,(x>0)\\0\,(x\leqslant 0)\end{cases}$$

其导数如下：

$$\frac{\mathrm{d}y}{\mathrm{d}x}=\begin{cases}1(x>0)\\0(x\leqslant 0)\end{cases}$$

如果正向传播时的输入 $x$ 大于 0，则反向传播会将上游的值原封不动地传给下游。反过来，如果正向传播时的输入 $x$ 小于等于 0，则反向传播中传给下游的值将停在此处。

现在我们来实现 ReLU 层。在神经网络的层的实现中，一般假定 forward()和 backward()的参数是 Numpy 数组。

现在我们来实现 ReLU 层（见代码清单 3-1）。

代码清单 3-1　ReLU 层的实现

```
class Relu:    #@保存到 dlp.py
    def __init__(self):
        self.mask = None

    def forward(self, x):          # 假设输入 x= [1,-2,3]
        self.mask = (x <= 0)       # 那么 self.mask  =  [F,T,F]
        out = x.copy()             # out =  [1,-2,3]
        out[self.mask] = 0         # 将 mask 为 T 的元素设为 0，为 F 的元素不变，于是 out
                                   =  [1,0,3]
        return out

    def backward(self, dout):      # 假设单位输入 dout  =  [1,1,1]
        dout[self.mask] = 0        # self.mask = [F,T,F] ，将 mask 为 T 的元素设为 0，
                                   dout = [1,0,1]
        dx = dout                  # dx = [1,0,1]
        return dx
```

mask 是形状与 $x$ 相同的数组，但其元素由 True/False 构成。当正向传播时输入 $x$ 的元素 $x[i]$小于等于 0，则对应的 mask[$i$]为 True，其他大于 0 的元素保存为 False。如下例所示，mask 数组根据元素是否大于 0 来判断将其保存为 True 还是 False。

```
x = np.array( [[1.0, -0.5], [-2.0, 3.0]] )
print(x)
mask = (x <= 0)
print(mask)
```

```
[[ 1.  -0.5]
 [-2.   3. ]]
[[False  True]
 [ True False]]
```

如果正向传播时的输入值小于等于 0，则反向传播的值为 0。因此，反向传播中会使用正向传播时保存的实例变量 mask，将从上游传来的 dout 的实例变量 mask 中元素为 True 的地方设为 0。

## 3.2.2 sigmoid 层

sigmoid 函数由下式表示。

$$y = \frac{1}{1+\exp(-x)}$$

其导数如下：

$$\frac{\mathrm{d}y}{\mathrm{d}x} = \frac{1}{\left[1+\exp(-x)\right]^2}\exp(-x) = \frac{1}{1+\exp(-x)}\frac{\exp(-x)}{1+\exp(-x)} = y(1-y)$$

于是，sigmoid 函数的前向传播和反向传播如图 3-2 所示。

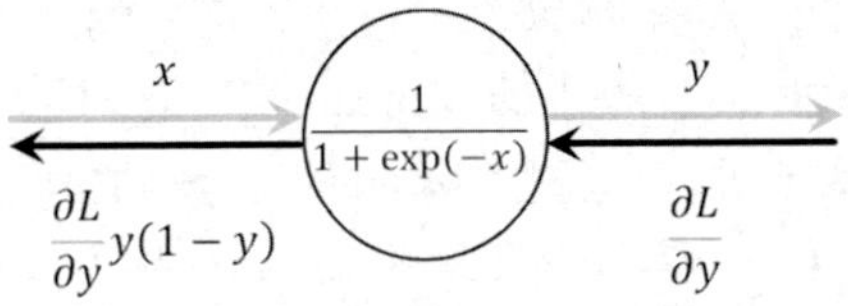

图 3-2 sigmoid 函数的前向传播（向右箭头）和反向传播（向左箭头）

现在，我们用 Python 实现 sigmoid 层（见代码清单 3-2）。

代码清单 3-2 sigmoid 层的实现

```
class Sigmoid:    #@保存到 dlp.py
    def __init__(self):
        self.out = None

    def forward(self, x):
        out = 1 / (1 + np.exp(-x))
        self.out = out
        return out

    def backward(self, dout):
        dx = dout * (1.0 - self.out) * self.out
        return dx
```

在代码清单 3-2 中，在正向传播时，输出被保存在了实例变量 out 中；在反向传播时，使用实例变量 out 进行计算。

可以看到，sigmoid 函数的导数表达式最终可以表达为激活函数输出值的简单运算，利用这一性质，在神经网络的梯度计算中，通过缓存每层的 sigmoid 函数输出值，即可在需要的时候计算出其导数。

## 3.2.3 Linear 层

现在我们来考虑 Linear 层的反向传播。以矩阵为对象的反向传播，按矩阵的各个元素进行计算时，步骤和以标量为对象的计算相同。相关计算公式如下：

$$\frac{\partial L}{\partial X} = \frac{\partial L}{\partial Y}\boldsymbol{W}^{\mathrm{T}}, \quad \frac{\partial L}{\partial W} = \boldsymbol{X}^{\mathrm{T}}\frac{\partial L}{\partial Y}$$

其中，$\boldsymbol{W}^{\mathrm{T}}$ 中的 T 表示转置。转置操作会把 $\boldsymbol{W}$ 的元素（$i, j$）换成元素（$j, i$）。如果 $\boldsymbol{W}$ 的形状是（2, 3），$\boldsymbol{W}^{\mathrm{T}}$ 的形状就是（3, 2）。现在，我们看一下各个变量的形状。尤其要注意，$\boldsymbol{X}$ 和 $\frac{\partial L}{\partial X}$ 形状相同，$\boldsymbol{W}$ 和 $\frac{\partial L}{\partial W}$ 形状相同。矩阵的乘积运算要求对应维度的元素个数保持一致。比如，$\boldsymbol{X}$ 的形状是（2,），$\boldsymbol{Y}$ 的形状是（3,），$\boldsymbol{W}$ 的形状是（2, 3）时，$\frac{\partial L}{\partial Y}$ 和 $\boldsymbol{W}^{\mathrm{T}}$ 的乘积使得 $\frac{\partial L}{\partial X}$ 的形状为（2,）。

前面介绍的 Linear 层的输入 $\boldsymbol{X}$ 是以单个数据为对象的。现在我们考虑 $N$ 个数据一起进行正向传播的情况，也就是批量版本的 Linear 层。这时输入 $\boldsymbol{X}$ 的形状是（$N$,2）。之后就和前面一样，在计算图上进行单纯的矩阵计算。反向传播时，如果注意矩阵的形状，就可以和前面一样推导出 $\frac{\partial L}{\partial X}$ 和 $\frac{\partial L}{\partial W}$。

加上偏置时需要特别注意。正向传播时，偏置被加到 $\boldsymbol{X} \cdot \boldsymbol{W}$ 的各个数据上。比如，$N=2$（数据为 2 个）时，偏置会被分别加到这 2 个数据（各自的计算结果）上，具体的例子如下所示。

```
X_dot_W = np.array([[0, 0, 0], [10, 10, 10]])
B = np.array([1, 2, 3])
X_dot_W
X_dot_W + B
```



因此，反向传播时，各个数据反向传播的值需要汇总为偏置的元素。用代码表示如下。

```
dY = np.array([[1, 2, 3,], [4, 5, 6]])
dB = np.sum(dY, axis=0)
```

在这个例子中，假定数据有 2 个（$N=2$）。偏置的反向传播会对这 2 个数据的导数按元素进行求和。因此，这里使用了 np.sum() 对第 0 轴（以数据为单位的轴，axis=0）方向上的元素进行求和。

综上所述，Linear 层的实现如代码清单 3-3 所示。

代码清单 3-3　Linear 层的实现

```
class Linear:    #@保存到 dlp.py
    def __init__(self, W, b):
        self.W =W
        self.b = b
        self.x = None
        self.original_x_shape = None
        # 权重和偏置的导数
        self.dW = None
        self.db = None
```

```
def forward(self, x):
    # 对应张量
    self.original_x_shape = x.shape
    x = x.reshape(x.shape[0], -1)
    self.x = x
    out = np.dot(self.x, self.W) + self.b
    return out

def backward(self, dout):
    dx = np.dot(dout, self.W.T)
    self.dW = np.dot(self.x.T, dout)
    self.db = np.sum(dout, axis=0)
    # 还原输入数据的形状（对应张量）
    dx = dx.reshape(*self.original_x_shape)
    return dx
```

### 3.2.4 softmax-with-Loss 层

最后介绍一下输出层的 softmax 函数。前面我们提到过，softmax 函数会将输入值正规化之后再输出。比如识别手写数字时 softmax 层的输出如图 3-3 所示。

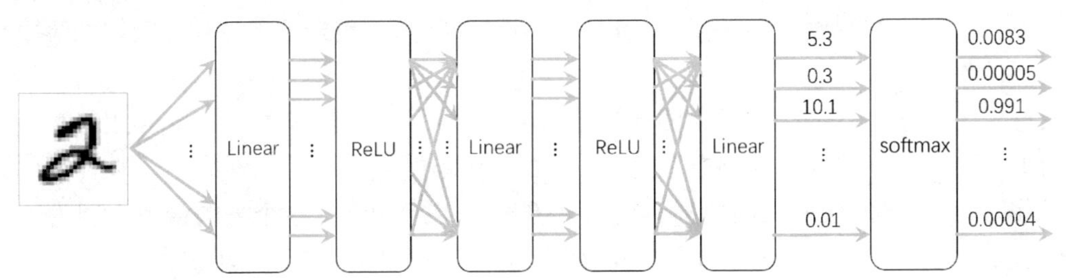


图 3-3　识别手写数字时 softmax 层的输出

在图 3-3 中，输入图像通过 Linear 层和 ReLU 层进行转换，10 个输入通过 softmax 层进行正规化（将输出值的和调整为 1）之后再输出。在这个例子中，“0”的得分是 5.3，这个值经过 softmax 层转换为 0.0083（0.83%）；“2”的得分是 10.1，被 softmax 层转换为 0.991（99.1%）。

在神经网络中进行的处理有推理（Inference）和学习两个阶段。神经网络的推理通常不使用 softmax 层。比如，用图 3-3 所示的网络进行推理时，会将最后一个 Linear 层的输出作为识别结果。神经网络中未被正规化的输出结果（图 3-3 中 softmax 层前面的 Linear 层的输出）有时被称为“得分”。也就是说，在神经网络的推理只需要给出一个答案的情况下，因为此时只需获得最大值，所以不需要 softmax 层。不过，神经网络的学习阶段则需要 softmax 层。

下面来实现 softmax 层。考虑到这里也包含作为损失函数的交叉熵误差（Cross Entropy Error），所以称为“softmax-with-Loss 层”。softmax-with-Loss 层有些复杂，图 3-4 所示为 softmax-with-Loss 层的前向传播和反向传播。在图 3-4 中，softmax 函数记为 softmax 层，

交叉熵误差记为 Cross Entropy Error 层。这里假设要进行 3 类分类，从前面的层接收 3 个输入（得分）。softmax 层将输入$(a_1, a_2, a_3)$正规化，输出$(y_1, y_2, y_3)$。Cross Entropy Error 层接收 softmax 层的输出$(y_1, y_2, y_3)$和标签$(t_1, t_2, t_3)$，从这些数据中输出损失。

在图 3-4 中要注意的是反向传播的结果。softmax 层的反向传播得到了$(y_1 - t_1, y_2 - t_2, y_3 - t_3)$这样"漂亮"的结果。由于$(y_1, y_2, y_3)$是 softmax 层的输出，$(t_1, t_2, t_3)$是标签，所以$(y_1 - t_1, y_2 - t_2, y_3 - t_3)$是 softmax 层的输出和标签的差。神经网络的反向传播会把这个差表示的误差传递给前面的层，这是神经网络学习中的重要性质。

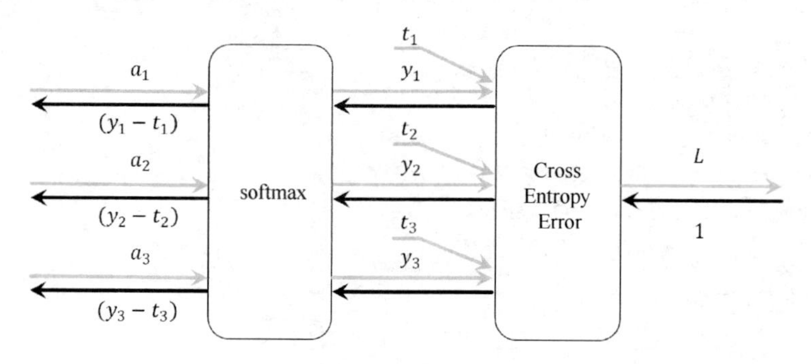


图 3-4　softmax-with-Loss 层的前向传播（向右箭头）和反向传播（向左箭头）

神经网络学习的目的就是通过调整权重参数，使神经网络的输出（softmax 层的输出）接近标签。因此，必须将神经网络的输出与标签的误差高效地传递给前面的层。刚刚的$(y_1 - t_1, y_2 - t_2, y_3 - t_3)$正是 softmax 层的输出与标签的差，直接表示了当前神经网络的输出与标签的误差。



这里考虑一个具体的例子，即标签是（0, 1, 0），softmax 层的输出是(0.3, 0.2, 0.5)的情形。因为正确解标签处的概率是 0.2（20%），这个时候的神经网络未能进行正确识别。此时，softmax 层的反向传播传递的是(0.3, –0.8, 0.5)这样一个大的误差。因为这个大的误差会向前面的层传播，所以 softmax 层前面的层会从这个大的误差中学习到"大"的内容。

使用交叉熵误差作为 softmax 函数的损失函数后，反向传播就得到了$(y_1 - t_1, y_2 - t_2, y_3 - t_3)$这样"漂亮"的结果。

再举一个例子，即标签是(0, 1, 0)，softmax 层的输出是(0.01,0.99, 0)的情形（这个神经网络识别得相当准确）。此时 softmax 层的反向传播传递的是(0.01, −0.01, 0)这样一个小的误差。这个小的误差也会向前面的层传播，因为误差很小，所以 softmax 层前面的层学到的内容也很"小"。现在来进行 softmax-with-Loss 层的实现，如代码清单 3-4 所示。

代码清单 3-4　softmax-with-Loss 层的实现

```
class SoftmaxWithLoss:     #@保存到 dlp.py
    def __init__(self):
        self.loss = None
        self.y = None # softmax 的输出
        self.t = None # 监督数据
```

```python
    def forward(self, x, t):
        self.t = t
        self.y = softmax(x)
        self.loss = cross_entropy_error(self.y, self.t)
        return self.loss

    def backward(self, dout=1):
        batch_size = self.t.shape[0]
        if self.t.size == self.y.size: # 监督数据是 one-hot-vector 的情况
            dx = (self.y - self.t) / batch_size
        else:
            dx = self.y.copy()
            dx[np.arange(batch_size), self.t] -= 1
            dx = dx / batch_size
        return dx
```

这个实现利用了 softmax()和 cross_entropy_error()函数。因此，这里的实现非常简单。请注意反向传播时，将要传播的值除以批的大小（batch_size）后，传递给前面的层的是单个数据的误差。

## 3.3 学习算法的实现





我们已经实现了 ReLU 层、sigmoid 层、Linear 层和 softmax-with-Loss 层。有了这些层，我们可以像搭积木一样构建神经网络。

神经网络的学习分成下面 4 个步骤。

（1）步骤 1（mini-batch）：从训练数据中随机选出一部分数据，这部分数据称为 mini-batch。我们的目标是减小 mini-batch 的损失函数的值。

（2）步骤 2（计算梯度）：为了减小 mini-batch 的损失函数的值，需要求出各个权重参数的梯度。梯度表示损失函数的值减小最多的方向。

（3）步骤 3（更新参数）：将权重参数沿梯度方向进行微小更新。

（4）步骤 4（重复）：依次重复步骤 1、步骤 2、步骤 3。

### 3.3.1 构建多层神经网络模型

现在将上述计算预测输出的过程以“类和对象”的方式来描述。我们将该多层神经网络抽象为一个名为 SequentialNet 的类。

先将这个类的实例变量和方法整理成表 3-1 和表 3-2。

表 3-1　SequentialNet 类的实例变量

| 变量 | 说明 |
| --- | --- |
| Params | 保存神经网络的参数的字典型变量。<br>params['W1'] 是第 1 层的权重， params['b1'] 是第 1 层的偏置。<br>params['W2'] 是第 2 层的权重， params['b2'] 是第 2 层的偏置。<br>…… |
| Layers | 保存神经网络的层的有序字典型变量。<br>以 layers['Linear1']、layers['ReLU1']、layers['Linear2']、layers['ReLU2']……的形式，通过有序字典型变量保存各个层 |
| lastLayer | 神经网络的最后一层。多数情况下为 softmax-with-Loss 层 |

表 3-2　SequentialNet 类的方法

| 方法 | 说明 |
| --- | --- |
| __init__(self,input_size,hidden_size, output_size,weight_init_std) | 进行初始化。参数从头开始依次是输入层的神经元数、隐藏层的神经元数、输出层的神经元数、初始化权重高斯分布的规模 |
| __init_weight(self, weight_init_std) | 初始化权重时高斯分布的规模 |
| predict(self, x) | 进行识别（推理），参数 x 是图像数据 |
| loss(self, x, t) | 计算损失函数的值，参数 x 是图像数据，参数 t 是正确解标签 |
| accuracy(self, x, t) | 计算识别精度，参数 x 是图像数据，参数 t 是正确解标签 |
| gradient(self, x, t) | 通过误差反向传播法计算关于权重参数的梯度，参数 x 是图像数据，参数 t 是正确解标签 |



通过使用层，获得识别结果的处理（predict()）和计算梯度的处理（gradient()）只需通过层之间的传递就能完成。下面我们来看一下 SequentialNet 类的方法的实现。

### 1. 初始化方法

首先是类的初始化方法：__init__()（所谓初始化方法，就是生成 SequentialNet 实例时被调用的方法）。从第 1 个参数开始，依次表示输入层的神经元数、隐藏层的神经元数、输出层的神经元数。其参数如下。

（1）input_size：输入大小（使用 MNIST 数据集的情况下为 784）。

（2）hidden_size_list：隐藏层神经元数量的列表（e.g. [512, 128]）。

（3）output_size：输出大小（使用 MNIST 数据集的情况下为 10）。

（4）activation：'relu'函数或'sigmoid'函数。

（5）weight_init_std：指定权重的标准差（e.g. 0.01）。

实现 SequentialNet 类如代码清单 3-5 所示。

代码清单 3-5　实现 SequentialNet 类

```
from collections import OrderedDict    #@保存到 dlp.py
class SequentialNet:
    def __init__(self, input_size, hidden_size_list, output_size,
activation='relu', weight_init_std=0.01):
```

```
        self.input_size = input_size
        self.output_size = output_size
        self.hidden_size_list = hidden_size_list
        self.hidden_layer_num = len(hidden_size_list)
        self.params = {}
        # 初始化权重
        self.__init_weight(weight_init_std)
        # 生成层
        activation_layer = {'sigmoid': sigmoid, 'relu': ReLU}
        self.layers = OrderedDict()
        for idx in range(1, self.hidden_layer_num+1):
            self.layers['Linear' + str(idx)] = Linear(self.params['W' +
str(idx)], self.params['b' + str(idx)])
            self.layers['Activation_function' + str(idx)] =
activation_layer[activation]()
        idx = self.hidden_layer_num + 1
        self.layers['Linear' + str(idx)] = Linear(self.params['W' + str(idx)],
self.params['b' + str(idx)])
        self.last_layer = SoftmaxWithLoss()
```

参数 activation='relu'表示默认激活函数使用“relu”，该参数有两个选项“relu”和“sigmoid”。参数 weight_init_std=0.01 则表示指定权重的标准差为 0.01。

在代码清单 3-5 中将神经网络的层保存为 OrderedDict。OrderedDict 是有序字典，“有序”是指它可以记住向字典里添加元素的顺序。因此，神经网络的正向传播只需按照添加元素的顺序调用各层的 forward()方法就可以完成处理，而反向传播只需按照相反的顺序调用各层即可。因为 Linear 层和 ReLU 层的内部会正确处理正向传播和反向传播，接下来要做的事情就是以正确的顺序连接各层，再按顺序（或逆序）调用各层。

### 2. 权重初始化

__init_weight 方法就是对所有权重参数进行初始化的方法。此外，这个初始化方法会对权重参数进行初始化，即__init_weight(weight_init_std)。如何设置权重参数的初始值这个问题是关系到神经网络能否成功学习的重要问题。在第 4 章我们会详细讨论权重参数的初始化，这里只需要知道，权重使用符合高斯分布的随机数进行初始化，偏置使用 0 进行初始化（见代码清单 3-6）。

代码清单 3-6 权重初始化

```
    def __init_weight(self, weight_init_std):
        all_size_list = [self.input_size] + self.hidden_size_list +
[self.output_size]
        for idx in range(1, len(all_size_list)):
            scale = weight_init_std
            self.params['W' + str(idx)] = scale *
```

```
np.random.randn(all_size_list[idx-1], all_size_list[idx])
            self.params['b' + str(idx)] = np.zeros(all_size_list[idx])
```

### 3. 预测

神经网络的预测就是神经网络的正向传播，只需按照添加层的顺序调用各层的forward()方法就可以完成处理，如代码清单 3-7 所示。

代码清单 3-7　神经网络的预测

```
def predict(self, x):
    for layer in self.layers.values():
        x = layer.forward(x)
    return x
```

### 4. 损失函数

loss(self, x, t) 是计算损失函数的方法。这个方法基于 predict()的结果和正确解标签 t 来计算交叉熵误差。计算损失函数如代码清单 3-8 所示。

代码清单 3-8　计算损失函数

```
def loss(self, x, t):
    y = self.predict(x)
    return self.last_layer.forward(y, t)
```



### 5. 计算精度

accuracy(self, x, t)用于计算识别精度，即能在多大程度上正确分类。其实现和代码清单 2-13 完全相同，为方便起见，此处给出了代码清单 3-9 所示的计算损失函数。

代码清单 3-9　计算损失函数

```
def accuracy(self, x, t):
    y = self.predict(x)
    y = np.argmax(y, axis=1)
    if t.ndim != 1 : t = np.argmax(t, axis=1)
    accuracy = np.sum(y == t) / float(x.shape[0])
    return accuracy
```

### 6. 梯度计算

梯度计算就是按照向有序字典里添加元素的相反顺序进行的计算，按照相反的顺序调用各层，即需利用 layers.reverse()方法对有序字典进行倒序排序。gradient(self, x, t)方法根据各层的 backward()方法计算各个参数相对损失函数的梯度。字典变量 grads 存放各层的梯度。grads['W1']、grads['W2']等是各层的权重，grads['b1']、grads['b2']等是各层的偏置。梯度计算如代码清单 3-10 所示。

代码清单 3-10 梯度计算

```
def gradient(self, x, t):
    loss = self.loss(x, t) #先计算损失值
    dout = 1
    dout = self.last_layer.backward(dout)
    layers = list(self.layers.values())
    layers.reverse()
    for layer in layers:
        dout = layer.backward(dout)
    # 设定
    grads = {}
    for idx in range(1, self.hidden_layer_num+2):
        grads['W' + str(idx)] = self.layers['Linear' + str(idx)].dW
        grads['b' + str(idx)] = self.layers['Linear' + str(idx)].db
    return grads
```

### 7. 保存和加载模型参数

训练的目的是形成一个最优的模型，并用此模型去预测以前没有见过的图像。因此，模型需要具有保存和加载功能，即具备保存和加载权重 $\boldsymbol{W}$ 与 $b$ 的功能。代码清单 3-11 就展示了如何利用 pickle 实现此功能。

代码清单 3-11 保存和加载模型参数

```
def save_params(self, file_name="params.pkl"):
    params = {}
    for key, val in self.params.items():
        params[key] = val
    with open(file_name, 'wb') as f:
        pickle.dump(params, f)

def load_params(self, file_name="params.pkl"):
    with open(file_name, 'rb') as f:
        params = pickle.load(f)
    for key, val in params.items():
        self.params[key] = val
    for idx in range(1, self.hidden_layer_num+2):
        self.layers['Linear' + str(idx)].W = self.params['W' + str(idx)]
        self.layers['Linear' + str(idx)].b = self.params['b' + str(idx)]
```

### 8. 模型用法

SequentialNet 类有 params 和 grads 两个字典型实例变量。params 变量中保存了权重参数，比如 params['W1']以 Numpy 数组的形式保存了第 1 层的权重参数。此外，第 1 层的偏置可以通过 param['b1'] 进行访问。

可以用下述方法创建 SequentialNet 类的对象。

```
network = SequentialNet(input_size=784,hidden_size_list=[512, 128],
output_size=10)
```

因为进行时装图像识别时，输入图像的大小是 784（28 像素×28 像素），输出为 10 个类别，所以指定参数 input_size=784、output_size=10。hidden_size_list=[512,128]表示有两个隐藏层，第一个隐藏层有 512 个神经元，第二个隐藏层有 128 个神经元。

可以查看一下模型的参数。

```
print(network.params['W1'].shape)          # (784, 512)
print(network.params['b1'].shape)           # (512,)
print(network.params['W2'].shape)         # (512,128)
print(network.params['b2'].shape)           # (128,)
print(network.params['W3'].shape)        # (128, 10)
print(network.params['b3'].shape)           # (10,)
```

如上所示，params 变量中保存了该神经网络所需的全部参数，并且 params 变量中保存的权重参数会用在推理处理（前向处理）中。推理处理的实现代码如下所示。

```
x = np.random.rand(10, 784)   # 随机输入数据（10 笔）
y = network.predict(x)
print(y)
```



此外，与 params 变量对应，grads 变量中保存了各个参数的梯度。使用 gradient()方法计算梯度后，梯度的信息将保存在 grads 变量中。

```
t = np.random.rand(10, 10) # 随机正确解标签（10 笔）
grads = network.gradient(x, t) # 计算梯度
print(grads['W1'].shape)               # (784, 512)
print(grads['b1'].shape)                 # (512,)
print(grads['W2'].shape)               # (512, 128)
print(grads['b2'].shape)                # (128,)
print(grads['W3'].shape)               # (128, 10)
print(grads['b3'].shape)                # (10,)
```

### 3.3.2 随机梯度下降法

在实际问题中，数据集往往非常大，如果每次都使用全量数据进行计算，效率非常低。由于参数每次只沿着梯度反方向更新一点点，因此方向并不需要那么精确。一个合理的解决方案是每次从总的数据集中随机抽取出一小部分数据来代表整体，基于这部分数据计算梯度和损失来更新参数，这种方法被称作随机梯度下降法（Stochastic Gradient Descent，SGD），其核心概念如下。

（1）mini-batch：每次迭代时抽取出来的一批数据被称为一个 mini-batch。

（2）batch_size：一个 mini-batch 所包含的样本数目称为 batch_size。

（3）epoch：当程序迭代时，按 mini-batch 逐渐抽取出样本，当把整个数据集都遍历到的时候，则完成了一轮训练，也叫一个 epoch。启动训练时，可以将训练的轮数 num_epochs

和 batch_size 作为参数传入。

SGD 是朝着梯度方向只前进一定距离的简单方法。我们将 SGD 实现为一个 Python 类。为方便后面使用，将其实现为一个名为 SGD 的类，并放在 optimizer.py 模块中。随机梯度下降法的实现如代码清单 3-12 所示。

代码清单 3-12　随机梯度下降法的实现

```
import numpy as np
class SGD:    #@保存到 dlp.py
    """随机梯度下降法（Stochastic Gradient Descent）"""
    def __init__(self, lr=0.01):
        self.lr = lr

    def update(self, params, grads):
        for key in params.keys():
            params[key] -= self.lr * grads[key]
```

进行初始化时的参数 lr 表示学习率。代码段中还定义了 update(params, grads)方法，该方法在 SGD 中会被反复调用。参数 params 和 grads 是字典型变量，按 params['W1']、grads['W1']的形式，分别保存权重参数和它们的梯度。

使用这个 SGD 类，可以按如下代码进行神经网络的参数更新。

```
network = SequentialNet(...)
optimizer = SGD()
for i in range(10000):
    ...
    x_batch, t_batch = get_mini_batch(...) # mini-batch
    grads = network.gradient(x_batch, t_batch)
    params = network.params
    optimizer.update(params, grads)
...
```

代码中出现的变量名 optimizer 表示“优化算法”，这里由 SGD 承担这个角色。参数的更新由 optimizer 负责完成。这里需要做的只是将参数和梯度的信息传给 optimizer。像这样通过单独实现进行最优化的类，功能的模块化很简单。第 4 章会实现其他最优化算法，如 Adam，它们同样会实现成拥有 update(params, grads)这个方法的形式。这样只需要将 optimizer = SGD()换成 optimizer = Adam()，就可以将 SGD 算法切换为 Adam 算法。

## 3.4　训练与预测

我们已经实现了模型训练需要的所有要素，下面将实现训练部分。

### 3.4.1 构建训练器

在每次迭代中，程序读取一小批量训练样本，并通过模型来获得一组预测。计算完损失后，先开始反向传播，存储每个参数的梯度，然后调用优化算法 SGD 更新模型参数。

训练循环：

（1）初始化参数；

（2）重复以下训练，直到完成。

① 计算梯度；

② 更新参数。

在每个迭代周期（Epoch）中，使用 iter_id 遍历整个数据集，并将训练数据集中的所有样本都使用一次。这里的迭代周期个数 num_epochs 和学习率 lr 都是超参数，如分别设为 30 和 0.01。设置超参数是个棘手的问题，需要通过反复试验进行调整。

为了后续使用方便，我们把神经网络的学习过程抽象为一个名为 Trainer 的类。

#### 1. 初始化方法

类的初始化方法为__init__()，其作用包括：加载神经网络模型（SequentialNet 类创建的对象 network）；加载训练数据、验证数据；选择一个优化器，参数 optimizer='SGD'，'SGD'表示采用随机梯度下降法作为优化器（目前只有 SGD，第 4 章将介绍另几类优化器）；设置学习率，optimizer_param={'lr':0.1}表示默认的学习率为 0.1。实现 Trainer 类如代码清单 3-13 所示。



代码清单 3-13 实现 Trainer 类

```
import matplotlib.pyplot as plt
class Trainer:    #@保存到 dlp.py
    def __init__(self, network, x_train, t_train, x_validate, t_validate,
epochs=30, mini_batch_size=128,
                 optimizer='SGD', optimizer_param={'lr':0.05}, verbose=True):
        self.network = network
        self.verbose = verbose
        self.x_train = x_train
        self.t_train = t_train
        self.x_validate = x_validate
        self.t_validate = t_validate
        self.epochs = epochs
        self.batch_size = mini_batch_size
        # 优化器
        optimizer_class_dict = {'sgd':SGD}
        self.optimizer = optimizer_class_dict[optimizer.lower()](**optimizer_param)
        self.train_size = x_train.shape[0]
        self.train_loss_list = []
        self.validate_loss_list = []
```

```
        self.train_acc_list = []
        self.validate_acc_list = []
```

### 2. mini-batch 学习

神经网络的学习实现使用的是 mini-batch 学习。所谓 mini-batch 学习，就是从训练数据中随机选择一部分数据（称为 mini-batch，即小批量），再以这些 mini-batch 为对象，使用梯度法更新参数的过程。

数据处理需要实现拆分数据批次和样本乱序（为了实现随机抽样的效果）两个功能。

对于 MNIST 数据集，代码清单 3-13 读入的训练图像 train_images 中一共包含 60 000 条数据，如果 batch_size=128，即取前 0～127 号样本作为第一个 mini-batch，命名为 train_images1 和 train_labels1。

```
train_images1 = train_images[0:128]          # (128, 784)
train_labels1 = train_labels[0:128]          # (128, 10)
```

使用第 0～127 号样本计算梯度并更新网络参数。

```
optimizer = SGD()
grads = network.gradient(train_images1, train_labels1)
optimizer.update(network.params, grads)
loss = network.loss(train_images1, train_labels1)
print(loss)
```

```
2.36650598842973
```

再取出第 127～255 号样本作为第二个 mini-batch，计算梯度并更新网络参数。

```
train_images2 = train_images[128:256]
train_labels2 = train_labels[128:256]
grads = network.gradient(train_images2, train_labels2)
optimizer.update(network.params, grads)
loss = network.loss(train_images2, train_labels2)
print(loss)
```

```
2.346191661885549
```

按此方法不断取出新的 mini-batch，并逐渐更新网络参数。

在实际中一般将 train_images 和 train_labels 分成大小为 batch_size 的多个 mini-batch，代码如下所示。

```
mini-batches = [index[k:k + self.batch_size] for k in range(0, self.train_size, 
self.batch_size)]
```

将 train_images 和 train_labels 分成 469 个 mini-batch，其中前 468 个 mini-batch 中每个均含有 128 个样本，最后一个 mini-batch 只含有 96 个样本。将每个随机抽取的 mini-batch 数据输入模型中用于参数训练。训练过程的核心是两层循环。

第一层循环，代表样本集合要被训练遍历几次，称为“epoch”。

```
for epoch_id in range(self.epochs):
```

epoch 是一个单位。一个 epoch 表示学习中所有训练数据均被使用过一次时的更新次数。对于 60 000 笔训练数据，用大小为 128 笔数据的 mini-batch 进行学习时，重复随机梯度下降法 469 次，所有的训练数据就都被“看过”了；对于包含 60 000 个样本的训练数据，用每一批次包含 128 个样本的 mini-batch 进行学习时，重复随机梯度下降法 469 次，所有的训练数据就都被“看过”了。此时，469 次就是一个 epoch。

第二层循环，代表每次遍历时，样本集合被拆分成的多个批次，需要全部执行训练，遍历次数为“mini-batches”。

```
for iter_id, mini-batch in enumerate(mini-batches):
```

在两层循环的内部是经典的四步训练流程：前向计算→计算损失→计算梯度→更新参数。相关代码如下。

```
loss = self.network.loss(x_batch, t_batch)
grads = self.network.gradient(x_batch, t_batch)
self.optimizer.update(self.network.params, grads)
```

将本节代码集成到 Trainer 类的 train 函数中，train 函数的实现如代码清单 3-14 所示。

代码清单 3-14　train 函数的实现

```
    def train(self):
        losses = []
        train_loss_list = []
        validate_loss_list = []
        train_acc_list = []
        validate_acc_list = []
        validate_acc_max = 0
        for epoch_id in range(self.epochs):
            # 在每轮迭代开始之前，将训练数据的顺序随机打乱
            # 然后再按每次取 batch_size 条数据的方式取出
            index = np.arange(self.train_size)
            np.random.shuffle(index)
            # 将训练数据进行拆分，每个 mini-batch 包含 batch_size 条数据
            mini-batches = [index[k:k + self.batch_size] for k in range(0,
self.train_size, self.batch_size)]
            for iter_id, mini-batch in enumerate(mini-batches):
                x_batch = self.x_train[mini-batch]
                t_batch = self.t_train[mini-batch]
                # 用随机选出的 batch_size 条数据进行梯度下降
                grads,loss  = self.network.gradient(x_batch, t_batch)
                losses.append(loss)
                # 利用 batch_size 条数据算出的梯度更新权重
                self.optimizer.update(self.network.params, grads)
            train_acc = self.network.accuracy(self.x_train, self.t_train)
            validate_acc = self.network.accuracy(self.x_validate, self.t_validate)
```

```
        train_acc_list.append(train_acc)
        validate_acc_list.append(validate_acc)
        train_loss=np.mean(losses)
        validate_loss=self.network.loss(self.x_validate, self.t_validate)
        train_loss_list.append(np.mean(train_loss))
        validate_loss_list.append(validate_loss)
        if self.save_best:#保存最佳结果
            if validate_acc > validate_acc_max:
                print('新的验证精度',validate_acc,'大于',validate_acc_max,'保存')
                self.network.save_params(self.file_name)
                validate_acc_max = validate_acc
        if self.verbose:
            print('轮次: {:4d},训练损失= {:.4f},验证损失= {:.4f}, 训练精度 =
{:.4f}, 验证精度= {:.4f} '.
                  format(epoch_id+1,train_loss,validate_loss,train_acc,
validate_acc))
        losses.clear()
    return train_acc_list,validate_acc_list,train_loss_list,validate_loss_list
```

上面的代码每经过一个 epoch，都会记录下训练数据和测试数据的识别精度。在代码最后，train 函数返回训练损失、验证损失、训练精度和验证精度列表，以便绘制图形。

### 3. 绘制图形



在相关数据输出后，添加一个绘图函数。该函数接收训练损失、验证损失、训练精度和验证精度作为参数。绘图函数的实现如代码清单 3-15 所示。

代码清单 3-15　绘图函数的实现

```
import matplotlib.pyplot as plt
from IPython import display
def use_svg_display():    #@保存到 dlp.py
    """使用 svg 格式在 Jupyter 中显示绘图"""
    display.set_matplotlib_formats('svg')

def set_figsize(figsize=(3.5, 2.5)):    #@保存到 dlp.py
    """设置 matplotlib 的图表大小"""
    plt.rcParams['figure.figsize'] = figsize

def plotting(acc,loss,val_acc=None,val_loss=None,mark_every=1):   #@保存到 dlp.py
    use_svg_display()
    epochs = len(acc)
    fig=plt.figure(dpi=300)
    plt.rcParams['font.sans-serif'] = ['SimHei']  # 显示中文（替换 sans-serif 字体）
    set_figsize(figsize=(8, 3.5))
    f, ax = plt.subplots(1, 2)
    x1 = np.arange(epochs)
```

```
x2 = np.arange(epochs)
ax[0].plot(x1, loss, marker='v', label='训练数据', markevery=mark_every)
if val_loss != None:
    ax[0].plot(x1, val_loss, marker='s', label='验证数据', markevery=mark_every)
ax[1].plot(x2, acc, marker='v', label='训练数据', markevery=mark_every)
if val_acc != None:
    ax[1].plot(x2, val_acc, marker='s', label='验证数据', markevery=mark_every)
plt.ylim(0, 1.0)
ax[0].legend(loc='upper right')
ax[0].set_title('损失值')
ax[1].legend(loc='lower right')
ax[1].set_title('精度')
ax[0].set_xlabel("轮次")
ax[0].set_ylabel("损失")
ax[1].set_xlabel("轮次")
ax[1].set_ylabel("精度")
plt.show()
```

代码中的参数 mark_every=1 的作用是每轮绘制一个标记点，如该值为 2，则代表每两轮标记一次。

### 3.4.2 训练与推理



介绍完神经网络的结构之后，现在我们来试着解决图像分类问题。前面提到的 MNIST 数据集是图像分类中广泛使用的数据集之一，但作为基准数据集过于简单。我们将使用类似但更复杂的 Fashion-MNIST 数据集，而将 MNIST 数据集作为练习。

Fashion-MNIST 数据集克隆了 MNIST 数据集的所有外在特征：60 000 张训练图像和对应标签；10 000 张测试图像和对应标签；10 个类别；每张图像具有 28 像素×28 像素的分辨率；4 个 gz 文件名称。这些内容二者都一样。不同的是，Fashion-MNIST 数据集不再是抽象符号，而是更加具象化的服装，共 10 大类。Fashion-MNIST 数据集类别标注见表 3-3。

表 3-3 Fashion-MNIST 数据集类别标注

| 标签 | 描述 |
| --- | --- |
| 0 | T 恤衫（T-shirt/top） |
| 1 | 裤子（Trouser） |
| 2 | 套头衫（Pullover） |
| 3 | 连衣裙（Dress） |
| 4 | 外套（Coat） |
| 5 | 凉鞋（Sandal） |
| 6 | 衬衫（Shirt） |
| 7 | 运动鞋（Sneaker） |
| 8 | 包（Bag） |
| 9 | 靴子（Ankle Boot） |

图 3-5 所示为 Fashion-MNIST 数据集的图像样本。

图 3-5　Fashion-MNIST 数据集的图像样本





### 1. 读取数据集

从本教材配套网站下载原始数据集（也可以从互联网上获取），将 fashion 文件夹（包含 4 个 gz 文件）放在本地的 datasets 文件夹下。

直接使用数据集提供的 load_mnist 方法。该方法在 utils/mnist_reader.py 中。

```
import numpy as np
from utils.mnist_reader import load_mnist
# 读入数据
(train_images,train_labels) = load_mnist(r'..\datasets\fashion',
kind='train')
(test_images,test_labels) = load_mnist(r'..\datasets\fashion', kind='t10k')
```

train_images 和 train_labels 组成了训练集的数据和标签，模型将先从这些数据中进行学习，然后在测试集，即 test_images 和 test_labels 上对模型进行测试。图像 train_images 和 test_images 被编码为 Numpy 数组，而标签 train_labels 和 test_labels 是数字数组，取值范围为 0～9。图像和标签一一对应。可以查看一下训练数据。

```
print(train_images.shape)          #(60000, 784)
print(train_labels)                #[9 0 0 ... 3 0 5]
print(test_images.shape)           #(10000, 784)
print(test_labels)                 #[9 2 1 ... 8 1 5]
```

如果读者愿意，也可以对照表 3-3 将样本标签表示为其对应的物品。这样，对于某个具体样本，如样本 6，就可以直接显示出其是什么物品。

```
labels_chinese = ['T恤衫', '裤子', '套头衫','连衣裙','外套','凉鞋','衬衫','运动鞋','包','踝靴']
print(labels_chinese[train_labels[9]])        #凉鞋
```

下列代码用于显示样本 6 的图像（见图 3-6）。由于 Fashion-MNIST 数据集已经将图像编码为 Numpy 数组，因此需要将其转换为图像格式方能正确显示。

```
from utils.helper import get_sprite_image
plt.imshow(train_images[9].reshape((28, 28)))  #转换为图像格式
plt.show()
```



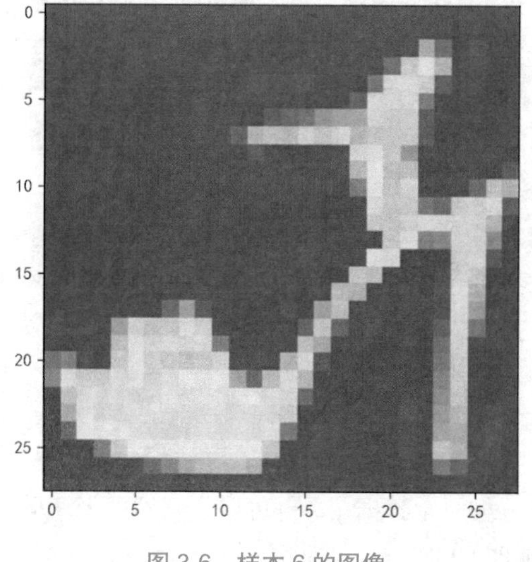


图 3-6　样本 6 的图像

由图 3-6 可以判断出样本 6 确实是一双凉鞋。

## 2. 数据预处理

在开始训练之前，需要对数据进行预处理，将其变为网络要求的形状，并缩放到所有值都在[0, 1]区间内。训练图像已经保存在一个 uint8 类型的数组中，其形状为(60 000, 28×28)，取值区间为[0, 255]。这里需要将其变换为一个 float32 数组，其形状为(60 000, 28×28)，取值范围为 0～1。

```
train_images = train_images.astype('float32') / 255
```

接下来，我们将利用 SequentialNet 类和 Trainer 类实现时装图像识别。

我们构建了一个如图 3-7 所示的三层神经网络，工作流程如下。

（1）加载数据集。

（2）对数据进行预处理。

（3）构建神经网络。

（4）选择训练模块。

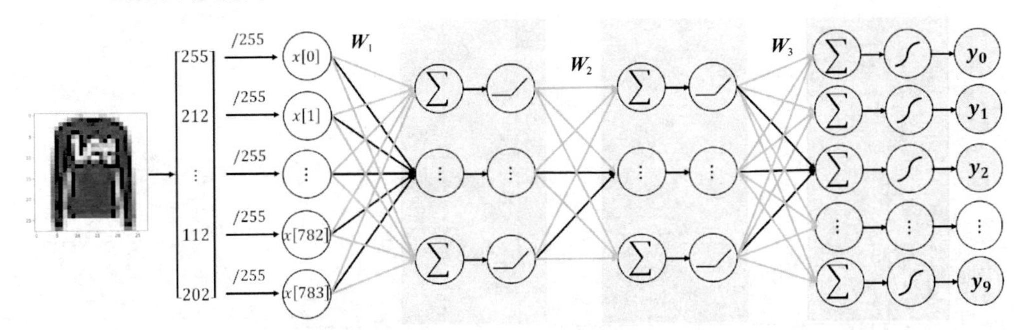


图 3-7　三层神经网络

使用 Fashion-MNIST 数据集进行学习如代码清单 3-16 所示。各代码段功能均在注释中标出，这里不再赘述。



代码清单 3-16　使用 Fashion-MNIST 数据集进行学习

```
(train_images,train_labels) = load_mnist(r'…/datasets/fashion', kind='train')
(test_images,test_labels) = load_mnist(r'…/datasets/fashion', kind='t10k')
train_images = train_images.astype('float32') / 255
test_images = test_images.astype('float32') / 255
train_labels=to_one_hot_label(train_labels,10)
test_labels=to_one_hot_label(test_labels,10)
network = SequentialNet(input_size=784, hidden_size_list=[512, 128],
                    output_size=10, activation='relu')
trainer = Trainer(network, train_images, train_labels, test_images,test_labels,
              epochs=100, mini_batch_size=256, optimizer='SGD')
acc,val_acc ,loss,val_loss=trainer.train()
print("保存参数!")
network.save_params("params_fashion.pkl")
plotting(acc,loss,val_acc,val_loss,mark_every=4)
```

```
轮次:      1,训练损失= 2.1580,验证损失= 1.5413, 训练精度 = 0.4305, 验证精度= 0.4258
轮次:      2,训练损失= 1.1579,验证损失= 0.9419, 训练精度 = 0.6220, 验证精度= 0.6180
轮次:      3,训练损失= 0.8565,验证损失= 0.8688, 训练精度 = 0.6945, 验证精度= 0.6866
……
```

```
轮次:   98,训练损失= 0.1627,验证损失= 0.4661, 训练精度 = 0.9006, 验证精度= 0.8585
轮次:   99,训练损失= 0.1625,验证损失= 0.3346, 训练精度 = 0.9459, 验证精度= 0.8871
轮次:  100,训练损失= 0.1607,验证损失= 0.3365, 训练精度 = 0.9459, 验证精度= 0.8866
保存参数!
```

从运算结果看（见图 3-8），经过 100 轮的训练，训练损失降低到 0.160 7，验证损失降低到 0.336 5，训练精度达 0.945 9，验证精度达 0.886 6。

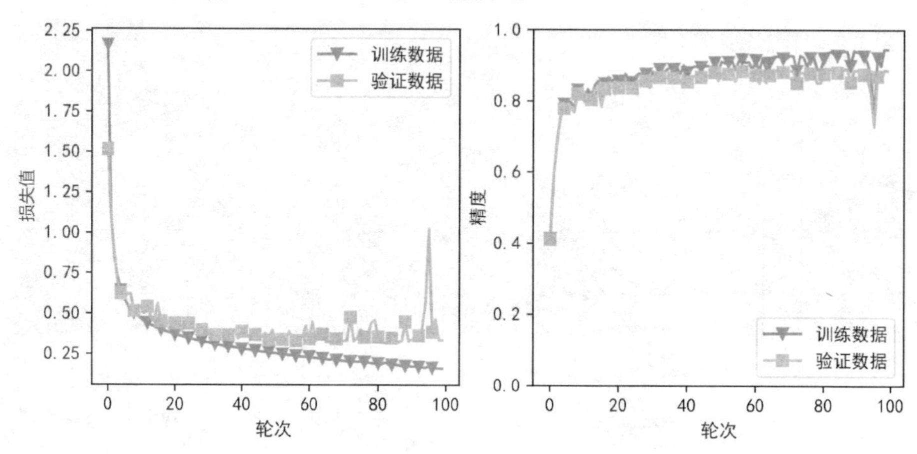


图 3-8　训练数据和测试数据的损失值和精度

在图 3-8 中，随着 epoch 的前进（学习的进行），我们发现使用训练数据和验证数据进行识别的精度都提高了，并且这两个精度上的差异约为 3.4%。



现在训练已经完成，我们的模型已经准备好对图像进行分类预测。给定一系列图像，我们将比较它们的实际标签（文本输出的第一行）和模型预测（文本输出的第二行）。预测如代码清单 3-17 所示。

代码清单 3-17　预测

```
(test_images,test_labels) = load_mnist(r'…/datasets/fashion', kind='t10k')
index = np.arange(len(test_images))
np.random.shuffle(index)
test_images = test_images[index]
test_labels = test_labels[index]
network = SequentialNet(input_size=784,  hidden_size_list=[512, 128],
                        output_size=10, activation='relu')
network.load_params("params_f.pkl")
print("测试精度 ... ")
print(network.accuracy(test_images.astype('float32') / 255, test_labels))
labels_ch = ['T恤衫', '裤子', '套头衫','连衣裙','外套','凉鞋','衬衫','运动鞋','包','踝靴']
plt.rcParams['font.sans-serif'] = ['SimHei']  # 显示中文（替换 sans-serif 字体）
set_figsize(figsize=(8, 5))
for i in range(0,8):
    plt.subplot(2,4,i+1)
```

```
    plt.imshow(get_sprite_image(test_images[i],do_invert=True), cmap='gray')
    plt.axis('off')
    digit = test_images[i]
    digit = digit.reshape(-1, 1, 28, 28)
    digit = digit.astype('float32') / 255
    z = softmax(network.predict(digit))  # 计算概率
    y = z.argmax()  # 概率最大者为预测值
    plt.title('预测结果:' + labels_ch[y] + '\n' + '真实结果:' +
labels_ch[test_labels[i]])
plt.show()
```

```
测试精度 ...
0.8866
```

随机抽取 8 张图像的预测结果和真实结果的比较如图 3-9 所示。

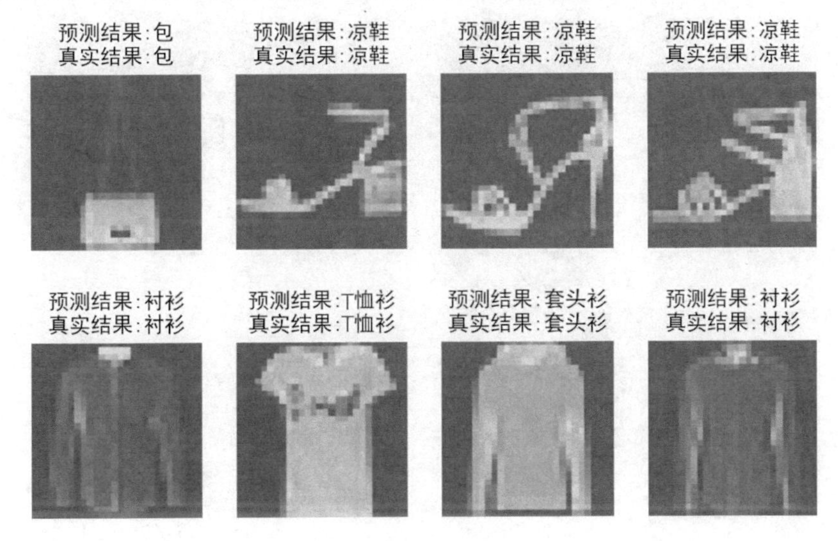


图 3-9　随机抽取 8 张图像的预测结果和真实结果的比较

图 3-9 中各分图标题的第一行为预测结果，第二行为真实结果。读者可以多次运行代码清单 3-17 中的代码，观察运行结果。

## 3.5　练习题

1．使用 MNIST 数据集训练 3.4.2 节的模型。

2．增加 SequentialNet 模型的层数（如包含四层或五层甚至更多层隐藏层）和每层的神经元个数，观察训练和预测结果。

## 本章小结

本章介绍了神经网络的反向传播。

（1）将链式法则应用于神经网络梯度的计算，就得到了一种反向传播的算法。

（2）通过计算图的反向传播可以计算各个节点的导数。

（3）通过将神经网络的组成元素实现为层可以高效地计算梯度（反向传播法）。

# 4 改善神经网络

本章包括以下内容：

- 寻找最优权重参数的最优化算法；
- 权重参数的初始值设定方法；
- 为了应对过拟合，本章还将介绍权值衰减、Dropout 等正则化方法。

本章将介绍神经网络学习中的一些重要观点。使用本章介绍的方法，可以高效地进行神经网络的学习，提高识别精度。

## 4.1 优化算法

神经网络学习的目的是找到使损失函数的值尽可能小的参数。这是寻找最优参数的问题，解决这个问题的过程称为最优化（Optimization）。

我们已经在 3.3.2 节实现了 SGD，这是朝着梯度方向仅前进了一步的简单方法。虽然 SGD 简单，并且容易实现，但是在解决某些问题时可能效率较低。如尝试用 SGD 求函数 $f(x, y) = x^2 / 20.0 + y^2$ 的最小值的问题。优化算法计算 $f(x, y)$如代码清单 4-1 所示。

代码清单 4-1　优化算法计算 $f(x, y)$

```
import matplotlib.pyplot as plt
from dlp import *
def f(x, y):
    return x**2 / 20.0 + y**2 #/3.0

def df(x, y):
    return x / 10.0, 2.0*y

init_pos = (-4.0, -2.0)
params = {}
params['x'], params['y'] = init_pos[0], init_pos[1]
grads = {}
grads['x'], grads['y'] = 0, 0
optimizer = SGD(lr=0.95)
x_history = []
```

```
y_history = []
params['x'], params['y'] = init_pos[0], init_pos[1]
for i in range(50):
    x_history.append(params['x'])
    y_history.append(params['y'])
    grads['x'], grads['y'] = df(params['x'], params['y'])
    optimizer.update(params, grads)
x = np.arange(-5, 1, 0.002)
y = np.arange(-3, 3, 0.002)
X, Y = np.meshgrid(x, y)
Z = f(X, Y)
# 绘制简单等高线
mask = Z > 10
Z[mask] = 0
# 绘图
plt.plot(x_history, y_history, '.-', color="red")
plt.contour(X, Y, Z)  #在网格中每个点的值等于一系列值的时候做出一条条轮廓线，类似于等高线
plt.ylim(-3, 3)
plt.xlim(-5, 1)
plt.plot(0, 0, '+')
plt.xlabel("x")
plt.ylabel("y")
plt.show()
```



代码中出现的变量名 optimizer 表示“优化算法”，这里由 SGD 承担这个角色。参数的更新由 optimizer 负责完成，代码中的其他变量需要做的只是将参数和梯度的信息传给 optimizer。像这样，通过单独实现进行最优化的类，功能的模块化将变得更简单。后面会实现其他最优化算法，如 Adam，同样会实现成拥有 update(params, grads)这个方法的形式。这样只需要将 optimizer = SGD()换成 optimizer = Adam()，就可以将 SGD 算法切换为 Adam 算法。

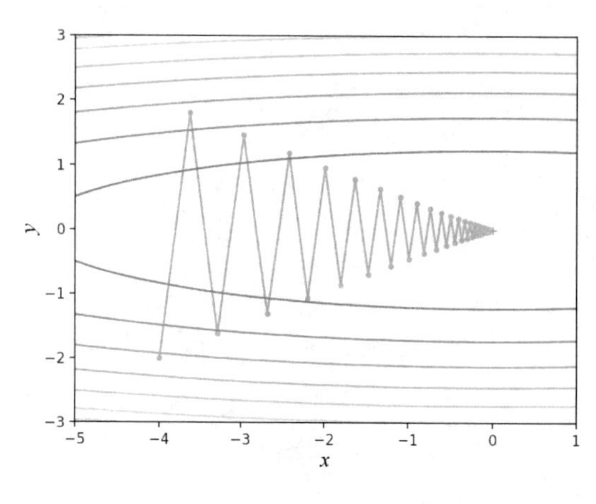


图 4-1　基于 SGD 的更新路径

从$(x, y) = (-4.0, -2.0)$处（初始值）开始搜索，学习率 lr 选择 0.95，基于 SGD 的更新路径如图 4-1 所示。在图 4-1 中，SGD 的更新路径呈“之”字形移动，这是一个相当低效的路径。

下面试着将学习率调大一点，如将代码清单 4-1 中的学习率从 0.95 调整到 1.05。此时 SGD 的更新路径在竖直方向不断越过最优解并逐渐发散（见图 4-2）。

SGD 低效的根本原因是，梯度的方向并没有指向最小值的方向。为了改正 SGD 的缺点，我们需要比单纯朝梯度方

向前进的 SGD 更有效的方法。

下面我们将介绍动量法、AdaGrad、RMSprop 和 Adam 四种方法及其 Python 实现。

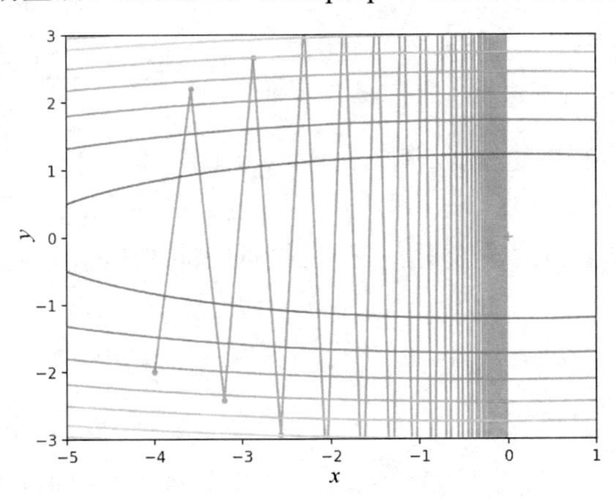


图 4-2　SGD 的更新路径在竖直方向不断越过最优解并逐渐发散

### 4.1.1　动量法

带有动量的梯度下降算法简称动量法（Momentum），其借鉴了物理学的思想。图 4-3 所示为在碗里滚动的小球，一个在无摩擦的碗里滚动的小球不会在底部停止，而是一直来回滚动。如果碗的表面有一点摩擦，小球的滚动速度就会降低并最终停止在碗的底部。

图 4-3　在碗里滚动的小球

我们用衰减率（Decay Rate）参数来表示这种摩擦效应。如果衰减率为 0，那么它与 SGD 完全相同。如果衰减率是 1，它就会像开始提到的在无摩擦的碗里滚动的小球一样，不断地来回摇摆。通常衰减率选择为 0.7～0.9，它就像碗的表面有一点摩擦，小球的滚动速度会降低并最终停止在碗的底部。

可以把动量的概念应用到梯度下降算法中。在每个步骤中，除常规的梯度外，它还增加了前一步中的移动。代码清单 4-2 为包含动量的梯度下降法。

代码清单 4-2　包含动量的梯度下降法

```
class Momentum:    #@保存到 dlp.py
    def __init__(self, lr=0.01, momentum=0.9):
        self.lr = lr
        self.momentum = momentum
        self.v = None

    def update(self, params, grads):
        if self.v is None:
            self.v = {}
```

```
        for key, val in params.items():
            self.v[key] = np.zeros_like(val)
    for key in params.keys():
        self.v[key] = self.momentum*self.v[key] - self.lr*grads[key]
        params[key] += self.v[key]
```

实例变量 v 会保存物体的速度。初始化时，v 中什么都不保存，但当第一次调用 update()时，v 会以字典型变量的形式保存与参数结构相同的数据。剩余的代码部分就是将和写出来。

现在尝试使用动量法求解最优化问题。为此，只需将代码清单 4-1 中的优化器 optimizer 改成如下形式。

```
optimizer = Momentum(lr=0.048)
```

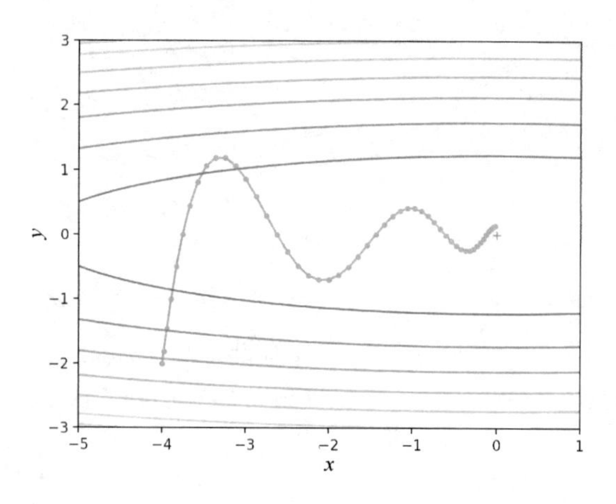


图 4-4　将学习率 lr 调到 0.048，基于动量的更新路径

将学习率 lr 调到 0.048，基于动量的更新路径如图 4-4 所示。

和 SGD 相比，动量法更新路径"之"字形的程度减轻了。这是因为虽然 $x$ 轴方向上受到的力非常小，但是一直在同一方向上受力，所以朝同一个方向会有一定的加速。反过来，虽然 $y$ 轴方向上受到的力很大，但是因为交互受到正方向和反方向的力，它们会互相抵消，所以 $y$ 轴方向上的速度不稳定。因此，和 SGD 相比，动量法更新路径可以更快地朝 $x$ 轴方向靠近，减弱"之"字形的变动程度。

## 4.1.2 AdaGrad

Adaptive Gradient 算法，简称 AdaGrad，它不是像动量一样跟踪梯度之和，而是跟踪梯度平方和，并使用这种方法在不同的方向上调整梯度。

在机器学习优化中，一些特征是非常稀疏的。因为稀疏特征的平均梯度通常很小，所以这些特征的训练速度要慢得多。解决这个问题的一种方法是，为每个特征设置不同的学习率，但这很快就会变得混乱。

Adagrad 解决这个问题的思路是，已经更新的特征越多，将来更新的特征就越少，这样就有机会让其他特征（如稀疏特征）赶上来。

这个属性让 AdaGrad（以及其他类似的基于梯度平方的方法，如 RMSProp 和 Adam）可以更好地避开鞍点。Adagrad 将采取直线路径，而梯度下降采取的方法是"让我先滑下陡峭的斜坡，然后才可能担心较慢的方向"。有时候，原版梯度下降可能仅仅停留在鞍点，那里两个方向的梯度都是 0。

AdaGrad 的实现如代码清单 4-3 所示。

代码清单 4-3　AdaGrad 的实现

```
class AdaGrad:    #@保存到 dlp.py
    def __init__(self, lr=0.01):
        self.lr = lr
        self.h = None

    def update(self, params, grads):
        if self.h is None:
            self.h = {}
            for key, val in params.items():
                self.h[key] = np.zeros_like(val)
        for key in params.keys():
            self.h[key] += grads[key] * grads[key]
            params[key] -= self.lr * grads[key] / (np.sqrt(self.h[key]) + 1e-7)
```

需要注意的是，最后一行代码加上了微小值 1e–7。这是为了防止当 self.h[key]中有 0 时，将 0 用作除数的情况。

现在尝试用 AdaGrad 求解最优化问题。同样，只需将代码清单 4-1 中的优化器 optimizer 改成如下形式。

```
optimizer = AdaGrad(lr=0.9)
```

这里将学习率 lr 调到 0.9，基于 AdaGrad 的更新路径如图 4-5 所示。

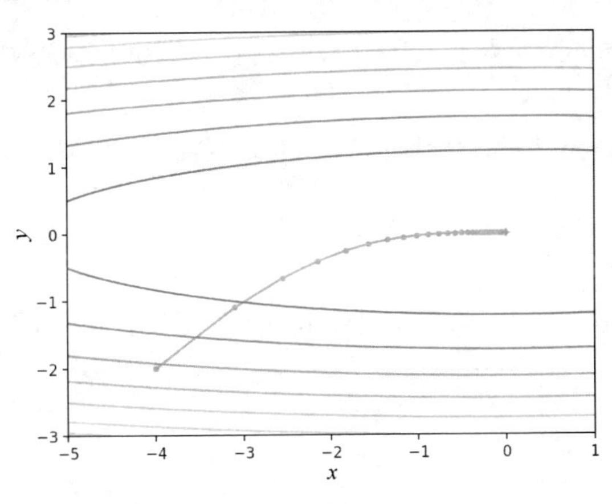


图 4-5　基于 AdaGrad 的更新路径

由图 4-5 的结果可知，函数的取值高效地向着最小值移动。由于 $y$ 轴方向上的梯度较大，因此刚开始变动较大，但是后面会根据这个较大的变动按比例进行调整，减少更新的频率。因此，$y$ 轴方向上的更新的频率被减弱，“之”字形的变动程度有所衰减。

## 4.1.3　RMSprop

AdaGrad 的问题在于它非常慢。这是因为梯度的平方和只会增加而不会减少。RMSprop（Root Mean Square Propagation）一般通过添加衰减因子来修复这个问题。

更精确地说，梯度的平方和实际上是梯度平方的衰减和。衰减率使得最近的梯度平方才有意义，而很久以前的梯度基本上会被遗忘。与在动量中看到的衰减率不同，除衰减之外，这里的衰减率还有一个缩放效应：它以一个因子（1–衰减率）向下缩放整个项。换句话说，如果衰减率设置为 0.99，除衰减外，梯度的平方和将是 sqrt(1–0.99) = 0.1，因此对于相同的学习率，这一步大了 10 倍。RMSprop 算法如代码清单 4-4 所示。

代码清单 4-4　RMSprop 算法

```
class RMSprop:    #@保存到 dlp.py
    def __init__(self, lr=0.001, decay_rate = 0.99):
        self.lr = lr
        self.decay_rate = decay_rate
        self.h = None

    def update(self, params, grads):
        if self.h is None:
            self.h = {}
            for key, val in params.items():
                self.h[key] = np.zeros_like(val)
        for key in params.keys():
            self.h[key] *= self.decay_rate
            self.h[key] += (1 - self.decay_rate) * grads[key] * grads[key]
            params[key] -= self.lr * grads[key] / (np.sqrt(self.h[key]) + 1e-7)
```



与 AdaGrad 方法相同，为防止 self.h[key]中有 0 时将 0 用作除数的情况，RMSprop 在最后一行也加上了微小值 1e−7。

现在尝试用 RMSprop 求解最优化问题。同样，只需将代码清单 4-1 中的优化器 optimizer 改成如下形式。

```
optimizer = RMSprop (lr=0.1)
```

这里将学习率 lr 调到 0.1，基于 RMSprop 的更新路径如图 4-6 所示。

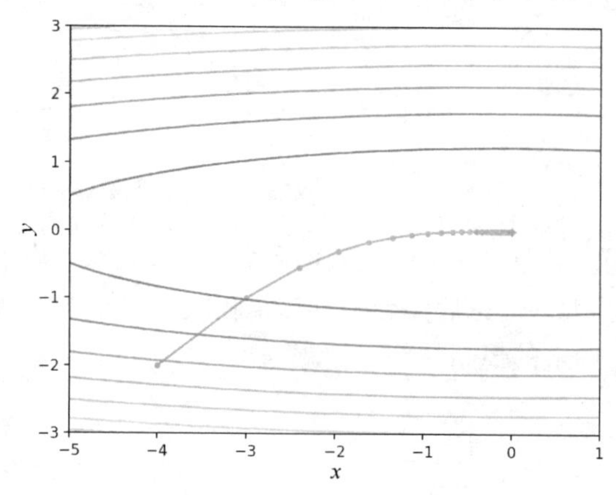


图 4-6　基于 RMSprop 的更新路径

可以看出，RMSprop 的结果与 AdaGrad 的结果非常相似。这是因为 RMSprop 只是对 AdaGrad 做了一点点小的修改。但是 AdaGrad 的梯度平方和累计得非常快，以至于它们很快变得非常巨大，最终 AdaGrad 几乎停止了。而由于衰变率的原因，RMSprop 中的梯度平方和将保持在一个可控的大小，这使得 RMSprop 比 AdaGrad 更快。

### 4.1.4 Adam

Adam（Adaptive Moment Estimation）也称自适应矩估计，同时兼顾了动量和 RMSProp 的优点。Adam 在实践中效果很好，因此在最近几年，它是深度学习问题的常用选择。

Adam 的实现如代码清单 4-5 所示。其中参数 beta1 是一阶矩梯度之和（动量之和）的衰减率，通常设置为 0.9；参数 beta2 是二阶矩梯度平方和的衰减率，通常设置为 0.999。

代码清单 4-5 Adam 的实现

```
class Adam:    #@保存到 dlp.py
    def __init__(self, lr=0.001, beta1=0.9, beta2=0.999):
        self.lr = lr
        self.beta1 = beta1
        self.beta2 = beta2
        self.iter = 0
        self.m = None
        self.v = None

    def update(self, params, grads):
        if self.m is None:
            self.m, self.v = {}, {}
            for key, val in params.items():
                self.m[key] = np.zeros_like(val)
                self.v[key] = np.zeros_like(val)
        self.iter += 1
        lr_t  = self.lr * np.sqrt(1.0 - self.beta2**self.iter) / (1.0 - 
self.beta1**self.iter)
        for key in params.keys():
            self.m[key] += (1 - self.beta1) * (grads[key] - self.m[key])
            self.v[key] += (1 - self.beta2) * (grads[key]**2 - self.v[key])
            params[key] -= lr_t * self.m[key] / (np.sqrt(self.v[key]) + 1e-8)
```

为防止在 self.v[key]中将 0 用作除数的情况，最后一行代码加上了微小值 1e–8。

现在尝试用 Adam 求解最优化问题。同样，只需将代码清单 4-1 中的优化器 optimizer 改成如下形式。

```
optimizer = Adam (lr=0.115)
```

这里将学习率 lr 调到 0.115，基于 Adam 的更新路径如图 4-7 所示。

在图 4-7 中，基于 Adam 的更新路径就像小球在碗中滚动（见图 4-3）一样。虽然动量法中也有类似的移动，但是相比之下，Adam 的小球左右摇晃的程度有所减轻。这得益于学习的更新程度被适当地调整了。

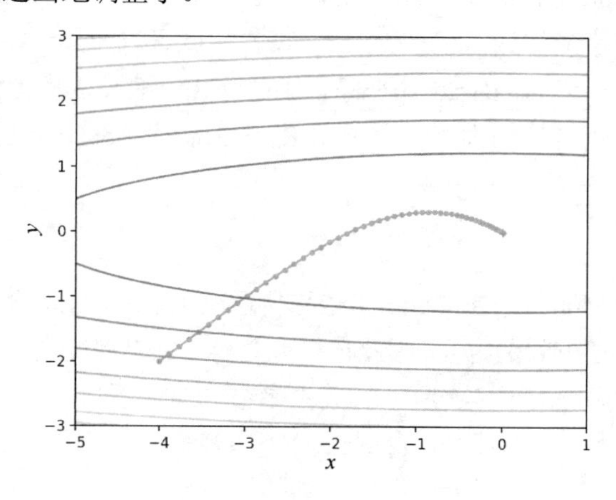

图 4-7　基于 Adam 的更新路径

### 4.1.5　更新方法比较

我们利用 Fashion-MNIST 数据集比较 SGD、动量法、AdaGrad、RMSprop 和 Adam 这 5 种方法，并确认不同的方法在学习进展上有多大程度的差异。更新方法的比较如代码清单 4-6 所示。



代码清单 4-6　更新方法的比较

```
(x_train, t_train) =
load_mnist(r'D:/python/book/DeepLearning/datasets/fashion', kind='train')
x_train = x_train.astype('float32') / 255
t_train=to_one_hot_label(t_train,10)
train_size = x_train.shape[0]
batch_size = 128
max_iterations = 4000
# 1:进行训练的设置==========
optimizers = {}
optimizers['SGD'] = SGD(lr=1.01)
optimizers['Momentum'] = Momentum()
optimizers['AdaGrad'] = AdaGrad()
optimizers['RMSprop'] = RMSprop()
optimizers['Adam'] = Adam()
networks = {}
train_loss = {}
for key in optimizers.keys():
    networks[key] = SequentialNet(
        input_size=784, hidden_size_list=[512, 128,64],
        output_size=10)
    train_loss[key] = []
# 2:开始训练==========
```

```
for i in range(max_iterations):
    batch_mask = np.random.choice(train_size, batch_size)
    x_batch = x_train[batch_mask]
    t_batch = t_train[batch_mask]
    for key in optimizers.keys():
        loss = networks[key].loss(x_batch, t_batch)
        grads = networks[key].gradient(x_batch, t_batch)
        optimizers[key].update(networks[key].params, grads)
        train_loss[key].append(loss)
    if i % 100 == 0:
        print( "====" + "迭代次数:" + str(i) + "====")
        for key in optimizers.keys():
            loss = networks[key].loss(x_batch, t_batch)
            print(key + ":" + str(loss))
# 3:绘制图形==========
set_figsize(figsize=(8, 3.5))
plt.rcParams['font.sans-serif'] = ['SimHei'] # 显示中文（替换 sans-serif 字体）
markers = {"SGD": "o", "Momentum": "x", "AdaGrad": "v", "RMSprop": "s", "Adam":
"D"}
x = np.arange(max_iterations)
for key in optimizers.keys():
    plt.plot(x, smooth_curve(train_loss[key]), marker=markers[key],
markevery=200, label=key)
plt.xlabel("迭代次数")
plt.ylabel("损失值")
plt.ylim(0, 2.5)
plt.legend()
plt.show()
```

基于 Fashion-MNIST 数据集的 5 种更新方法的比较如图 4-8 所示。

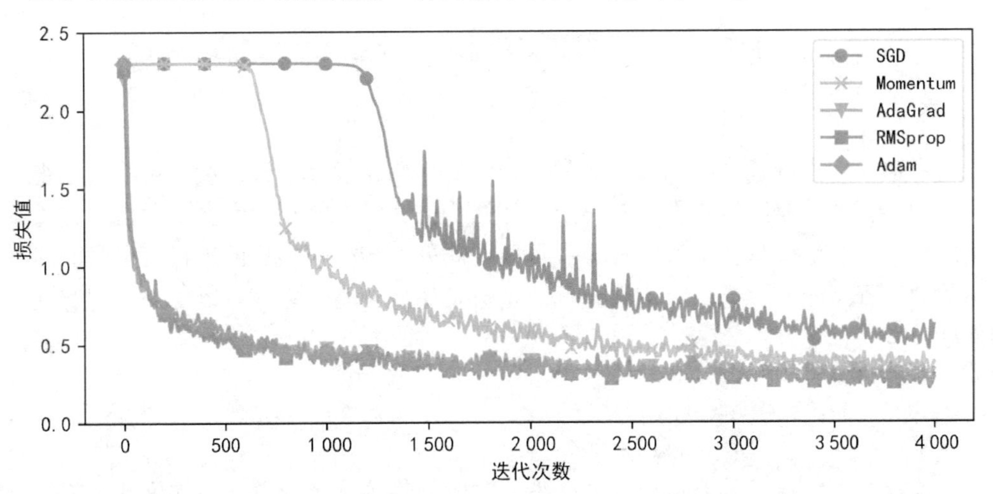


图 4-8　基于 Fashion-MNIST 数据集的 5 种更新方法的比较

从图 4-8 的结果中可知，与 SGD 相比，其他 4 种方法学习得更快，而且速度基本相同，仔细看的话，Adam 的学习进行得稍微快一点。这个实验需要注意的地方是，实验结果会随学习率等超参数及神经网络的结构（几层深等）的不同而发生变化。不过，一般而言，与 SGD 相比，其他 4 种方法可以学习得更快，有时最终的识别精度也更高。

### 4.1.6 改进训练器

我们在本节将为 Trainer 类添加优化算法。这里仅对新添加部分代码进行必要的注释。

在训练器 Trainer 类的初始化函数__init__中，优化器选项 optimizer_class_dict 添加了动量法、AdaGrad、RMSprop 和 Adam，默认选项为 SGD。

由于过拟合的存在，所以最后一轮的参数不一定是最优的，训练器需要对验证结果进行比较，仅保存验证精度最好的训练参数，因此在初始化函数中添加了两个参数（save_best 和 file_name），它们用来分别确定是否保存最优参数和保存最优参数的文件名。改进 Trainer 类如代码清单 4-7 所示。

代码清单 4-7 改进 Trainer 类

```
class Trainer:    #@保存到 dlp.py
    def __init__(self, network, x_train, t_train, x_validate, t_validate,
                 epochs=30, mini_batch_size=128,
                 optimizer='SGD', optimizer_param={'lr':0.05},
                 verbose=True, save_best=False, file_name="best_params.pkl"):
        ......
        # 优化器选项
        optimizer_class_dict = {'sgd':SGD, 'momentum':Momentum, 'adagrad':AdaGrad,
'rmsprop':RMSprop, 'adam':Adam}
        ......
```



## 4.2 数值稳定性和模型初始化

到目前为止，我们实现的每个模型都是随机初始化模型参数。读者可能会觉得初始化方案的选择并不是特别重要。实际上，初始化方案的选择在神经网络学习中起着举足轻重的作用，它对保持数值稳定性至关重要。此外，初始化方案的选择可以与非线性激活函数的选择结合在一起。我们选择哪个函数及如何初始化参数可以决定优化算法收敛的速度。

### 4.2.1 梯度消失和梯度爆炸

训练神经网络（尤其是深度神经网络）时所面临的一个问题就是梯度消失或梯度爆炸，也就是训练神经网络的时候，导数或坡度有时会变得非常大，或者非常小，甚至以指数方式变小，这加大了训练的难度。

### 1. 梯度消失

曾经 sigmoid 函数（2.1 节提到过）很流行，因为它类似于阈值函数。由于早期的人工神经网络受到生物神经网络的启发，所以神经元要么完全激活要么完全不激活（就像生物神经元）的想法很有吸引力。然而，它却是导致梯度消失问题的一个常见原因。让我们看看 sigmoid 函数为什么会导致梯度消失。图 4-9 所示为 sigmoid 函数及其导数。

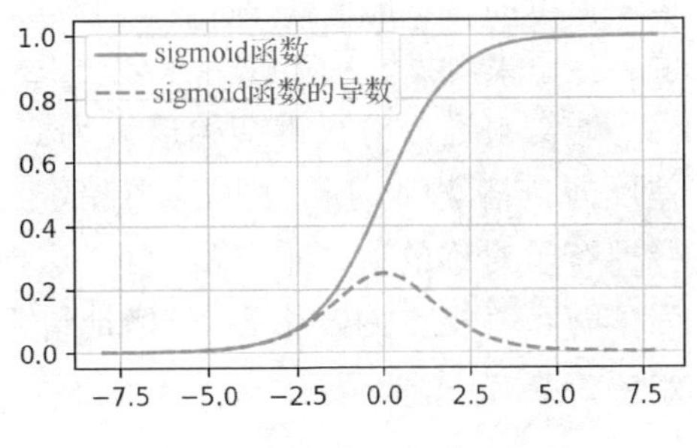

图 4-9 sigmoid 函数及其导数

从图 4-9 中可以看出，当 sigmoid 函数的输入很大或很小时，它的梯度都会消失。此外，当反向传播通过许多层时，这些地方的 sigmoid 函数的输入接近零，整个乘积的梯度可能会消失。因此，更稳定的 ReLU 函数成为默认选择。

### 2. 梯度爆炸

假设我们训练一个极深的神经网络，该神经网络会有参数 $\boldsymbol{W}1$、$\boldsymbol{W}2$、$\boldsymbol{W}3$ 等，直到 $\boldsymbol{W}l$。为了简单起见，假设使用激活函数 $\text{activate}(z)=z$，也就是线性激活函数，同时忽略 $\boldsymbol{b}$，即假设 $\boldsymbol{b}l=0$，这样，神经网络的输出可以表示为一系列的矩阵相乘之后再乘以输入：

$$\boldsymbol{y}=\boldsymbol{W}\,l\boldsymbol{W}(l-1)\boldsymbol{W}(L-2)\cdots\boldsymbol{W}3\boldsymbol{W}2\boldsymbol{W}1\boldsymbol{x}$$

为了说明这一点，用下列代码生成 100 个高斯随机矩阵，并将它们与某个初始矩阵相乘。

```
import numpy as np
W = np.random.normal(loc = 0.0,scale =0.59,size=(4, 4))
#这里选择了默认的 loc = 0.0,scale = 1 即标准差为 1 的均值分布
print('一个矩阵 \n', W)
for i in range(100):
    W = np.dot(W, np.random.normal(loc = 0.0,scale = 0.59,size=(4, 4)))
print('乘以 100 个矩阵后\n', W)
```

```
一个矩阵
 [[ 0.84450171 -1.19685237  1.15064801  0.66900568]
 [ 2.25409168  0.32467707  0.48101799  2.07141451]
 [ 1.07771167  0.7612104  -0.27902577 -0.27737237]
 [-1.32119747  1.34844639  0.24518799 -0.99241971]]
乘以 100 个矩阵后
 [[ 1.09102283e+26 -1.74157876e+26 -4.23574160e+25 -3.86480080e+25]
 [ 1.35425683e+26 -2.16177414e+26 -5.25771032e+25 -4.79727164e+25]
 [ 6.25577441e+25 -9.98597240e+25 -2.42871580e+25 -2.21602347e+25]
 [-1.44368897e+26  2.30453294e+26  5.60491791e+25  5.11407288e+25]]
```

由上面的结果可知，对于标准差为 1 的均值分布，矩阵乘积发生爆炸。当这种情况是由于深度网络的初始化所导致时，我们没有机会让梯度下降优化器收敛。

梯度消失或梯度爆炸问题在很长一段时间内曾是训练深度神经网络的阻力。

### 4.2.2 抑制梯度异常初始化

模型训练的第一步是给模型参数一个初始值。一个好的初始值对整个训练过程都有益，一方面可以加快梯度下降的收敛速度；另一方面使得误差有可能减小为一个更小的值。接下来，我们从实践中体会一下初始值的设置。

通常来说，将权重初始值设为 0 的话，模型将无法正确进行学习。这是因为在误差反向传播法中，所有的权重值都会进行相同的更新。这样，权重被更新为相同的值，并拥有了对称的值（重复的值）。这使得神经网络拥有许多不同权重的意义就丧失了。为了防止“权重均一化”（严格地讲，是为了瓦解权重的对称结构），必须随机生成初始值。

#### 1. 随机初始化

为了打破对称性，可以随机地把参数赋值。随机初始化不会发生梯度消失的问题。但是，激活值的分布会有所偏向，这说明在表现力上会有很大问题。因为如果有多个神经元都输出几乎相同的值，那它们就没有存在的意义了。比如，如果 100 个神经元都输出几乎相同的值，那么也可以由 1 个神经元来表达基本相同的事情。因此，激活值在分布上有所偏向，就会出现“表现力受限”的问题。

各层的激活值的分布都要求有适当的广度。因为通过在各层间传递多样性的数据，神经网络可以进行高效学习。反过来，如果传递的是有所偏向的数据，就会出现梯度消失或表现力受限的问题，导致学习可能无法顺利进行。

#### 2. sigmoid 函数的权重初始值

我们尝试使用 Xavier Glorot 等人推荐的权重初始值（俗称“Xavier 初始值”）。Xavier Glorot 为了使各层的激活值呈现出具有相同广度的分布，开始推导合适的权重尺度，推导出的结论是，如果前一层的节点数为 $n$，则初始值使用标准差为 $1/\text{sqrt}(n)$的分布。

使用 Xavier 初始值后，前一层的节点数越多，要设定为目标节点的初始值的权重尺度就越小。越是后面的层，越是呈现比之前更有广度的分布。因为各层间传递的数据有适当的广度，所以 sigmoid 函数的表现力不受限制，才有望进行高效的学习。现在，在一般的深度学习框架中，Xavier 初始值已被作为标准使用。

#### 3. ReLU 函数的权重初始值

Xavier 初始值是以激活函数为线性函数作为前提而推导出来的。因为 sigmoid 函数左右对称，且中央附近可以视作线性函数，所以适合使用 Xavier 初始值。但当激活函数使用 ReLU 函数时，一般推荐使用 ReLU 函数专用的初始值，也就是 Kaiming He 等人推荐的初始值，也称为“He 初始值”。当前一层的节点数为 $n$ 时，He 初始值使用标准差为 2/sqrt($n$)的高斯分布。

总结一下，当激活函数使用 ReLU 函数时，权重初始值使用 He 初始值，当激活函数为 sigmoid 等 S 形曲线函数时，初始值使用 Xavier 初始值。这是目前的最佳实践。

有了前面的讨论结果，接下来我们来改进第 4 章多层神经网络模型 SequentialNet 的__init_weight()函数（见代码清单 4-8），只需要改进神经网络模型__init_weight()中的黑体部分即可。

代码清单 4-8　改进多层神经网络模型

```
from collections import OrderedDict
class SequentialNet:    #@保存到 dlp.py
    ......
    def __init_weight(self, weight_init_std):
        ......
        all_size_list = [self.input_size] + self.hidden_size_list +
[self.output_size]
        for idx in range(1, len(all_size_list)):
            scale = weight_init_std
            if str(weight_init_std).lower() in ('relu', 'he'):
                scale = np.sqrt(2.0 / all_size_list[idx - 1])  # 使用 ReLU 函数
的情况下推荐的初始值
            elif str(weight_init_std).lower() in ('sigmoid', 'xavier'):
                scale = np.sqrt(1.0 / all_size_list[idx - 1])  # 使用 sigmoid
函数的情况下推荐的初始值
            self.params['W' + str(idx)] = scale *
np.random.randn(all_size_list[idx-1], all_size_list[idx])
            self.params['b' + str(idx)] = np.zeros(all_size_list[idx])
......
```

### 4.2.3　权重初始值的比较

下面通过 MNIST 数据集的数据，观察不同权重初始值的赋值方法会在多大程度上影响神经网络的学习。在这个实验中，神经网络有 6 层，激活函数使用的是 ReLU 函数。这里，我们基于 std = 0.01、Xavier 初始值、He 初始值进行实验。权重初始值的比较如代码清单 4-9 所示。

代码清单 4-9　权重初始值的比较

```
(x_train, t_train) = load_mnist(r'../datasets/fashion', kind='train')
x_train = x_train.astype('float32') / 255
train_size = x_train.shape[0]
batch_size = 128
max_iterations = 2000
# 1:进行训练的设置==========
```

```
weight_init_types = {'std=0.01': 0.01, 'Xavier': 'sigmoid', 'He': 'relu'}
optimizer = SGD(lr=0.01)
networks = {}
train_loss = {}
for key, weight_type in weight_init_types.items():
    networks[key] = SequentialNet(input_size=784,
                                  hidden_size_list=[512,128, 64, 32,16],
                                  output_size=10,
                                  weight_init_std=weight_type)
    train_loss[key] = []
# 2:开始训练==========
for i in range(max_iterations):
    batch_mask = np.random.choice(train_size, batch_size)
    x_batch = x_train[batch_mask]
    t_batch = t_train[batch_mask]
    for key in weight_init_types.keys():
        loss = networks[key].loss(x_batch, t_batch)
        grads = networks[key].gradient(x_batch, t_batch)
        optimizer.update(networks[key].params, grads)
        train_loss[key].append(loss)
    if i % 100 == 0:
        print("===========" + "iteration:" + str(i) + "===========")
        for key in weight_init_types.keys():
            loss = networks[key].loss(x_batch, t_batch)
            print(key + ":" + str(loss))
# 3:绘制图形==========
plt.rcParams['font.sans-serif'] = ['SimHei'] # 显示中文（替换 sans-serif 字体）
set_figsize(figsize=(8, 3.5))
markers = {'std=0.01': 'o', 'Xavier': 's', 'He': 'D'}
x = np.arange(max_iterations)
for key in weight_init_types.keys():
    plt.plot(x, smooth_curve(train_loss[key]), marker=markers[key],
markevery=100, label=key)
plt.xlabel("迭代次数")
plt.ylabel("损失值")
plt.ylim(0, 2.5)
plt.legend()
plt.show()
```

基于 MNIST 数据集的权重初始值的比较如图 4-10 所示。

图 4-10 表明，std = 0.01 时完全不能进行学习。这和刚才观察到的激活值的分布一样，也是因为正向传播中传递的值很小（集中在 0 附近的数据）所以不能学习。因此，逆向传播时求到的梯度也很小，权重几乎不进行更新。

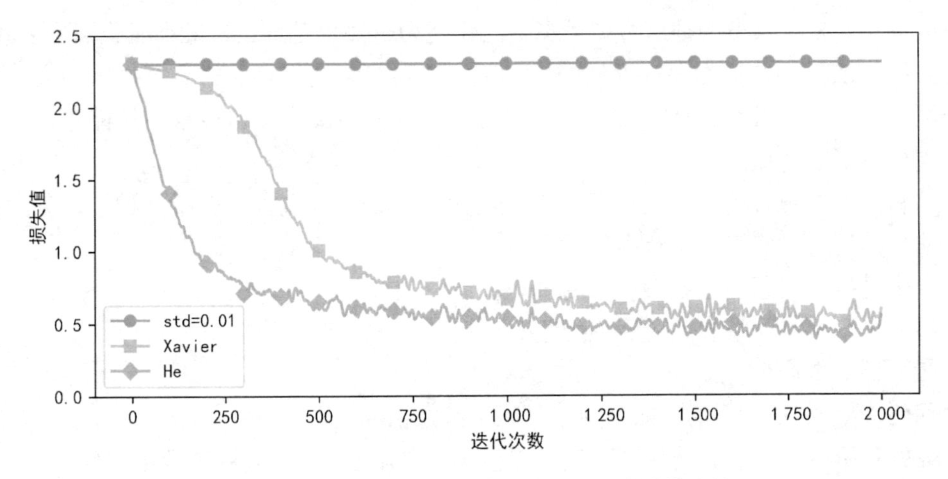


图 4-10 基于 MNIST 数据集的权重初始值的比较

相反，当权重初始值为 Xavier 初始值和 He 初始值时，学习进行得很顺利，并且我们发现 He 初始值的学习速度更快一些。

综上，在神经网络的学习中，权重初始值非常重要。很多时候权重初始值的设定关系到神经网络的学习能否成功。

## 4.3 正则化与规范化



机器学习的目的是得到可以泛化（Generalize）的模型，即在之前没见过的数据上表现很好的模型。在深度学习中，如果数据集不够大，可能会导致过拟合的问题。过拟合导致的结果就是模型在训练集上有很高的精度，但是在遇到新的样本时，精度会大幅度下降。本节将介绍降低过拟合及将泛化能力最大化的方法。

### 4.3.1 过拟合与欠拟合

机器学习的根本问题是优化和泛化之间的对立。优化（Optimization）是指调节模型，以在训练数据上得到最佳性能（机器学习中的学习），而泛化（Generalization）是指训练好的模型在之前没见过的数据上的性能好坏。机器学习的目的当然是得到良好的泛化，但我们无法控制泛化，只能基于训练数据调节模型。

训练开始时，优化和泛化是相关的：训练数据上的损失越小，测试数据上的损失也越小。这时的模型是欠拟合（Underfit）的，即仍有改进的空间，网络还没有对训练数据中的所有相关模式建模。但在训练数据上迭代一定次数之后，泛化不再提高，验证指标先是不变，然后开始变差，即模型开始过拟合。这时模型开始学习仅和训练数据有关的模式，但这种模式对新数据来说是错误的或无关紧要的。

为了防止模型从训练数据中学到错误的或无关紧要的模式，最优的解决方法是获取更多的训练数据。模型的训练数据越多，泛化能力自然也越好。如果不能获取更多数据，次优解决方法是调节模型允许存储的信息量，或对模型允许存储的信息加以约束。如果一个网络只能记住几个模式，那么优化过程会迫使模型集中学习最重要的模式，这样更可能得到良好的泛化。

这种降低过拟合的方法叫作正则化（Regularization）。我们先介绍几种最常见的正则化方法，然后将其应用于实践中。

发生过拟合的原因主要有以下两个。

（1）模型拥有大量参数，表现力强。

（2）训练数据少。

代码清单 4-10 所示为过拟合实验代码。和之前的代码一样，按 epoch 分别算出所有训练数据和所有测试数据的识别精度。黑体部分是用于选定 1 000 个数据的代码。

代码清单 4-10　过拟合实验代码

```
import numpy as np
from utils.mnist_reader import load_mnist
# 读入数据
(train_images,train_labels) = load_mnist(r'..\datasets\fashion',
kind='train')
(test_images,test_labels) = load_mnist(r'..\datasets\fashion', kind='t10k')
train_images = train_images.astype('float32') / 255
test_images = test_images.astype('float32') / 255
train_labels=to_one_hot_label(train_labels,10)
test_labels=to_one_hot_label(test_labels,10)
# 为了再现过拟合，减少学习数据
train_images = train_images[:1000]
train_labels = train_labels[:1000]
network = SequentialNet (input_size=784, hidden_size_list=[512, 128],
output_size=10,  activation='relu')
trainer = Trainer(network,
                  train_images,train_labels,
                  test_images,test_labels,
                  epochs=200, mini_batch_size=256,
                  optimizer='adam',optimizer_param={'lr':0.0001})
acc,val_acc ,loss,val_loss=trainer.train()
from com.util import plotting
plotting(acc,loss,val_acc,val_loss,mark_every=2)
```



train_acc_list 和 test_acc_list 以 epoch 为单位保存识别精度。现在，我们将这些列表（train_acc_list、test_acc_list）绘成图，训练数据和测试数据的损失值和识别精度如图 4-11 所示。

经过 300 个 epoch，训练数据的损失值降低为 0.014 4，但是测试数据的损失值在第 95 轮达到最小的 0.66 之后便开始增大；训练数据识别精度在 99.9%以上；测试数据识别精度约为 79%。如此大的识别精度差距说明神经网络只学习了训练数据的结果。

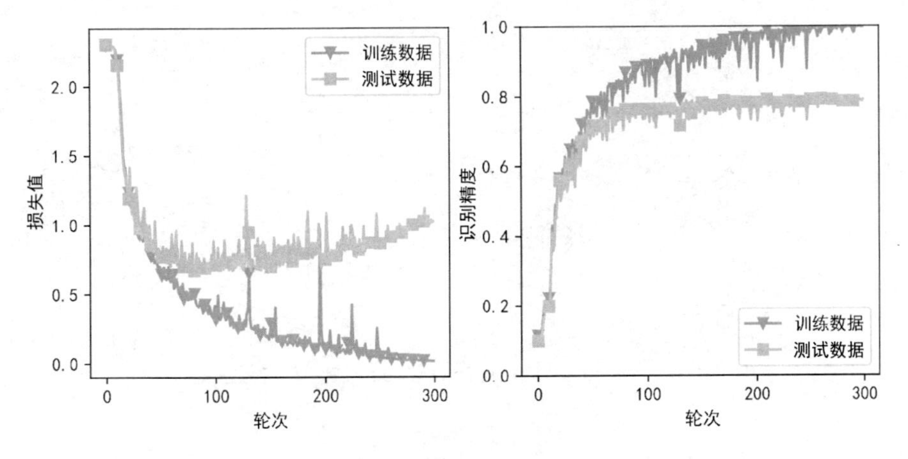


图 4-11 训练数据和测试数据的损失值和识别精度

## 4.3.2 权值衰减

权值衰减是一直以来经常被使用的一种抑制过拟合的方法。该方法通过在学习的过程中对大的权重进行惩罚，来抑制过拟合。很多过拟合原本就是因为权重参数取值过大才发生的。

神经网络的学习目的是减小损失函数的值。如果为损失函数加上权重的平方（L2 范数），就可以抑制权重变大。用符号表示的话，如果将权重记为 $\boldsymbol{W}$，L2 范数的权值衰减就是 $1/2*\lambda\boldsymbol{W}^2$，然后将这个 $1/2*\lambda\boldsymbol{W}^2$ 加到损失函数上。这里，$\lambda$ 是控制正则化强度的超参数。$\lambda$ 设置得越大，对大的权重施加的惩罚就越重。此外，$1/2*\lambda\boldsymbol{W}^2$ 开头的 1/2 是用于将 $1/2*\lambda\boldsymbol{W}^2$ 的求导结果变成 $\lambda\boldsymbol{W}$ 的调整用常量。对于所有权重，权值衰减方法都会为损失函数加上 $1/2*\lambda\boldsymbol{W}^2$。因此，在求权重梯度的计算中，要为之前的误差反向传播法的结果加上正则化项的导数 $\lambda\boldsymbol{W}$。

权值衰减如代码清单 4-11 所示。

代码清单 4-11 权值衰减

```
weight_decay += 0.5 * self.weight_decay_lambda * np.sum(W ** 2)  #计算权值衰减
```

## 4.3.3 Dropout 正则化

下面，我们使用 Dropout 来进行正则化（随机删除节点），Dropout 的原理就是每次迭代过程中随机将其中的一些节点失效。当关闭一些节点时，实际上就是修改了模型。这背后的思路是，在每次迭代时，都会训练一个只使用一部分神经元的不同模型。随着迭代次数的增加，模型的节点会对其他特定节点的激活变得不那么敏感，因为其他节点可能在任何时候失效。

Dropout 的概念图如图 4-12 所示，左边是一般的神经网络，右边是应用了 Dropout 的神经网络。Dropout 通过随机选择并删除神经元，停止向前传递信号。

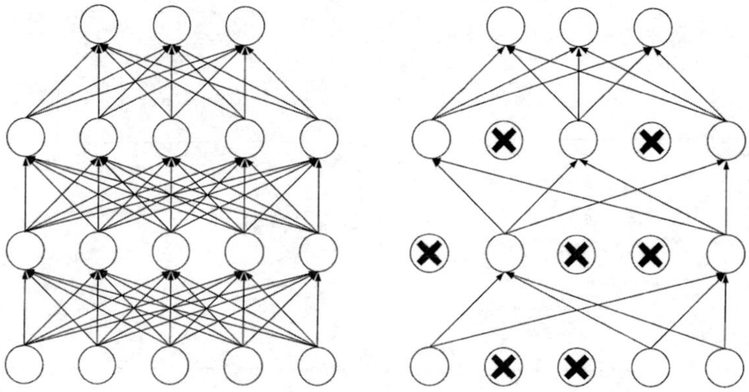

图 4-12　Dropout 的概念图

在每一次迭代中，关闭（设置为零）一层的神经元数量与该层神经元数量之比称为删除比（这里为 50%）。丢弃的节点都不参与迭代时的前向和后向传播。

下面我们来实现 Dropout。这里的实现重视易理解性。不过，因为训练时如果进行恰当的计算的话，正向传播时单纯地传递数据就可以了（不用乘以删除比例），所以在深度学习的框架中进行了这样的实现（见代码清单 4-12）。

代码清单 4-12　Dropout 的实现

```
class Dropout:    #@保存到 dlp.py
    def __init__(self, dropout_ratio=0.5):
        self.dropout_ratio = dropout_ratio
        self.mask = None

    def forward(self, x, train_flg=True):
        if train_flg:
            self.mask = np.random.rand(*x.shape) > self.dropout_ratio
            return x * self.mask       #[1 0 1 1 0 0]
        else:
            return x * (1.0 - self.dropout_ratio)

    def backward(self, dout):
        return dout * self.mask
```

这里的要点是，每次正向传播时，self.mask 都会以 False 的形式保存要删除的神经元。self.mask 会随机生成和 x 形状相同的数组，并将值比 dropout_ratio 大的元素设为 True。Dropout 反向传播时的行为和 ReLU 函数相同。也就是说，正向传播时传递了信号的神经元，反向传播时按原样传递信号；正向传播时没有传递信号的神经元，反向传播时信号将停在那里。

### 4.3.4　批量规范化

本节将介绍批量规范化（Batch Normalization，简称 BN 法），它是一种流行且有效的技术，可以加速深层神经网络的收敛速度，并抑制过拟合。批量规范化使人们能够训练100层以上的神经网络。

批量规范化就是将数据分布调整为近似的正态分布，即使是数据分布的均值为0、方差为1的规范化也要调整。批量规范化的推导较复杂，这里不进行介绍。

注意，如果学习时所用的mini-batch（小批量）的数量为1，批量规范化将无法学到任何东西。这是因为在减去均值之后，每个隐藏单元将为0，所以只有使用足够多的mini-batch，批量规范化这种方法才是有效且稳定的。在应用批量规范化时，批量大小的选择可能比没有批量规范化时更重要。

添加批量规范化层（BN层）的神经网络如图4-13所示。

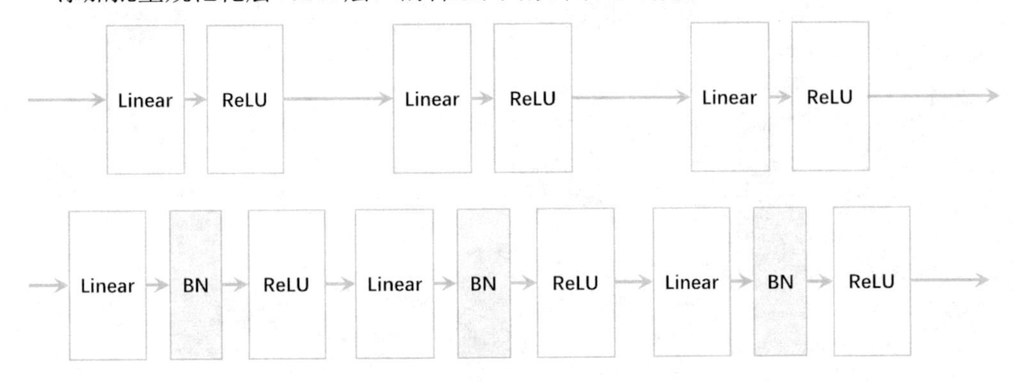


图4-13　添加批量规范化层（BN层）的神经网络





代码清单4-13给出了BN层的实现，但不做详细说明，可将其作为黑箱使用。

代码清单4-13　BN层的实现

```
class BatchNormalization:    #@保存到 dlp.py
   def __init__(self, gamma, beta, momentum=0.9, running_mean=None,
running_var=None):
       self.gamma = gamma
       self.beta = beta
       self.momentum = momentum
       self.input_shape = None # Conv层时为四维，全连接层时为二维
       # 测试时使用的平均值和方差
       self.running_mean = running_mean
       self.running_var = running_var
       # backward时使用的中间数据
       self.batch_size = None
       self.xc = None
       self.std = None
       self.dgamma = None
       self.dbeta = None

   def forward(self, x, train_flg=True):
       self.input_shape = x.shape
```

```
        if x.ndim != 2:
            N, C, H, W = x.shape
            x = x.reshape(N, -1)
        out = self.__forward(x, train_flg)
        return out.reshape(*self.input_shape)

    def __forward(self, x, train_flg):
        if self.running_mean is None:
            N, D = x.shape
            self.running_mean = np.zeros(D)
            self.running_var = np.zeros(D)
        if train_flg:
            mu = x.mean(axis=0)
            xc = x - mu
            var = np.mean(xc**2, axis=0)
            std = np.sqrt(var + 10e-7)
            xn = xc / std
            self.batch_size = x.shape[0]
            self.xc = xc
            self.xn = xn
            self.std = std
            self.running_mean = self.momentum * self.running_mean +
(1-self.momentum) * mu
            self.running_var = self.momentum * self.running_var +
(1-self.momentum) * var
        else:
            xc = x - self.running_mean
            xn = xc / ((np.sqrt(self.running_var + 10e-7)))
        out = self.gamma * xn + self.beta
        return out

    def backward(self, dout):
        if dout.ndim != 2:
            N, C, H, W = dout.shape
            dout = dout.reshape(N, -1)
        dx = self.__backward(dout)
        dx = dx.reshape(*self.input_shape)
        return dx

    def __backward(self, dout):
        dbeta = dout.sum(axis=0)
        dgamma = np.sum(self.xn * dout, axis=0)
        dxn = self.gamma * dout
        dxc = dxn / self.std
```

```
        dstd = -np.sum((dxn * self.xc) / (self.std * self.std), axis=0)
        dvar = 0.5 * dstd / self.std
        dxc += (2.0 / self.batch_size) * self.xc * dvar
        dmu = np.sum(dxc, axis=0)
        dx = dxc - dmu / self.batch_size
        self.dgamma = dgamma
        self.dbeta = dbeta
        return dx
```

### 4.3.5 改进模型

本节将在 SequentialNet 类上添加初始化、正则化和批量规范化方法。由于 SequentialNet 类的主要部分已经在第 3 章进行了详细介绍，这里不再赘述，只是将添加部分用黑体标出，并在代码中做必要的注释。

#### 1. 初始化方法

此处在第 3 章介绍的 SequentialNet 类基础上添加了初始化、正则化和 BN 法，包括如下几点。

（1）weight_decay_lambda : Weight Decay（L2 范数）的强度，默认为 0。

（2）use_dropout: 是否使用 Dropout，默认不使用。

（3）dropout_ration : Dropout 的比例，如使用 Dropout，默认丢弃率为 0.5。

（4）use_batchnorm: 是否使用 BN 法，默认不使用。

改进多层神经网络模型如代码清单 4-14 所示。

代码清单 4-14 改进多层神经网络模型

```
class SequentialNet:    #@保存到 dlp.py
    """全连接的多层神经网络，包括 Weight Decay、Dropout、BN 法等功能参数:
    ......
    weight_init_std : 指定权重的标准差（e.g. 0.01）
        在指定 relu 或 he 的情况下设定“He 初始值”
        在指定 sigmoid 或 Xavier 的情况下设定“Xavier 初始值”
    weight_decay_lambda : Weight Decay（L2 范数）的强度，默认为 0
    use_dropout: 是否使用 Dropout，默认不使用
    dropout_ration : Dropout 的比例，如使用 Dropout，默认丢弃率为 0.5
    use_batchnorm: 是否使用 BN 法，默认不使用
    """
    def __init__(self, input_size, hidden_size_list, output_size,
                 activation='relu', weight_init_std='relu', weight_decay_lambda=0,
                 use_dropout=False, dropout_ration=0.5, use_batchnorm=False):
        self.input_size = input_size
        self.output_size = output_size
        self.hidden_size_list = hidden_size_list
        self.hidden_layer_num = len(hidden_size_list)
```

```
        self.use_dropout = use_dropout
        self.weight_decay_lambda = weight_decay_lambda
        self.use_batchnorm = use_batchnorm
        ......
        for idx in range(1, self.hidden_layer_num + 1):
            self.layers['Linear' + str(idx)] = Linear(self.params['W' +
str(idx)], self.params['b' + str(idx)])
            if self.use_batchnorm:    #如使用BN法，则设置参数gamma、beta
                self.params['gamma' + str(idx)] = np.ones(hidden_size_list[idx - 1])
                self.params['beta' + str(idx)] = np.zeros(hidden_size_list[idx - 1])
                self.layers['BatchNorm' + str(idx)] = BatchNormalization
(self.params['gamma' + str(idx)],
                                                      self.params['beta' + str(idx)])
            self.layers['Activation_function' + str(idx)] = activation_layer
[activation]()
            if self.use_dropout:  #如果使用dropout，在层列表中添加Dropout层的键
                self.layers['Dropout' + str(idx)] = Dropout(dropout_ration)
        ......
```

### 2. 权重初始化

权重初始化方法的改进已在 4.2.2 节的代码清单 4-9 中实现，此处不再赘述。



### 3. 预测

predict(self, x)的实现和上一章的神经网络的推理处理基本一致。添加了调用 Dropout 层和 BN 层的 forward 方法。改进预测函数如代码清单 4-15 所示。

代码清单 4-15　改进预测函数

```
    def predict(self, x, train_flg=False):
        for key, layer in self.layers.items():
            if "Dropout" in key or "BatchNorm" in key:
                x = layer.forward(x, train_flg)   # 调用Dropout层或BN层的
forward方法
            else:
                x = layer.forward(x)
        return x
```

### 4. 损失函数和精度

loss(self, x, t) 是计算损失函数值的方法。这个方法基于 predict()的结果和正确解标签 t 计算交叉熵误差。通过使用层，获得识别结果的处理（predict()）和计算梯度的处理（gradient()）只需通过层之间的传递就能完成。这里添加了权重衰减。精度计算没有任何变化。损失函数的修改（com/sequential.py）如代码清单 4-16 所示。

代码清单 4-16 损失函数的修改（com/sequential.py）

```
    def loss(self, x, t, train_flg=False):
        y = self.predict(x, train_flg)
        weight_decay = 0
        for idx in range(1, self.hidden_layer_num + 2):
            W = self.params['W' + str(idx)]
            weight_decay += 0.5 * self.weight_decay_lambda * np.sum(W ** 2)
#计算权值衰减
        return self.last_layer.forward(y, t) + weight_decay    #在正向计算中添
加权值衰减
    ......
```

### 5. 梯度计算

gradient(self, x, t)方法根据各层的 backward()方法计算各个参数相对损失函数的梯度。字典变量 grads 存放各层的梯度。grads['W1']、grads['W2']等是各层的权重，grads['b1']、grads['b2']等是各层的偏置。在梯度计算中加入权值衰减。梯度计算的修改如代码清单 4-17 所示。

代码清单 4-17 梯度计算的修改

```
    def gradient(self, x, t):
        ......
        for idx in range(1, self.hidden_layer_num + 2):
            grads['W' + str(idx)] = self.layers['Linear' + str(idx)].dW +
self.weight_decay_lambda * self.params['W' + str(idx)]    #在梯度计算中加入权
值衰减
            grads['b' + str(idx)] = self.layers['Linear' + str(idx)].db
          ......
        return grads
```

## 4.4 练习题

1．为什么神经网络初始化时权重不能为零？

2．如何解决梯度消失和梯度爆炸？

3．在神经网络中，有哪些办法防止过拟合？

4．为什么将数据集划分为训练集、验证集、测试集三个集合，而不直接划分为训练集和测试集？

5．利用本章改进的 SequentialNet 和 Trainer，使用更多的隐藏层重新训练 Fashion-MNIST 数据集。

## 本章小结

（1）除 SGD 之外，参数的更新方法还有动量法、AdaGrad、RMSprop、Adam 等。

（2）具有动量的梯度下降的 RMSprop 通常可以有很好的效果。Adam 明显优于小批量梯度下降和具有动量的梯度下降。

（3）权重初始值的赋值方法对进行正确学习非常重要。作为权重初始值，Xavier 初始值、He 初始值等比较有效。

（4）通过使用 BN 法，可以加速学习，并且使初始值变得健壮。

（5）抑制过拟合的正则化技术有权值衰减、Dropout 等。

（6）训练机器学习模型需要将数据划分为训练集、验证集和测试集。

# 5 卷积神经网络

本章包括以下内容：

- 理解卷积神经网络；
- 实现卷积层和汇聚层；
- 经典卷积神经网络 LeNet 的实现；
- 卷积神经网络的可视化。

在全连接层中，相邻层的神经元全部连接在一起。当输入是图像时，全连接层对每个像素进行处理，“忽视”了数据的形状。在前几章我们已经看到，全连接神经网络在处理简单的小图像（如 MNIST 数据集）时效果较好，但对于彩色图像，如第 1 章中的猫狗数据集，仅仅获得了略高于概率的结果。但我们肯定不希望计算机视觉只处理小图像。因此，需要寻求新的解决方案。这个方案之一就是卷积神经网络。

## 5.1 从全连接到卷积

人类大脑绝不是通过像素点来识别物体的。视觉的空间层次结构如图 5-1 所示，人类大脑通过圆眼睛、尖耳朵，以及鼻子和脸部的轮廓，判断它是猫。这是因为视觉世界形成了视觉模块的空间层次结构：边缘组合成局部对象，比如眼睛或耳朵，这些局部对象又组合成高级概念“猫”。

对于图 5-1 中的图像，如果让计算机判断左边这张图像里是什么物体，要做的第一件事是检测图像中的边缘。那么如何在图像中检测这些边缘？答案是卷积运算。

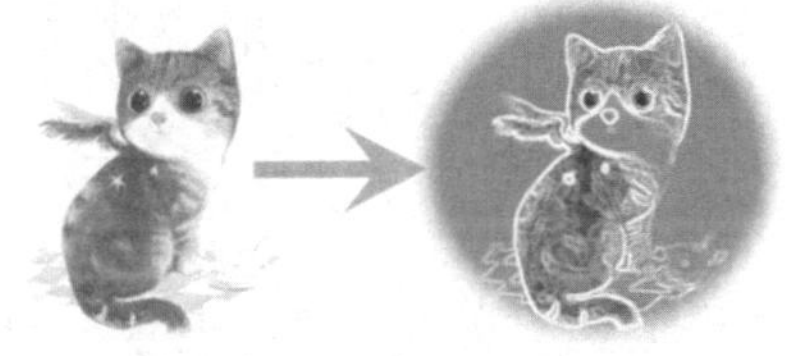

图 5-1 视觉的空间层次结构

### 5.1.1 卷积运算

卷积神经网络不再对每个像素做处理，而是通过滤波器持续不断地在图像上扫描搜集信息，每次搜索都是一小块信息，整理这一小块信息之后得到边缘信息。

图 5-2 左上的图像矩阵是计算机看到的一个简单的图像，其左边的一半是 10，右边的一半是 0。如果把它当成一个图像（图 5-2 左下），则像素值为 10 的左半边比较亮，像素值为 0 的右半边比较暗。在图 5-2 所示的图像中间有一个明显从白到黑的过渡垂直边缘。

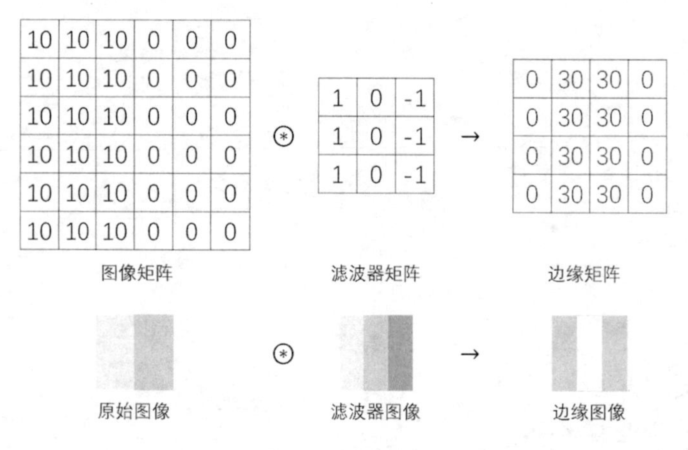


图 5-2　用卷积进行垂直边缘检测的例子

为了检测图像中的垂直边缘，可以构造一个图 5-2 所示的滤波器矩阵与左边的图像矩阵进行卷积运算，其结果如图 5-2 右上的边缘矩阵所示。该滤波器矩阵被称为滤波器或卷积核，或者简单地称之为该卷积层的权重。数学上卷积用“*”表示，但为了与程序中的乘法相区别，这里用“⊛”表示卷积运算。

经过卷积运算得到的最右边的矩阵所对应的图像如图 5-2 右下图所示。输出图像中间的白色表示在图像中间有一个特别明显的垂直边缘。

现在来解释一下卷积运算是如何操作的。图 5-3 所示为卷积运算的计算顺序。



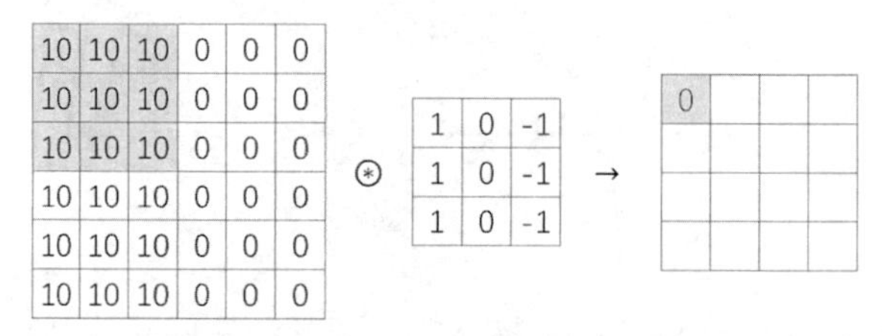

步骤 1：$10\times1+10\times1+10\times1+10\times0+10\times0+10\times0+10\times(-1)+10\times(-1)+10\times(-1)=0$

步骤 2：$10\times1+10\times1+10\times1+10\times0+10\times0+10\times0+0\times(-1)+0\times(-1)+0\times(-1)=30$

步骤 3：$10\times1+10\times1+10\times1+0\times0+0\times0+0\times0+0\times(-1)+0\times(-1)+0\times(-1)=30$

图 5-3　卷积运算的计算顺序

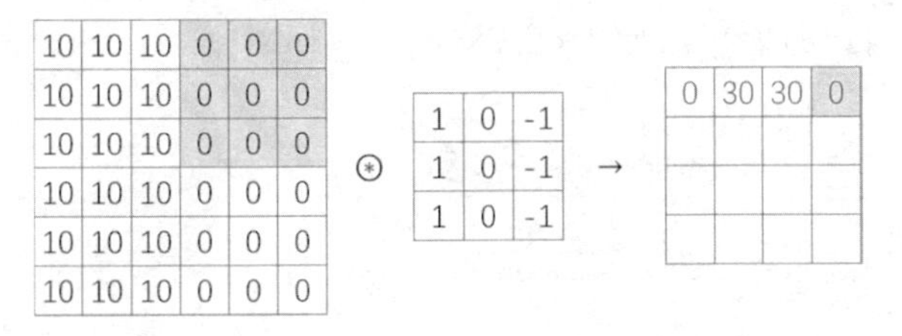


步骤 4：0×1+0×1+0×1+0×0+0×0+0×0+0×(−1)+ 0×(−1)+0×(−1) = 0

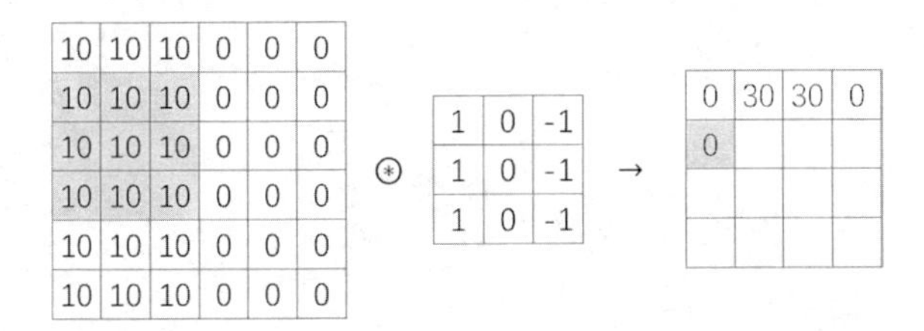


步骤 5：10×1+10×1+10×1+10×0+10×0+10×0+10×(−1)+ 10×(−1)+10×(−1) = 0

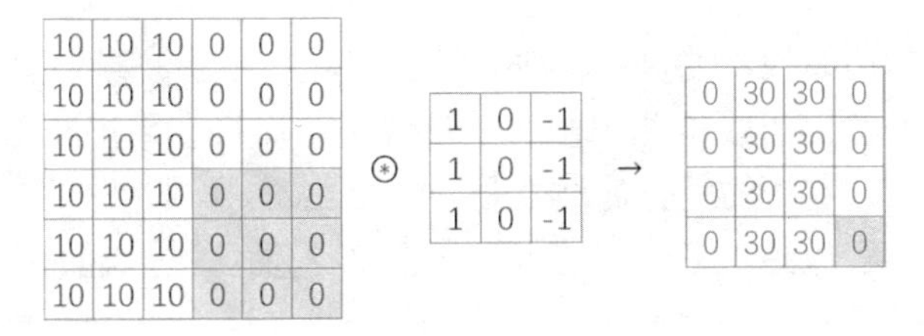


步骤 6：0×1+0×1+0×1+0×0+0×0+0×0+0×(−1)+ 0×(−1)+0×(−1) = 0

图 5-3　卷积运算的计算顺序（续）



对于输入数据，卷积运算以一定间隔滑动滤波器的窗口并计算。这里所说的窗口是指图 5-3 中灰色的 3×3 的部分。如图 5-3 所示，将滤波器各个位置上的元素和输入数据的对应元素相乘，然后再求和，这个计算也称为逐元素乘积累加运算。然后，将这个结果保存到输出的对应位置。将这个过程在所有位置都进行一遍就可以得到卷积运算的输出。

例如，为了计算 4×4 矩阵左上角的第一个元素，首先要在输入的 6×6 矩阵的左上角取出与滤波器相同的 3×3 区域，如图 5-3 的步骤 1 中的灰色部分所示；然后与滤波器进行逐元素乘法运算；最后将这些乘积累加，即 10×1+10×1+10×1+10×0+10×0+10×0+10×(−1)+10×(−1)+10×(−1)=0，便得到左上角的元素 0。

接下来，为了得到 4×4 矩阵的第二个元素，把灰色方块向右移动一列，继续做逐元素乘积累加运算，结果是 10+10+10+0+0+0+0+0+0=30（见图 5-3 步骤 2），灰色方块继续右移一列，得到 30（见图 5-3 步骤 3），灰色方块继续右移得到 0（见图 5-3 步骤 4），以此类推。

为了得到下一行的元素，把灰色方块下移，现在灰色方块到达图 5-3 中步骤 5 所示的位置，重复进行逐元素乘积累加运算，得到 0，再将其右移得到 30，接着是 30、0。以此类推，这样计算完矩阵中的其他元素。

对应全连接网络的权重，卷积中的权重是滤波器的参数。同样，卷积神经网络中也存在偏置。

在图 5-4 所示的卷积运算的偏置（向应用了滤波器的元素加上某个固定值）中，在滤波器运算之后加上了偏置。偏置通常只有 1 个（1×1），这个值会被加到应用了滤波器的所有元素上。这时可以看出，偏置可以使边缘更加凸显。

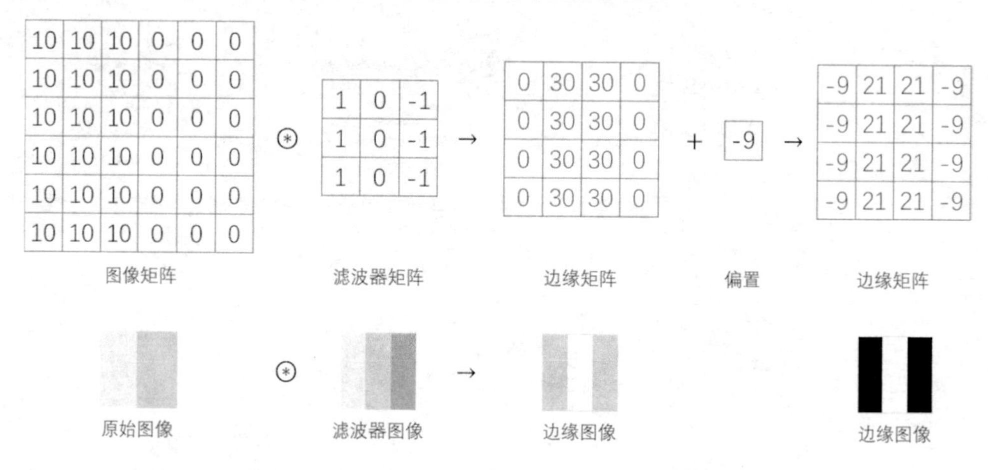


图 5-4　卷积运算的偏置（向应用了滤波器的元素加上某个固定值）

再来看看更多的边缘检测的例子。垂直滤波器和水平滤波器如图 5-5 所示，我们已经知道左边的垂直滤波器可以检测出垂直的边缘，从而很容易推断出右边的水平滤波器能检测出水平的边缘。左边的垂直滤波器是一个 3×3 的区域，它的左边相对较亮，而右边相对较暗。同样，右边的水平滤波器也是一个 3×3 的区域，它的上边相对较亮，而下边相对较暗。



图 5-6 所示为水平滤波器卷积，它是一个更复杂的例子。其左上方和右下方都是亮度为 3 的点。如果将它绘成图像，右上角和左下角是亮度为 0 的比较暗的地方，我们把这些比较暗的区域加上阴影，而左上方和右下方都会相对较亮。如果用这幅图与水平滤波器卷积，就会得到右边的图像。

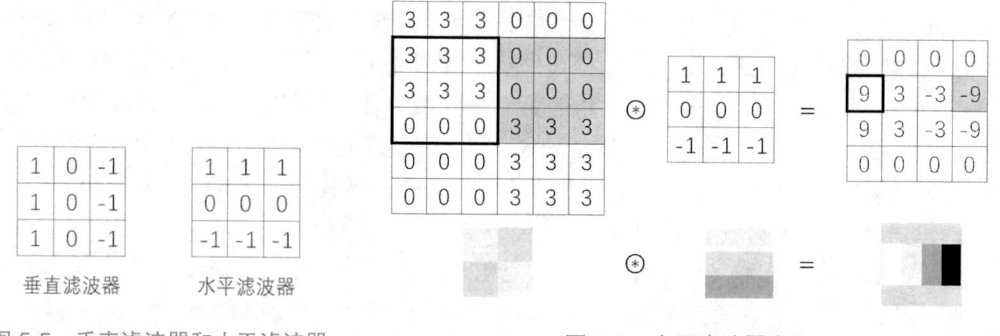


图 5-5　垂直滤波器和水平滤波器　　图 5-6　水平滤波器卷积

在图 5-6 所示的右边矩阵中，黑色边框所标记的 9 代表了左边矩阵黑色边框所标记的区域。这块区域上边比较亮，下边比较暗，所以滤波器在这里发现了一条正边缘。右边矩阵中以阴影标记的−9 代表了左边阴影部分所标记的区域，这块区域底部比较亮，而上边则比较暗，所以这里是一条负边缘。

通过使用不同的滤波器，可以找出垂直的或水平的边缘。这些边缘反映的是数据的某种特征。因此，卷积层的输出也称为特征图（Feature Map）。

如果我们只需寻找黑白边缘，那么使用图 5-5 所示的边缘滤波器就足够了。然而，当有了更复杂数值的卷积核，或者连续的卷积层时，我们不可能手动设计滤波器，而是通过学习生成滤波器，因此滤波器也视作卷积的权重。

### 5.1.2 填充

从图 5-6 的操作可以看出，对大小为 6×6 的输入数据应用 3×3 的滤波器时，输出大小变为 4×4，相当于输出比输入每个维度缩小了 2 个元素。这在反复进行多次卷积运算的深度网络中会成为问题。因为如果每次进行卷积运算都会缩小空间，那么在某个时刻输出大小就有可能变为 1，导致无法再应用卷积运算。为了避免出现这样的情况，就需要使用填充（Padding）。填充是指在输入特征图的每一边添加适当数量的行和列，使得每个输入元素都可以作为卷积窗口的中心。图 5-7 所示为卷积运算的填充处理（向输入数据的周围填入 0），其展示了对大小为 6×6 的输入数据应用幅度为 1 的填充的情况。“幅度为 1 的填充”是指在输入数据左右各添加 1 列、上下各添加 1 行的 0 填充。

通过填充，6×6 的输入数据变成了 8×8 的，经过 3×3 的滤波器，输出保持为 6×6。这样，卷积运算就可以在保持空间形状不变的情况下将数据传给下一层。

图 5-7 将填充幅度设成了 1，填充幅度也可以设置成 2、3 等任意的整数。如果将填充幅度设为 2，则输入数据的形状变为 10×10；如果将填充幅度设为 3，则输入数据的形状变为 12×12。

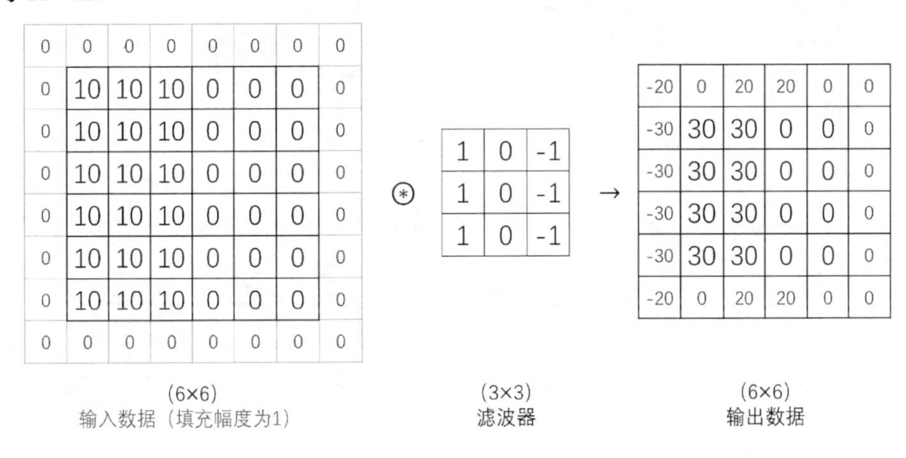


图 5-7 卷积运算的填充处理（向输入数据的周围填入 0）

一些深度学习框架，如 TensorFlow，通常用 padding 这个参数来设置填充。这个参数可以取两个值：valid 表示不填充（只使用有效的窗口位置）；same 表示填充后输出的宽度和高度与输入相同。padding 参数的默认值为“valid”。

可以使用 Numpy 的 pad 方法填充。下列代码定义了一个 0 填充的方法 zero_pad。

```
def zero_pad(X,pad):
    # 全部使用 0 将数据集 X 的图像边界扩充 pad 行和列
    X_paded = np.pad(X,(
        (0,0),          #样本数，不填充
        (0,0),          #通道数，不填充
        (pad,pad),    #在图像上面和下面填充 pad 个 0
```

```
    (pad,pad)),  #在图像左边和右边填充 pad 个 0
    'constant', constant_values=0)       #连续一样的值填充
  return X_paded
```

下列代码将随机创建的 4 个 3 通道的 6×6 样本填充为 8×8。

```
np.random.seed(1)
x = np.random.randn(4,3,6,6)
x_paded = zero_pad(x,2)
#绘制图
fig , axarr = plt.subplots(1,2)  #一行两列
axarr[0].set_title('x')
axarr[0].imshow(x[3,0,:,:])
axarr[1].set_title('x_paded')
axarr[1].imshow(x_paded[3,0,:,:])
```

将 6×6 样本填充为 8×8 的效果如图 5-8 所示。

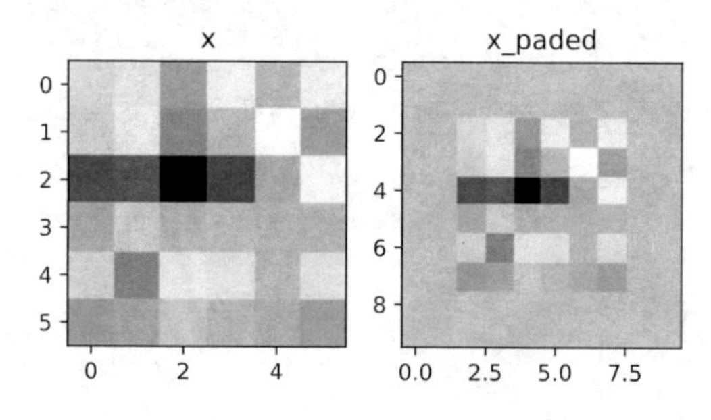


图 5-8　将 6×6 样本填充为 8×8



### 5.1.3　步幅

在之前的例子中，滤波器滑动的位置间隔都是 1。这种滤波器的位置间隔称为步幅（Stride）。除此之外，也可以使用步进卷积（Strided Convolution），即步幅大于 1 的卷积。在图 5-9 所示的步幅为 2 的卷积运算的例子中可以看到用步幅为 2 的 3×3 卷积从 5×5 输入中提取的图块（未使用填充）。

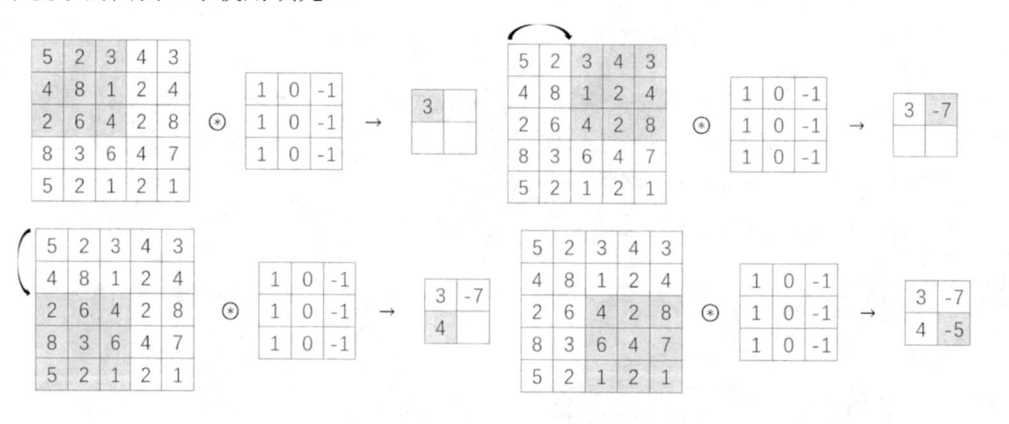


图 5-9　步幅为 2 的卷积运算的例子

步幅为 2 意味着对特征图的宽度和高度都做了 2 倍下采样（除了边界效应引起的变化）。步进卷积在分类模型中很少使用，但对某些类型的模型可能很有用，我们会在第 7 章和第 8 章中看到这一点。对于分类模型，通常使用最大汇聚（见 5.3 节）运算来对特征图进行下采样。

综上，增大步幅后，输出大小会变小；而增大填充后，输出大小会变大。如果将这样的关系写成算式会如何呢？接下来我们看一下对于填充和步幅如何计算输出大小。

这里假设输入大小为（$H, W$），滤波器大小为（FH, FW），输出大小为（OH, OW），填充为 $P$，步幅为 $S$。此时，输出大小可通过如下方法计算。

$$\mathrm{OH}=(H+2P-\mathrm{FH})/S+1$$
$$\mathrm{OW}=(W+2P-\mathrm{FW})/S+1$$

这里需要注意的是所设定的值要使上面两个式子可以除尽。

### 5.1.4 三维数据的卷积运算

之前的卷积运算的例子都是以有高度、宽度两个方向的二维形状为对象的。但是，图像是三维数据，除高度、宽度方向之外，还需要处理通道方向。下面介绍对加上通道方向的三维数据进行卷积运算的例子。

对于图 5-10 所示的 6 像素×6 像素×3 彩色图像，这里的 3 指的是三个颜色通道。为了检测图像的边缘或其他的特征，需要让它和一个 3×3×3 的三维滤波器做卷积。这个滤波器也有三层，对应红、绿、蓝三个通道。卷积的输出是一个 4 像素×4 像素的图像，注意是 4 像素×4 像素×1，这里最后一个数不是 3 了。

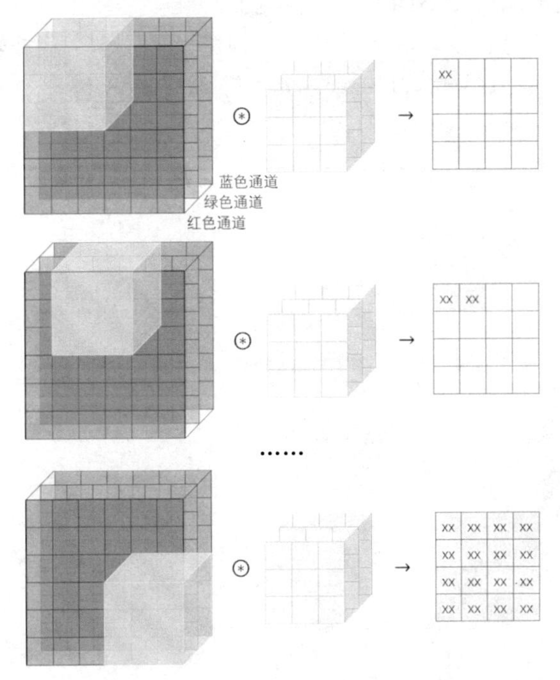


图 5-10　6 像素×6 像素×3 彩色图像

计算这个卷积的输出就是把这个 3×3×3 的滤波器分别与左边立方体覆盖区域对应的

元素进行逐元素乘积累加，即先取红色通道的 9 个元素与对应红色通道的滤波器逐元素相乘，再取绿色通道的 9 个元素与对应绿色通道的滤波器逐元素相乘，最后取蓝色通道的 9 个元素与对应蓝色通道的滤波器逐元素相乘，再对这 27 个乘积求和，这样就得到了输出的第一个元素。

将这个立方体滑动一个单位，再与滤波器的 27 个元素进行逐元素乘积累加，这样就得到了下一个输出，以此类推。需要注意的是，在三维数据的卷积运算中，滤波器的通道数要和输入数据的通道数相同。

那么，这个卷积能干什么呢？举个例子，对于一个 3×3×3 的滤波器，如果只想检测图像红色通道的边缘，那么可以将第一个滤波器设为$\begin{bmatrix}1 & 0 & -1\\1 & 0 & -1\\1 & 0 & -1\end{bmatrix}$，第二个滤波器设为$\begin{bmatrix}0 & 0 & 0\\0 & 0 & 0\\0 & 0 & 0\end{bmatrix}$，第三个滤波器设为$\begin{bmatrix}0 & 0 & 0\\0 & 0 & 0\\0 & 0 & 0\end{bmatrix}$。如果把这三个滤波器堆叠在一起形成一个 3×3×3 的滤波器，那么这就是一个仅检测红色通道垂直边缘的滤波器。

如果只检测垂直边缘，而不关心垂直边界在哪个颜色通道里，那么可以用这样三个滤波器：$\begin{bmatrix}1 & 0 & -1\\1 & 0 & -1\\1 & 0 & -1\end{bmatrix}$，$\begin{bmatrix}1 & 0 & -1\\1 & 0 & -1\\1 & 0 & -1\end{bmatrix}$，$\begin{bmatrix}1 & 0 & -1\\1 & 0 & -1\\1 & 0 & -1\end{bmatrix}$。



所以通过设置滤波器参数，就有了一个边界检测器来检测任意颜色通道里的边界。参数的选择不同，就可以得到不同的特征检测器。

如果同时要检测边缘、纹理等多种特征，则可以采用多个滤波器。

三维卷积的工作原理如图 5-11 所示，我们让 6 像素×6 像素×3 的图像和 3×3×3 的滤波器 1 卷积，得到 4 像素×4 像素的图像，这可能是一个垂直边界检测器。滤波器 2 可能是一个水平边缘检测器。滤波器 3 可能是一个 45° 倾斜的边缘检测器。滤波器 4 可能是某种纹理检测器。

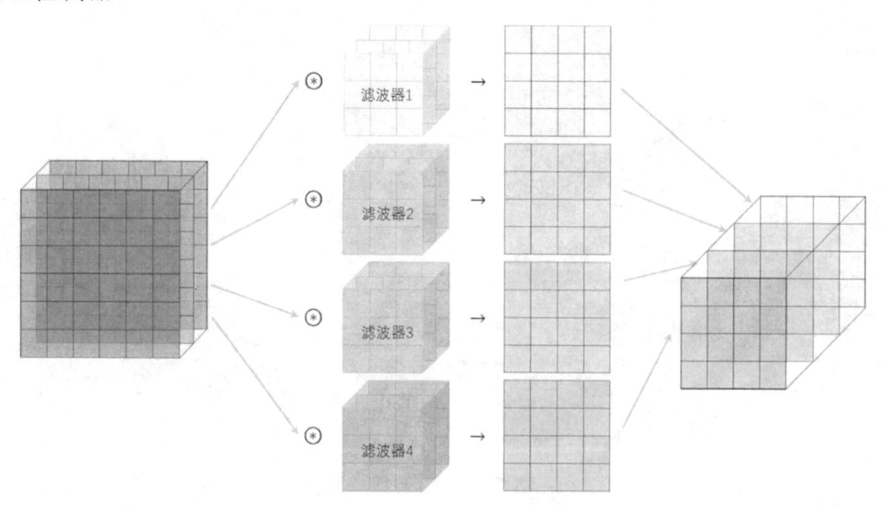


图 5-11　三维卷积的工作原理

这样，6 像素×6 像素×3 图像和每个滤波器卷积都可以得到一个 4 像素×4 像素的图像。把这四个 4 像素×4 像素的图像堆叠在一起就得到了一个 4 像素×4 像素×4 的输出立方体。这里的最后一个 4 源于我们用了 4 个不同的滤波器。



## 5.2 卷积层

前面我们详细介绍了卷积，本节我们用 Python 来构建卷积神经网络的卷积层。

### 5.2.1 卷积计算

下面从程序实现的角度做一下总结。基于 1 个滤波器的卷积运算如图 5-12 所示，彩色图像可以用通道数 *C*、高度 *H* 和宽度 *W* 表示为三维数组（*C*, *H*, *W*）。同样，通道数为 *C*、高度为 FH（Filter Height）、宽度为 FW（Filter Width）的滤波器也可以用三维数组（*C*, FH, FW）表示。这样就输出通道数为 1 的特征图。

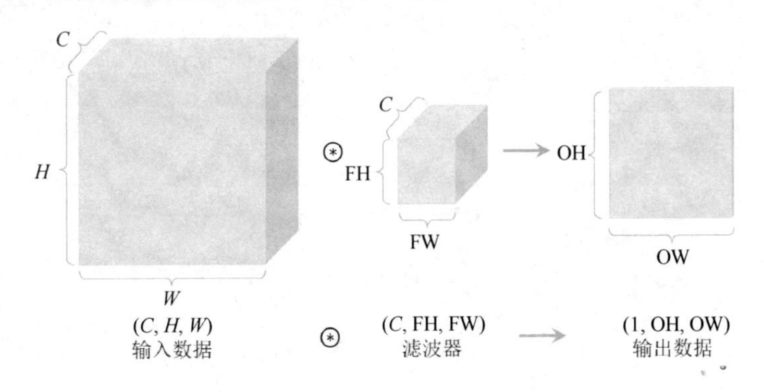


图 5-12 基于 1 个滤波器的卷积运算

$$\mathrm{OH}=(H+2P-\mathrm{FH})/S+1$$
$$\mathrm{OW}=(W+2P-\mathrm{FW})/S+1$$

式中，*P* 是填充，*S* 是步幅。

基于多个滤波器进行卷积运算的例子如图 5-13 所示。输入数据经过 FN 个滤波器，就得到了 FN 个通道的形状为（FN, OH, OW）的特征图，将这个特征图传给下一层，这就是 CNN 的处理流。

滤波器的权重可以用输出通道数 FN、输入通道数 *C*、高度 *H* 和宽度 *W* 构成的四维张量（FN, *C*, FH, FW）表示。例如，20 个通道数为 3、大小为 5×5 的滤波器的权重形状可以写成（20, 3, 5, 5）。

和全连接层一样，卷积运算中也存在偏置。对于图 5-13 所示的例子，如果进一步追加偏置的加法运算处理，其结果如图 5-14 卷积运算的处理流（追加了偏置项）所示。

在图 5-14 中，每个通道只有一个偏置。这样，FN 个通道的偏置的形状是（FN, 1, 1），而滤波器的输出结果的形状是（FN, OH, OW）。

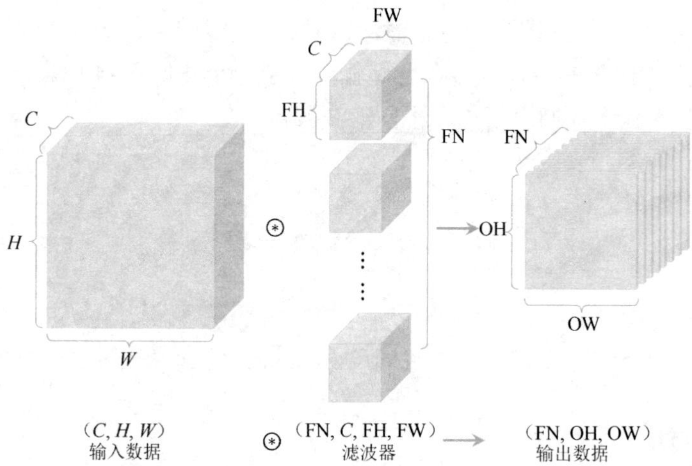

图 5-13　基于多个滤波器进行卷积运算的例子

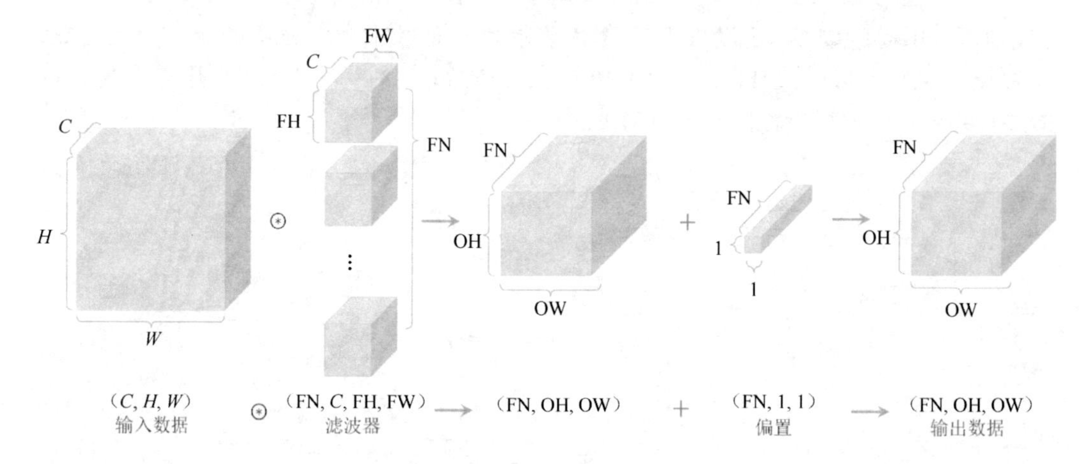


图 5-14　卷积运算的处理流（追加了偏置项）



对于批量数据，需要将在各层间传递的数据保存为四维数据。具体地讲，就是按(batch_num, channel, height, width)的顺序保存数据。比如，将图 5-14 中的处理流改成对 $N$ 个数据进行批处理时，数据的形状如图 5-15 所示。

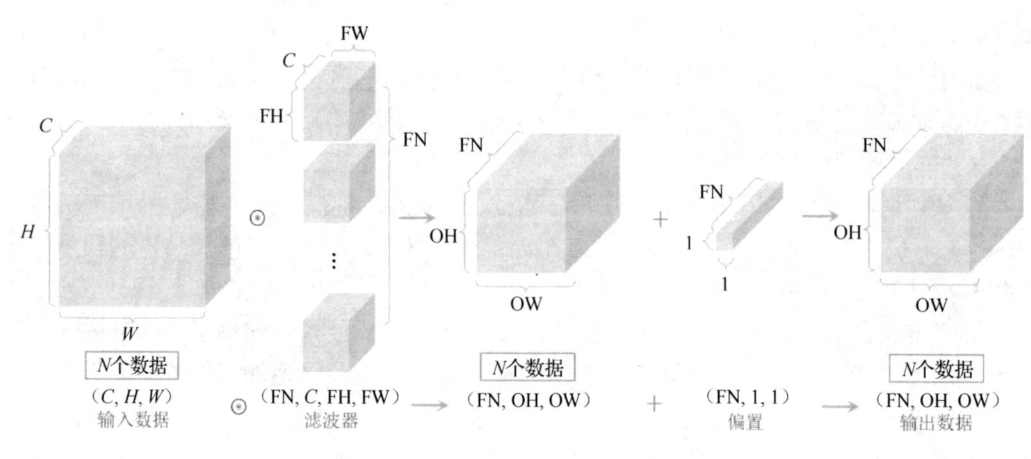


图 5-15　卷积运算的处理流（批处理）

在图 5-14 所示的卷积运算的处理流（批处理）中，在各个数据的开头都添加了批处理的维度。像这样，数据作为四维的形状在各层间传递。这里需要注意的是，网络间传递的是四维数据，卷积运算一次性就处理了这 $N$ 个数据。也就是说，批处理将 $N$ 次的处理汇总成了 1 次进行。

和第 3 章一样，我们把卷积层实现为一个类，并在这个类中实现 forward 和 backward 方法。

### 5.2.2 四维数组

如前所述，CNN 中各层间传递的数据是四维数据。例如，数据的形状是(10, 1, 28, 28)，则它对应 10 个高为 28、宽为 28、通道为 1 的数据。用 Python 来实现的话，如下所示。

```
x = np.random.rand(10, 1, 28, 28) # 随机生成数据
print( x.shape)  #(10, 1, 28, 28)
```

这里，如果要访问第 1 个数据，只要写 x[0]就可以了（注意 Python 的索引是从 0 开始的）。同样，用 x[1]可以访问第 2 个数据。

```
x[0].shape # (1, 28, 28)
x[1].shape # (1, 28, 28)
```

如果要访问第 1 个数据的第 1 个通道的空间数据，可以写成下面的形式。

```
x[0, 0] # 或 x[0][0]
```

像这样，CNN 中处理的是四维数据，因此卷积运算的实现看上去会很复杂，但是通过使用下面要介绍的 im2col 函数，问题就会变得很简单。

### 5.2.3 基于 im2col 函数的展开

im2col（从图像到矩阵）函数的作用是将输入数据用适合滤波器（权重）的形式展开。卷积运算的滤波器处理的细节如图 5-16 所示，对于输入数据，im2col 函数将滤波器作用的区域（图中的三维小长方体）横向展开为 1 列。im2col 函数会在所有应用滤波器的区域进行这个展开处理。

在图 5-16 中，为了便于观察，将步幅设置得很大，以使滤波器的应用区域不重叠。在实际的卷积运算中，滤波器的应用区域几乎都是重叠的。在滤波器应用区域重叠的情况下，使用 im2col 函数展开后，展开后的元素个数会多于原方块的元素个数。因此，使用 im2col 函数的实现存在比普通的实现消耗更多内存的缺点。但是，将图像汇总成一个大的矩阵就可以有效地利用线性代数库，进而大幅度提高计算效率。

使用 im2col 函数展开输入数据后，只需将卷积层的滤波器（权重）纵向展开为 1 列，并计算两个矩阵的乘积（参照图 5-16），这和全连接层的 Linear 层进行的处理基本相同。

如图 5-16 所示，基于 im2col 函数的输出结果是二维矩阵。因为 CNN 中数据会保存为四维数组，所以要将二维输出数据转换为合适的形状。以上就是卷积层的实现流程。

读者可能会感觉卷积层的实现很复杂，但实际上，通过 im2col 函数可以轻松实现卷

积。本节首先介绍 im2col 函数，其次介绍利用该函数实现卷积层。

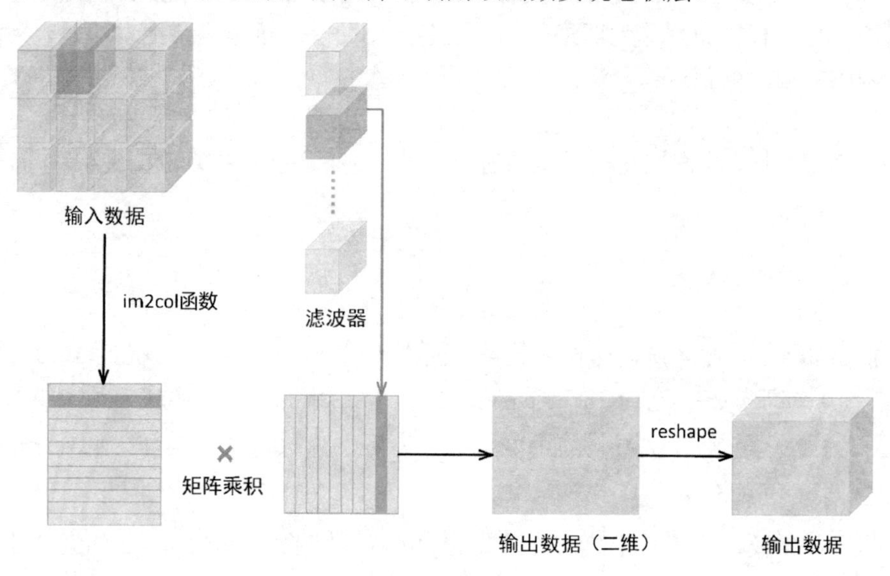


图 5-16　卷积运算的滤波器处理的细节

注：将每个滤波器纵向展开为 1 列，构成滤波器矩阵。计算滤波器矩阵和 im2col 函数输出的矩阵的乘积，最后转换（reshape）为输出数据的大小。

### 5.2.4　卷积层的实现

im2col 函数的实现如代码清单 5-1 所示。其可以作为黑箱处理。

代码清单 5-1　im2col 函数的实现

```
def im2col(input_data, filter_h, filter_w, stride=1, pad=0):   #@保存到 dlp.py
    """
    Parameters
    input_data :由包含（数据量，通道数，高，宽）的四维数组构成的输入数据
    filter_h : 滤波器的高
    filter_w : 滤波器的宽
    stride : 步幅
    pad : 填充
    Returns
    col : 二维数组
    """
    # 获取数据量、通道数、图像高度、图像宽度
    N, C, H, W = input_data.shape
    # 对图像进行卷积运算后的输出高度，如图像是 7 像素×7 像素，卷积核是 5×5  结果是 3×3
    out_h = (H + 2*pad - filter_h)//stride + 1
    # 对图像进行卷积运算后的输出宽度
    out_w = (W + 2*pad - filter_w)//stride + 1
    # 对图像在四个维度进行填充，默认 pad 为 0
    img = np.pad(input_data, [(0,0), (0,0), (pad, pad), (pad, pad)], 'constant')
```

```
    # 首先要明确的是 col 变量将存储输入数据“列转换”后的数据
    # 其次在初始化的时候，之所以要变成六维数据，并且最后两个维度为 out_h 和 out_w，是因为
要表示卷积核在纵轴滑动的大小为 out_h 次，在横轴滑动的大小为 out_w 次
    col = np.zeros((N, C, filter_h, filter_w, out_h, out_w))
    # 从左到右，从上到下依次进行遍历
    for y in range(filter_h):
        # y_max = y + stride*out_h ,获取纵轴方向的最大取值
        y_max = y + stride*out_h
        for x in range(filter_w):
            # x_max = x + stride*out_w,获取横轴方向的最大取值
            x_max = x + stride*out_w
            col[:, :, y, x, :, :] = img[:, :, y:y_max:stride, x:x_max:stride]
            #确定下来后四个维度，col 的前两个冒号和 img 的前两个冒号对应
            #y:y_max:stride, x:x_max:stride 是赋值给:, :, y, x, :, :中后面的两个冒号
            #这里可以理解为卷积核的每个元素（filter_h 和 filter_w 确定一个卷积核元素）
            #能在图中滑动的范围
            #y_max-y/stride 就是 out_h，也就是输出图像的高，它也是滑动范围
    col = col.transpose(0, 4, 5, 1, 2, 3).reshape(N*out_h*out_w, -1)
    # 最后再变换轴，变换后前三个维度刚好就是 N*out_h*out_w 这三个数
    # -1 表示第二个维度需要程序进行推理，即总个数除以 N*out_h*out_w
    return col
```

im2col 函数会考虑滤波器大小、步幅、填充，将输入数据展开为二维数组。现在，我们来实际使用一下这个 im2col 函数。



```
x1 = np.random.rand(1, 3, 7, 7)
col1 = im2col(x1, 5, 5, stride=1, pad=0)
print(col1.shape) # (9, 75)
x2 = np.random.rand(10, 3, 7, 7) # 10 个数据
col2 = im2col(x2, 5, 5, stride=1, pad=0)
print(col2.shape) # (90, 75)
```

这里举了两个例子。第一个是批大小为 1、通道为 3 的 7×7 的数据，第二个是批大小为 10、数据形状和第一个相同的数据。分别对其应用 im2col 函数，在这两种情况下，第二维的元素个数均为 75。这是滤波器（通道为 3、大小为 5×5）的元素个数的总和。批大小为 1 时，im2col 函数的结果是（9,75）。而第 2 个例子中批大小为 10，所以保存了 10 倍的数据，即（90,75）。

现在使用 im2col 函数来实现卷积层。这里将卷积层实现为名为 Convolution 的类。卷积层正向计算的实现如代码清单 5-2 所示。

代码清单 5-2　卷积层正向计算的实现

```
class Conv2D:    #@保存到 dlp.py
    def __init__(self, W, b, stride=1, pad=0):
        self.W = W
        self.b = b
        self.stride = stride
```

```
        self.pad = pad
        # 中间数据（backward时使用）
        self.x = None
        self.col = None
        self.col_W = None
        # 权重和偏置参数的梯度
        self.dW = None
        self.db = None

    def forward(self, x):
        FN, C, FH, FW = self.W.shape
        N, C, H, W = x.shape
        out_h = 1 + int((H + 2*self.pad - FH) / self.stride)
        out_w = 1 + int((W + 2*self.pad - FW) / self.stride)
        col = im2col(x, FH, FW, self.stride, self.pad)
        col_W = self.W.reshape(FN, -1).T
        out = np.dot(col, col_W) + self.b
        out = out.reshape(N, out_h, out_w, -1).transpose(0, 3, 1, 2)
        self.x = x
        self.col = col
        self.col_W = col_W
        return out
```



卷积层的初始化方法将滤波器（权重）、偏置、步幅、填充作为参数接收。滤波器是（FN, *C*, FH, FW）的四维形状。其中 FN、*C*、FH、FW 分别是 Filter Number（滤波器数量）、Channel（通道数）、Filter Height（滤波器高度）和 Filter Width（滤波器宽度）的缩写。

代码清单 5-2 用黑体字表示 Convolution 层的实现中的重要部分。在这些黑体字的部分代码中，先用 im2col 函数展开输入数据，并用 reshape 将滤波器展开为二维数组，然后计算展开后的矩阵的乘积。

展开滤波器的部分（代码中的黑体字）如图 5-17 所示，将各个滤波器的方块纵向展开为 1 列。这里通过 reshape（FN,−1）将参数指定为−1，这是 reshape 函数的一个便利功能。通过在 reshape 时指定为−1，reshape 函数会自动计算−1 维度上的元素个数，以使多维数组的元素个数前后一致。比如，（10, 3, 5, 5）形状的数组的元素共有 750 个，指定 reshape(10, −1)后，就会转换成(10, 75)形状的数组。

在 forward 的实现中，最后会将输出转换为合适的形状，转换时使用了 Numpy 中的 transpose 函数。transpose 函数会更改多维数组的轴的顺序。如图 5-17 所示，通过指定从 0 开始的索引（编号）序列，就可以更改轴的顺序。

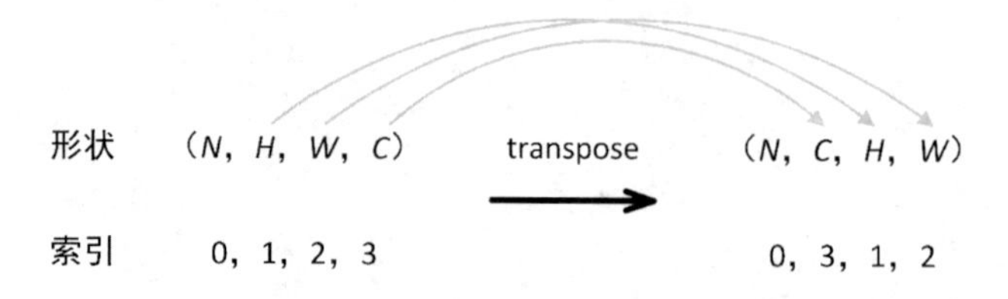


图 5-17　展开滤波器的部分（代码中的黑体字）

以上就是卷积层的 forward 处理的实现。通过使用 im2col 函数进行展开，基本上可以像实现全连接层的 Linear 层一样来实现。

接下来是卷积层的反向传播的实现，因为和 Linear 层的实现有很多共通的地方，所以此处就不再赘述了。但有一点需要注意，在进行卷积层的反向传播时，必须进行 im2col 函数的逆处理。这可以使用 col2im 函数来实现（见代码清单 5-3）。

代码清单 5-3　col2im 函数的实现

```
def col2im(col, input_shape, filter_h, filter_w, stride=1, pad=0):  #@保存到
                                                                   #dlp.py
    N, C, H, W = input_shape
    out_h = (H + 2*pad - filter_h)//stride + 1
    out_w = (W + 2*pad - filter_w)//stride + 1
    col = col.reshape(N, out_h, out_w, C, filter_h, filter_w).transpose(0, 3,
4, 5, 1, 2)
    img = np.zeros((N, C, H + 2*pad + stride - 1, W + 2*pad + stride - 1))
    for y in range(filter_h):
        y_max = y + stride*out_h
        for x in range(filter_w):
            x_max = x + stride*out_w
            img[:, :, y:y_max:stride, x:x_max:stride] += col[:, :, y, x, :, :]
    return img[:, :, pad:H + pad, pad:W + pad]
```

除了使用 col2im 函数这一点，卷积层反向传播的实现（见代码清单 5-4）和 Linear 层的实现一致。

代码清单 5-4　卷积层反向传播的实现

```
class Conv2D:    #@保存到 dlp.py
    ......
    def backward(self, dout):
        FN, C, FH, FW = self.W.shape
        dout = dout.transpose(0,2,3,1).reshape(-1, FN)
        self.db = np.sum(dout, axis=0)
        self.dW = np.dot(self.col.T, dout)
        self.dW = self.dW.transpose(1, 0).reshape(FN, C, FH, FW)
        dcol = np.dot(dout, self.col_W.T)
        dx = col2im(dcol, self.x.shape, FH, FW, self.stride, self.pad)
        return dx
```

## 5.3　汇聚层

虽然仅用卷积层也有可能构建出很好的神经网络，但大部分神经网络中会添加汇聚层（也称池化层）和全连接层。

### 5.3.1 汇聚运算

汇聚是缩小高、宽方向上的空间的运算。例如，最大汇聚的处理顺序如图 5-18 所示，其中展示了将 2×2 的区域集约成 1 个元素的处理，以缩小空间大小。

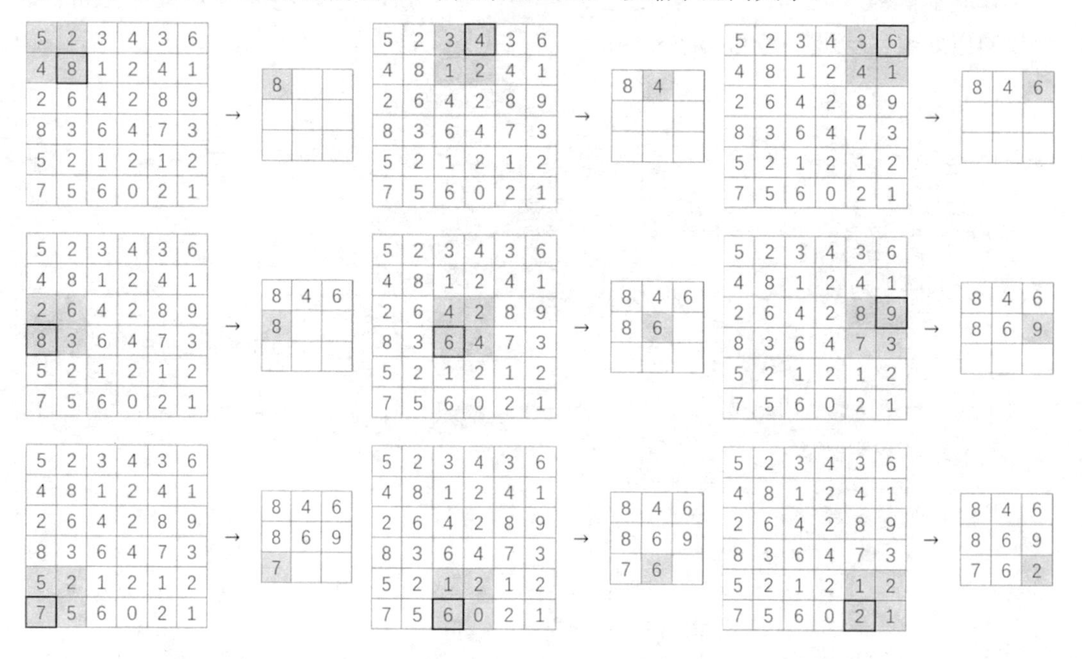


图 5-18　最大汇聚的处理顺序



图 5-18 中的例子是按步幅 2 进行 2×2 的最大汇聚时的处理顺序。最大汇聚是获取最大值的运算，“2×2”表示目标区域的大小。此外，这个例子中将步幅设为了 2，所以 2×2 的窗口的移动间隔为 2 个元素。一般来说，步幅会和汇聚窗口大小设定成相同的值。比如，3×3 的窗口的步幅会设为 3，4×4 的窗口的步幅会设为 4 等。

除最大汇聚之外，还有平均汇聚等。最大汇聚是从目标区域中取出最大值，平均汇聚则是计算目标区域的平均值。

#### 1. 汇聚层的特征

汇聚层有以下特征。

（1）没有要学习的参数。汇聚层和卷积层不同，没有要学习的参数。汇聚只是从目标区域中取最大值（或平均值），所以不存在要学习的参数。

（2）通道数不发生变化。经过汇聚运算，输入数据和输出数据的通道数不会发生变化。

#### 2. 对微小偏差具有鲁棒性（健壮性）

输入数据发生微小偏差时，汇聚仍会返回相同的结果。因此，汇聚对输入数据的微小偏差具有鲁棒性。数据发生微小偏差（深色部分）时输出结果仍相同，如图 5-19 所示，在 2×2 的最大汇聚的情况下，汇聚会吸收输入数据的偏差。图 5-19 黑框中的数字为每个 2×2 区域中的最大值，它们构成了输出结果。

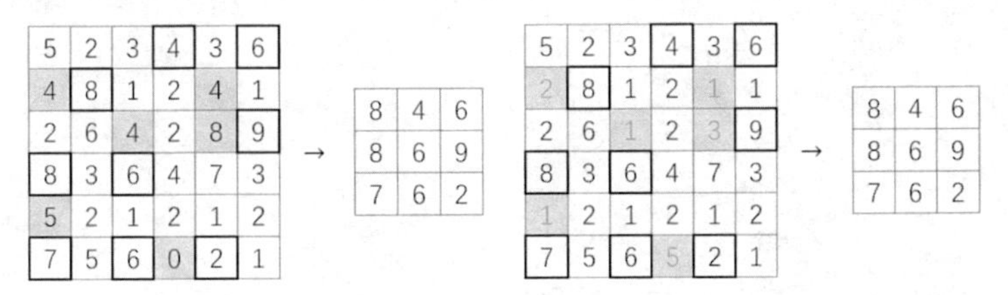

图 5-19 数据发生微小偏差（深色部分）时输出结果仍相同

## 5.3.2 汇聚层的实现

汇聚层的实现和卷积层相同，都使用 im2col 函数展开输入数据。不过，在汇聚的情况下，汇聚应用的区域按通道单独展开，对输入数据展开汇聚的应用区域如图 5-20 所示。

像这样展开之后，只需对展开的矩阵求各行的最大值，并转换为合适的形状即可。

汇聚层的实现流程（汇聚的应用区域内的最大值元素用灰色表示）如图 5-21 所示，汇聚层的实现按下面几个阶段进行。

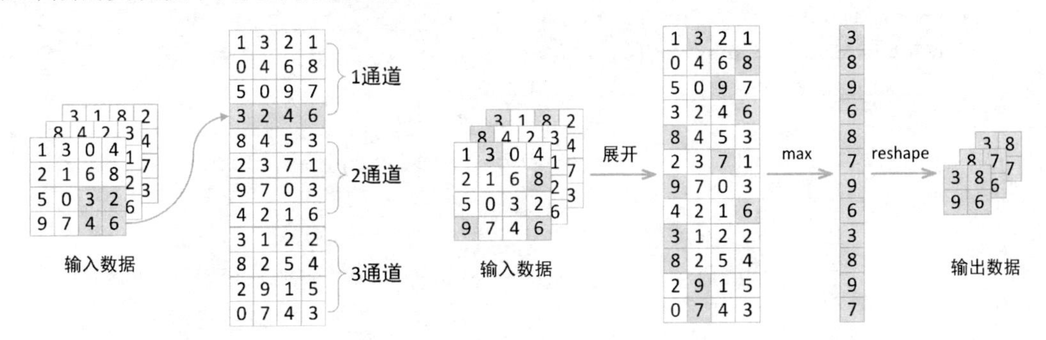


图 5-20 对输入数据展开汇聚的应用区域

图 5-21 汇聚层的实现流程（汇聚的应用区域内的最大值元素用灰色表示）

（1）展开输入数据。

（2）求各行的最大值。

（3）转换为合适的输出大小。

各阶段的实现都很简单，只有一两行代码。

最大值的计算可以使用 Numpy 中的 np.max。np.max 可以指定 axis 参数，并在这个参数指定的各个轴方向上求最大值。比如，如果写成 np.max(x, axis=1)，就可以在输入 x 的第 1 维的各个轴方向上求最大值。

以上就是汇聚层的 forward 处理的介绍。代码清单 5-5 为汇聚层的 Python 实现。

代码清单 5-5 汇聚层的 Python 实现

```
class MaxPooling2D:      #@保存到 dlp.py
    def __init__(self, pool_h, pool_w, stride=1, pad=0):
        self.pool_h = pool_h
```

```
        self.pool_w = pool_w
        self.stride = stride
        self.pad = pad
        self.x = None
        self.arg_max = None

    def forward(self, x):
        N, C, H, W = x.shape
        out_h = int(1 + (H - self.pool_h) / self.stride)
        out_w = int(1 + (W - self.pool_w) / self.stride)
        col = im2col(x, self.pool_h, self.pool_w, self.stride, self.pad)
        col = col.reshape(-1, self.pool_h*self.pool_w)
        arg_max = np.argmax(col, axis=1)
        out = np.max(col, axis=1)
        out = out.reshape(N, out_h, out_w, C).transpose(0, 3, 1, 2)
        self.x = x
        self.arg_max = arg_max
        return out

    def backward(self, dout):
        dout = dout.transpose(0, 2, 3, 1)
        pool_size = self.pool_h * self.pool_w
        dmax = np.zeros((dout.size, pool_size))
        dmax[np.arange(self.arg_max.size), self.arg_max.flatten()] =
dout.flatten()
        dmax = dmax.reshape(dout.shape + (pool_size,))
        dcol = dmax.reshape(dmax.shape[0] * dmax.shape[1] * dmax.shape[2], -1)
        dx = col2im(dcol, self.x.shape, self.pool_h, self.pool_w, self.stride,
self.pad)
        return dx
```

关于汇聚层的 backward 处理，之前已经介绍过相关内容，这里就不再介绍了。另外，汇聚层的 backward 处理可以参考 ReLU 层的实现中使用的 max 的反向传播。

## 5.4 LeNet 网络

我们已经实现了卷积层和汇聚层，现在来组合这些层，搭建卷积神经网络。

卷积神经网络（CNN）和之前介绍的全连接的神经网络一样，可以通过组装层来构建。

在全连接的神经网络中，Linear 层后面跟着激活函数 ReLU，由 softmax 层输出最终结果（概率）。而卷积神经网络的构成则是一个或多个“Convolution - ReLU – Pooling”的组合，后面再跟着全连接层（FC）（见图 5-22）。

本节我们将介绍 LeNet 网络，它是最早发布的卷积神经网络之一，因其在计算机视觉任务中的高性能而受到广泛关注。LeNet 网络曾被广泛用于自动取款机（ATM）中，帮助系统识别处理支票的数字。时至今日，国外一些自动取款机仍在使用 LeNet 网络。

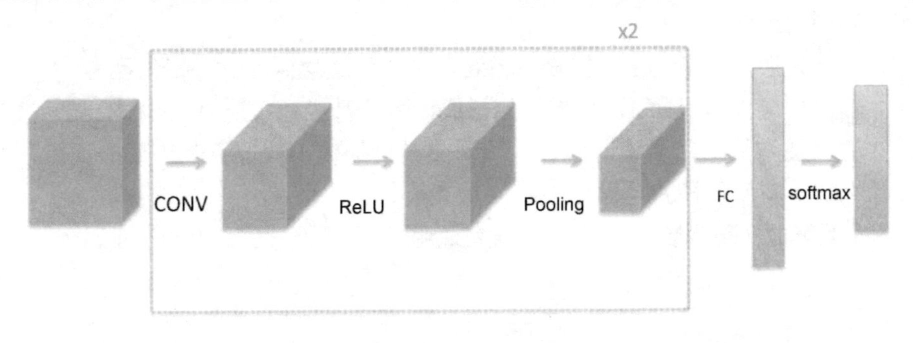


图 5-22 简单卷积神经网络的构成

## 5.4.1 构建模型

LeNet（LeNet-5）网络中的数据流如图 5-23 所示，输入是手写数字，输出为 10 种可能结果的概率。

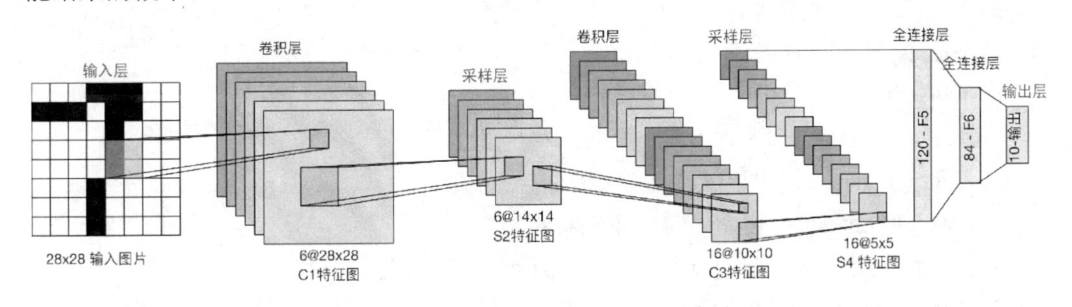


图 5-23 LeNet（LeNet-5）网络中的数据流

（1）输入层：输入层接收大小为 28 像素×28 像素的原始图像，其中包括灰度值（0～255）。

（2）卷积层 C1：C1 包括 6 个卷积核（滤波器），每个卷积核的大小为 5×5，步长为 1，填充为 0。因此，每个卷积核会产生一个大小为 28 像素×28 像素的特征图（输出通道数为 6）。

（3）采样层 S2：S2 采用最大汇聚操作，每个窗口的大小为 2×2，步长为 2。因此，每个汇聚操作会从 4 个相邻的特征图中选择最大值，产生一个大小为 14 像素×14 像素的特征图（输出通道数为 6）。这样可以减小特征图的大小，提高计算效率，并且对于轻微的位置变化可以保持一定的不变性。

（4）卷积层 C3：C3 包括 16 个卷积核，每个卷积核的大小为 5×5，步长为 1，填充为 0。因此，每个卷积核会产生一个大小为 10 像素×10 像素的特征图（输出通道数为 16）。

（5）采样层 S4：S4 采用最大汇聚操作，每个窗口的大小为 2×2，步长为 2。因此，每个汇聚操作会从 4 个相邻的特征图中选择最大值，产生一个大小为 5 像素×5 像素的特征图（输出通道数为 16）。

（6）全连接层 F5：F5 将每个大小为 5 像素×5 像素的特征图（通道数为 16）拉成一个长度为 400 的向量，并通过一个带有 120 个神经元的全连接层进行连接。120 是设计者根据实验得到的最佳值。

（7）全连接层 F6：全连接层 F6 将 120 个神经元连接到 84 个神经元。

（8）输出层：输出层由 10 个神经元组成，每个神经元对应 0～9 中的一个数字，并输出最终的分类结果。在训练过程中，使用交叉熵损失函数计算输出层的误差，并通过反向传播算法更新卷积核和全连接层的权重参数。

LeNet 网络的实现稍长，分成 3 部分来说明。

### 1. 初始化

首先来看一下 LeNet 网络的初始化（__init__），取下面这些参数。

（1）input_dim：输入数据的维度（通道数、高度、宽度）。

（2）conv_ param：卷积层的超参数（字典）。

字典的关键字如下。

① filter_num：滤波器的数量。

② filter_size：滤波器的大小。

③ stride：步幅。

④ pad：填充。

（3）hidden_size：隐藏层（全连接）的神经元数量。



（4）output_size：输出层（全连接）的神经元数量。

（5）weight_int_std：初始化时权重的标准差。

这里，卷积层的超参数通过名为 conv_param 的字典传入。我们设想它会像 {'filter_num':30,'filter_size':5, 'pad':0, 'stride':1} 这样，保存必要的超参数值。LeNet 网络的实现如代码清单 5-6 所示。

代码清单 5-6　LeNet 网络的实现

```
class LeNet:
   def __init__(self, input_dim=(1, 28, 28),
conv_param_1={'filter_num': 6, 'filter_size': 5, 'pad': 1, 'stride': 1},
conv_param_2={'filter_num': 16, 'filter_size': 5, 'pad': 1, 'stride': 1},
hidden_size_1=120,hidden_size_2=84, output_size=10):
       input_size = input_dim[1]
       filter_num_1 = conv_param_1['filter_num']
       filter_size_1 = conv_param_1['filter_size']
       filter_pad_1 = conv_param_1['pad']
       filter_stride_1 = conv_param_1['stride']
       conv_1_output_size = (input_size - filter_size_1 + 2*filter_pad_1) /
filter_stride_1 + 1
       pool_1_output_size = int((conv_1_output_size/2))
       filter_num_2 = conv_param_2['filter_num']
       filter_size_2 = conv_param_2['filter_size']
```

```
        filter_pad_2 = conv_param_2['pad']
        filter_stride_2 = conv_param_2['stride']
        conv_2_output_size = (pool_1_output_size - filter_size_2 + 2 *
filter_pad_2) / filter_stride_2 + 1
        pool_2_output_size = filter_num_2 *int(conv_2_output_size/2) *
int(conv_2_output_size/2)
```

这里先将由初始化参数传入的卷积层的超参数从字典中取出来（以方便后面使用），然后计算卷积层的输出大小。接下来是权重参数的初始化部分（见代码清单 5-7）。

代码清单 5-7　初始化权重参数

```
        # 初始化权重参数
        self.params = {}
        self.params['W1'] = np.sqrt(1.0 / (input_dim[0]* filter_size_1*
filter_size_1)) \ * np.random.randn(filter_num_1, input_dim[0],
filter_size_1, filter_size_1)
        self.params['b1'] = np.zeros(filter_num_1)
        self.params['W2'] = np.sqrt(1.0 / (filter_num_1* filter_size_2*
filter_size_2))\ * np.random.randn(filter_num_2,
filter_num_1,filter_size_2, filter_size_2)
        self.params['b2'] = np.zeros(filter_num_2)
        self.params['W3'] = np.sqrt(1.0 /pool_2_output_size) \
* np.random.randn(pool_2_output_size, hidden_size_1)
        self.params['b3'] = np.zeros(hidden_size_1)
        self.params['W4'] = np.sqrt(1.0 /hidden_size_1) *
np.random.randn(hidden_size_1, hidden_size_2)
        self.params['b4'] = np.zeros(hidden_size_2)
        self.params['W5'] = np.sqrt(1.0 /hidden_size_2) *
np.random.randn(hidden_size_2, output_size)
        self.params['b5'] = np.zeros(output_size)
```

学习所需的参数是第 1 层的卷积层和剩余两个全连接层的权重与偏置。

将这些参数保存在实例变量的 params 字典中。将第 1 层的卷积层的权重设为关键字 W1，偏置设为关键字 b1。同样，分别用关键字 W2、b2，以及关键字 W3、b3 来保存第 2 个和第 3 个全连接层的权重和偏置。

最后，生成层如代码清单 5-8 所示。

代码清单 5-8　生成层

```
        # 生成层
        self.layers = OrderedDict()
        self.layers['Conv1'] = Convolution(self.params['W1'], self.params['b1'],
conv_param_1['stride'], conv_param_1['pad'])
        self.layers['sigmoid1'] = sigmoid()
        self.layers['Pool1'] = Pooling(pool_h=2, pool_w=2, stride=2)
```

```
        self.layers['Conv2'] = Convolution(self.params['W2'], self.params['b2'],
conv_param_2['stride'], conv_param_2['pad'])
        self.layers['sigmoid2'] = sigmoid()
        self.layers['Pool2'] = Pooling(pool_h=2, pool_w=2, stride=2)
        self.layers['Linear1'] = Linear(self.params['W3'], self.params['b3'])
        self.layers['sigmoid3'] = sigmoid()
        self.layers['Linear2'] = Linear(self.params['W4'], self.params['b4'])
        self.layers['sigmoid4'] = sigmoid()
        self.layers['Linear3'] = Linear(self.params['W5'], self.params['b5'])
        self.last_layer = softmaxWithLoss()
```

从最前面开始按顺序向有序字典（OrderedDict）的 layers 中添加层。只有最后的 softmaxWithLoss 层被添加到别的变量 last_layer 中。

以上就是 LeNet 网络初始化中进行的处理。

### 2. 预测损失和精度计算

LeNet 网络经过初始化后，进行推理的 predict 方法、求损失函数值的 loss 方法及计算精度的 accuracy 方法的实现如代码清单 5-9 所示。

代码清单 5-9　实现 predict、loss 和 accuracy 方法



```
    def predict(self, x):
        for layer in self.layers.values():
            #print(x.shape)
            x = layer.forward(x)
        return x

    def loss(self, x, t):
        y = self.predict(x)
        return self.last_layer.forward(y, t)

    def accuracy(self, x, t, batch_size=128):
        if t.ndim != 1: t = np.argmax(t, axis=1)
        acc = 0.0
        for i in range(int(x.shape[0] / batch_size)):
            tx = x[i * batch_size:(i + 1) * batch_size]
            tt = t[i * batch_size:(i + 1) * batch_size]
            y = self.predict(tx)
            y = np.argmax(y, axis=1)
            acc += np.sum(y == tt)
        return acc / x.shape[0]
```

这里，参数 x 是输入数据，t 是训练标签。用于推理的 predict 方法从头开始依次调用已添加的层，并将结果传递给下一层。在求损失函数的 loss 方法中，除使用 predict 方法进行的 forward 处理之外，还会继续进行 forward 处理，直到到达最后的 softmax-with-Loss 层。

### 3. 梯度计算

接下来是基于误差反向传播法求梯度的代码实现（见代码清单 5-10）。

代码清单 5-10　实现梯度计算

```
def gradient(self, x, t):
    # forward
    self.loss(x, t)
    # backward
    dout = 1
    dout = self.last_layer.backward(dout)
    layers = list(self.layers.values())
    layers.reverse()
    for layer in layers:
        dout = layer.backward(dout)
    # 设定
    grads = {}
    grads['W1'], grads['b1'] = self.layers['Conv1'].dW,
self.layers['Conv1'].db
    grads['W2'], grads['b2'] = self.layers['Conv2'].dW,
self.layers['Conv2'].db
    grads['W3'], grads['b3'] = self.layers['Linear1'].dW,
self.layers['Linear1'].db
    grads['W4'], grads['b4'] = self.layers['Linear2'].dW,
self.layers['Linear2'].db
    grads['W5'], grads['b5'] = self.layers['Linear3'].dW,
self.layers['Linear3'].db
    return grads
```



参数的梯度利用误差反向传播法（反向传播）求出，通过把正向传播和反向传播组装在一起来完成。因为前文已经在各层正确实现了正向传播和反向传播的功能，所以这里只需要以合适的顺序调用即可。最后要把各个权重参数的梯度保存到 grads 字典中。

### 4. 保存和加载

训练的目的是得到一个最优的模型，并用此模型去预测以前没有见过的图像。因此，模型需要具有保存和加载功能，也就是保存和加载权重 ***W*** 和 ***b***。代码清单 5-11 就是利用 pickle 实现此功能的代码。

代码清单 5-11　实现保持和加载模型参数方法

```
def save_params(self, file_name="params_le_net.pkl"):
    params = {}
    for key, val in self.params.items():
        params[key] = val
```

```
        with open(file_name, 'wb') as f:
            pickle.dump(params, f)

    def load_params(self, file_name="params.pkl"):
        with open(file_name, 'rb') as f:
            params = pickle.load(f)
        for key, val in params.items():
            self.params[key] = val
        for i, key in enumerate(['Conv1','Conv2', 'Linear1', 'Linear2','Linear3']):
            self.layers[key].W = self.params['W' + str(i + 1)]
            self.layers[key].b = self.params['b' + str(i + 1)]
```

## 5.4.2 模型训练

我们已经实现了 LeNet 网络，现在看看 LeNet 网络在 Fashion-MNIST 数据集上的表现。利用 LeNet 网络实现时装识别如代码清单 5-12 所示。

代码清单 5-12 利用 LeNet 网络实现时装识别

```
# 读入数据
(train_images,train_labels) = load_mnist(r'…/datasets/fashion',
kind='train')
train_images = train_images.reshape(-1, 1, 28, 28)
train_images = train_images.astype('float32') / 255
index = np.arange(60000)
np.random.shuffle(index)
train_images = train_images[index]
train_labels = train_labels[index]
# 定义训练集,train_num 训练数据的数量
x_train = train_images[:50000]
t_train = train_labels[:50000]
# 定义验证集,validate_num 验证数据的数量
x_validate = train_images[50000 : 60000]
t_validate = train_labels[50000 : 60000]
network = LeNet(input_dim=(1,28,28),
conv_param_1 = {'filter_num': 6, 'filter_size': 5, 'pad': 1, 'stride': 1},
conv_param_2 = {'filter_num': 16, 'filter_size': 5, 'pad': 1, 'stride': 1},
hidden_size_1=120,hidden_size_2=84, output_size=10)
trainer = Trainer(network, x_train, t_train, x_validate, t_validate,
epochs=30, mini_batch_size=256, optimizer='RMSprop', optimizer_param=
{'lr':0.002}, save_best=True, file_name="best_params_le_net_fashion.pkl")
acc,val_acc ,loss,val_loss=trainer.train()
# 保存参数
```

```
print("保存参数!")
network.save_params("params_le_net_fashion.pkl")
```

```
新的验证精度 0.6877 大于 0 保存
轮次:    1,训练损失= 1.2101,验证损失= 0.8044, 训练精度 = 0.6832, 验证精度= 0.6877
新的验证精度 0.7549 大于 0.6877 保存
轮次:    2,训练损失= 0.7225,验证损失= 0.6430, 训练精度 = 0.7556, 验证精度= 0.7549
新的验证精度 0.768 大于 0.7549 保存
轮次:    3,训练损失= 0.6118,验证损失= 0.5798, 训练精度 = 0.7698, 验证精度= 0.7680
新的验证精度 0.789 大于 0.768 保存
轮次:    4,训练损失= 0.5516,验证损失= 0.5411, 训练精度 = 0.7899, 验证精度= 0.7890
新的验证精度 0.8107 大于 0.789 保存
轮次:    5,训练损失= 0.4983,验证损失= 0.5002, 训练精度 = 0.8128, 验证精度= 0.8107
新的验证精度 0.8311 大于 0.8107 保存
轮次:    6,训练损失= 0.4571,验证损失= 0.4621, 训练精度 = 0.8360, 验证精度= 0.8311
新的验证精度 0.8325 大于 0.8311 保存
轮次:    7,训练损失= 0.4306,验证损失= 0.4466, 训练精度 = 0.8377, 验证精度= 0.8325
新的验证精度 0.8444 大于 0.8325 保存
轮次:    8,训练损失= 0.4107,验证损失= 0.4192, 训练精度 = 0.8503, 验证精度= 0.8444
轮次:    9,训练损失= 0.3945,验证损失= 0.4188, 训练精度 = 0.8460, 验证精度= 0.8417
新的验证精度 0.8572 大于 0.8444 保存
轮次:   10,训练损失= 0.3772,验证损失= 0.3912, 训练精度 = 0.8629, 验证精度= 0.8572
轮次:   11,训练损失= 0.3667,验证损失= 0.4187, 训练精度 = 0.8433, 验证精度= 0.8377
轮次:   12,训练损失= 0.3561,验证损失= 0.3906, 训练精度 = 0.8561, 验证精度= 0.8499
轮次:   13,训练损失= 0.3437,验证损失= 0.4007, 训练精度 = 0.8520, 验证精度= 0.8491
新的验证精度 0.8621 大于 0.8572 保存
轮次:   14,训练损失= 0.3357,验证损失= 0.3645, 训练精度 = 0.8714, 验证精度= 0.8621
新的验证精度 0.8667 大于 0.8621 保存
轮次:   15,训练损失= 0.3272,验证损失= 0.3520, 训练精度 = 0.8766, 验证精度= 0.8667
轮次:   16,训练损失= 0.3210,验证损失= 0.4243, 训练精度 = 0.8434, 验证精度= 0.8377
轮次:   17,训练损失= 0.3126,验证损失= 0.3881, 训练精度 = 0.8602, 验证精度= 0.8526
新的验证精度 0.876 大于 0.8667 保存
轮次:   18,训练损失= 0.3080,验证损失= 0.3257, 训练精度 = 0.8853, 验证精度= 0.8760
轮次:   19,训练损失= 0.3026,验证损失= 0.4608, 训练精度 = 0.8436, 验证精度= 0.8347
轮次:   20,训练损失= 0.2967,验证损失= 0.3767, 训练精度 = 0.8684, 验证精度= 0.8582
轮次:   21,训练损失= 0.2902,验证损失= 0.3767, 训练精度 = 0.8615, 验证精度= 0.8523
新的验证精度 0.8817 大于 0.876 保存
轮次:   22,训练损失= 0.2864,验证损失= 0.3195, 训练精度 = 0.8899, 验证精度= 0.8817
轮次:   23,训练损失= 0.2813,验证损失= 0.3792, 训练精度 = 0.8697, 验证精度= 0.8562
轮次:   24,训练损失= 0.2764,验证损失= 0.3445, 训练精度 = 0.8794, 验证精度= 0.8651
轮次:   25,训练损失= 0.2735,验证损失= 0.3161, 训练精度 = 0.8947, 验证精度= 0.8812
轮次:   26,训练损失= 0.2677,验证损失= 0.3238, 训练精度 = 0.8896, 验证精度= 0.8797
新的验证精度 0.8863 大于 0.8817 保存
轮次:   27,训练损失= 0.2654,验证损失= 0.2982, 训练精度 = 0.9031, 验证精度= 0.8863
```

```
轮次:   28,训练损失= 0.2603,验证损失= 0.3313, 训练精度 = 0.8885, 验证精度= 0.8739
轮次:   29,训练损失= 0.2566,验证损失= 0.3131, 训练精度 = 0.8965, 验证精度= 0.8812
新的验证精度 0.8884 大于 0.8863 保存
轮次:   30,训练损失= 0.2520,验证损失= 0.2964, 训练精度 = 0.9053, 验证精度= 0.8884
保存参数!
```

从训练结果可以看出，使用 Fashion-MNIST 数据集训练 LeNet 网络时，训练数据的识别率达到 90.53%。验证精度最高达 88.84%。测试代码及结果如代码清单 5-13 所示。

代码清单 5-13　测试代码及结果

```
(test_images,test_labels) = load_mnist(r'…/datasets/fashion', kind='t10k')
test_images = test_images.reshape(-1, 1, 28, 28)
test_images = test_images.astype('float32') / 255
test_acc = network.accuracy(test_images,test_labels,batch_size=100)
print("=============== 最终测试精度 ===============")
print("测试精度:" + str(test_acc))
# 绘制图形
plotting(acc,loss,val_acc,val_loss,mark_every=2)
```

```
=============== 最终测试精度 ===============
测试精度:0.8867
```

经过 30 轮测试得到的最终测试数据的识别率约为 88.67%。训练数据及验证数据的损失值和精度变化如图 5-24 所示。



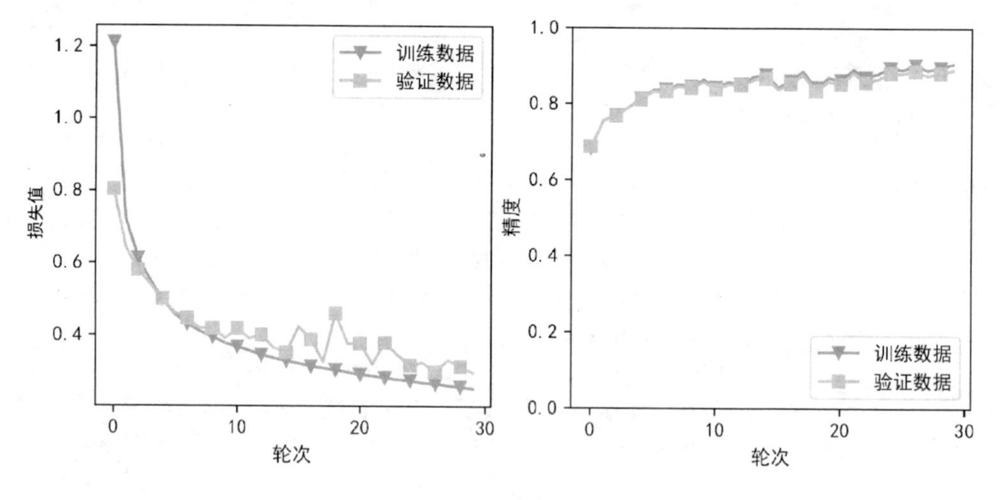


图 5-24　训练数据及验证数据的损失值和精度变化

### 5.4.3　预测

在代码清单 5-14 中首先加载测试集，对模型进行图像的分类测试。

代码清单 5-14　图像的分类测试

```
(test_images,test_labels) = load_mnist(r'…/datasets/fashion', kind='t10k')
```

```
index = np.arange(len(test_images))
np.random.shuffle(index)
test_images = test_images[index]
test_labels = test_labels[index]

network = LeNet(input_dim=(1,28,28),
conv_param_1 = {'filter_num': 6, 'filter_size': 5, 'pad': 1, 'stride': 1},
conv_param_2 = {'filter_num': 16, 'filter_size': 5, 'pad': 1, 'stride': 1},
hidden_size_1=120,hidden_size_2=84, output_size=10)
network.load_params("best_params_le_net_fashion.pkl")

labels_ch = ['T恤衫', '裤子', '套头衫','连衣裙','外套','凉鞋','衬衫','运动鞋',
'包','踝靴']
plt.rcParams['font.sans-serif'] = ['SimHei']  # 显示中文（替换sans-serif字体）
set_figsize(figsize=(12, 8))
for i in range(0,18):
    plt.subplot(3,6,i+1)
    plt.imshow(get_sprite_image(test_images[i],do_invert=True), cmap='gray')
    plt.axis('off')
    digit = test_images[i]
    digit = digit.reshape(-1, 1, 28, 28)
    digit = digit.astype('float32') / 255
    z = softmax(network.predict(digit))  # 计算概率
    y = z.argmax()  # 概率最大者为预测值
    plt.title('预测结果:' + labels_ch[y] + '\n' + '真实结果:' + labels_ch[test_labels[i]])
plt.show()
```

图 5-25 所示为随机抽取的 18 张图像的预测结果和真实结果的比较。每张图像标题的第一行为预测结果，第二行为真实结果。读者可以多次运行代码清单 5-14 中的代码，观察运行结果。

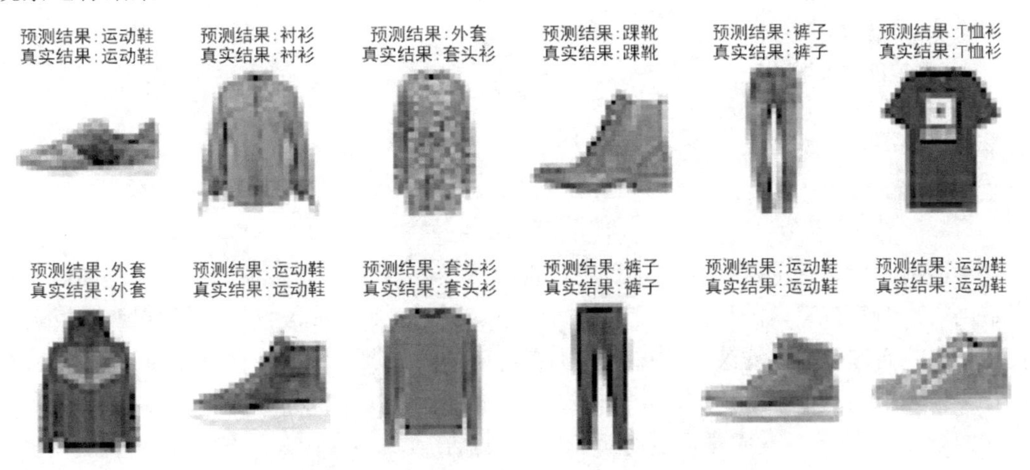


图 5-25　随机抽取的 18 张图像的预测结果和真实结果的比较

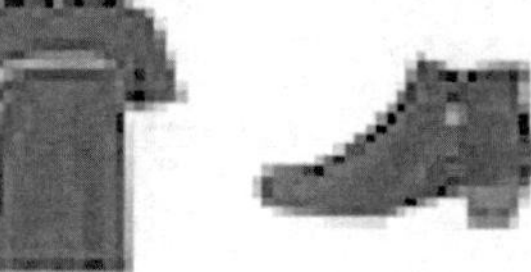

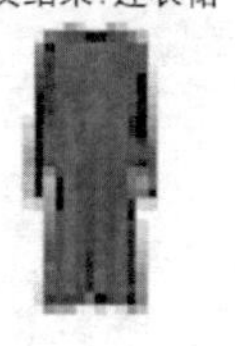

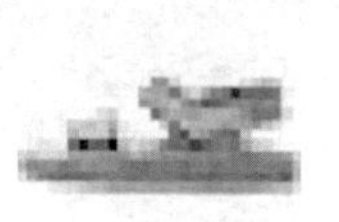


图 5-25　随机抽取的 18 张图像的预测结果和真实结果的比较（续）

## 5.5　卷积神经网络的可视化

卷积神经网络中用到的卷积层在“观察”什么呢？下面比较一下学习前后 LeNet 网络的第 1 层卷积层的滤波器的形态。该卷积层的权重的形状是（6, 1, 5, 5），即有 6 个大小为 5×5 且通道数为 1 的滤波器。学习前后滤波器的灰度图的代码如代码清单 5-15 所示。

代码清单 5-15　学习前后滤波器的灰度图

```
def filter_show(filters, nx=6):
    FN, C, FH, FW = filters.shape
    print(filters.shape)
    ny = int(np.ceil(FN / nx))
    fig = plt.figure()
    fig.subplots_adjust(left=0.01, right=0.99, bottom=0, top=1, hspace=0.1,
wspace=0.1)
    for i in range(FN):
        ax = fig.add_subplot(ny, nx, i+1, xticks=[], yticks=[])
        ax.imshow(filters[i, 0], cmap=plt.cm.gray_r, interpolation='nearest')
    plt.show()

network = LeNet()
# 学习前的随机初始化权重
filter_show(network.params['W1'])
# 学习后的权重
network.load_params("best_params_le_net_fashion_in_100_epochs.pkl")
filter_show(network.params['W1'])
```

学习前和学习后的第 1 层的卷积层权重如图 5-26 所示，学习前的滤波器是随机进行初始化的，因此在黑白的浓淡上没有规律可循，但学习后的滤波器变成了有规律的图像。我们发现，通过学习，滤波器被更新成了有规律的滤波器，比如从白到黑渐变的滤波器、含有块状区域的滤波器等。

如果要问在图 5-26 中学习后有规律的滤波器在“观察”什么，答案就是它在“观察”边缘（颜色变化的分界线）和斑块（局部的块状区域）等。用滤波器“观察”图像的代码如代码清单 5-16 所示。

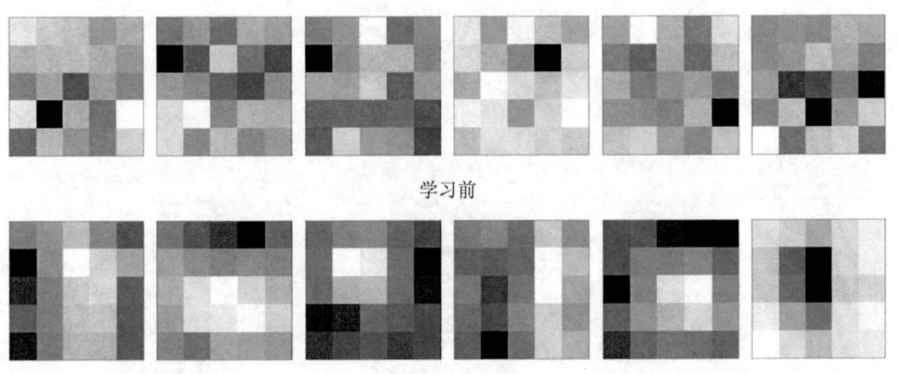


图 5-26 学习前和学习后的第 1 层的卷积层权重

代码清单 5-16 用滤波器“观察”图像

```
from matplotlib.image import imread
def filter_show(filters, show_num=6):
    fig = plt.figure()
    fig.subplots_adjust(left=0, right=1, bottom=0.05, top=0.95, hspace=0.5,
wspace=0.05)
    for i in range(show_num):
        ax = fig.add_subplot(6, 1, i+1, xticks=[], yticks=[])
        ax.imshow(filters[i, 0], cmap=plt.cm.gray_r, interpolation='nearest')

network = LeNet(input_dim=(1,28,28),
conv_param_1 = {'filter_num': 6, 'filter_size': 5, 'pad': 1, 'stride': 1},
conv_param_2 = {'filter_num': 16, 'filter_size': 5, 'pad': 1, 'stride': 1},
hidden_size_1=120,hidden_size_2=84, output_size=10)
# 学习后的权重
network.load_params("best_params_le_net_fashion_in_100_epochs.pkl")
filter_show(network.params['W1'], 6)
img = imread(r'D:/python/book/DeepLearning/datasets/lena_gray.png')
img = img.reshape(1, 1, *img.shape)
fig = plt.figure()
w_idx = 1
for i in range(6):
    w = network.params['W1'][i]
    b = network.params['b1'][i]
    w = w.reshape(1, *w.shape)
    b = b.reshape(1, *b.shape)
    conv_layer = Conv2D(w, b)          #第一层卷积层权重
    out = conv_layer.forward(img)    #用第一层卷积层权重预测图像
    out = out.reshape(out.shape[2], out.shape[3])
    fig.subplots_adjust(left=0, right=1, bottom=0.05, top=0.95, hspace=0.5,
wspace=0.05)
```

```
    ax = fig.add_subplot(6, 1, i+1, xticks=[], yticks=[])
    ax.imshow(out, cmap=plt.cm.gray_r, interpolation='nearest')
plt.show()
```

输出图像对滤波器的响应如图 5-27 所示。

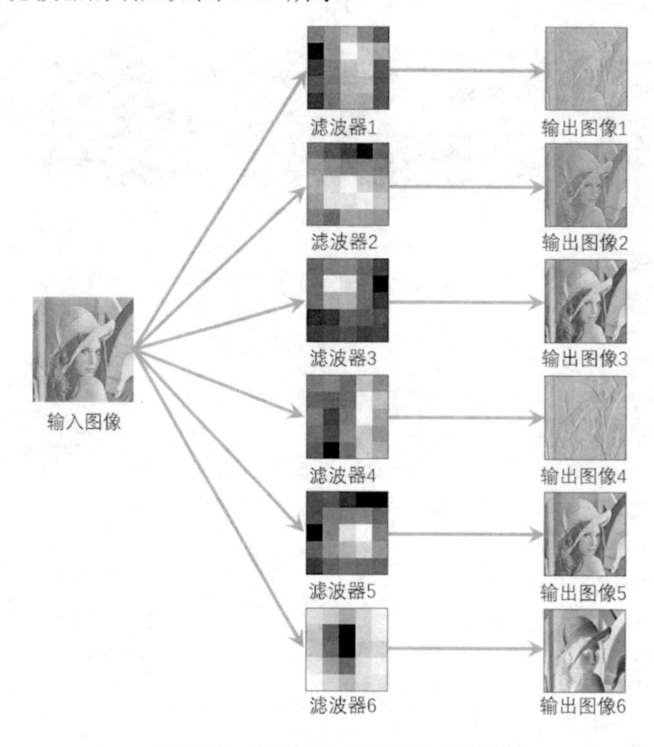


图 5-27 输出图像对滤波器的响应



图 5-27 显示了学习后的滤波器对输入图像进行卷积处理后的结果。我们发现滤波器 1 对垂直方向上的边缘有响应，滤波器 2 对水平方向上的边缘有响应，滤波器 3 对沿 45°方向的边缘有响应等规律。在对水平方向上的边缘有响应的滤波器输出图像 2 中，垂直方向的边缘上出现白色像素。在对垂直方向上的边缘有响应的滤波器输出图像 1 中，水平方向的边缘上出现很多白色像素。

由此可知，卷积层的滤波器会提取边缘或斑块等原始信息。而 CNN 会将这些原始信息传递给后面的层。

## 5.6 练习题

1．输入图像大小为 200 像素×200 像素，依次经过一层卷积（kernel size 5×5，padding 1，stride 2），Pooling（kernel size 3×3，padding 0，stride 1），又一层卷积（kernel size 3×3，padding 1，stride 1）之后，输出特征图大小为多少？

2．设计一个如图 5-22 所示的简单卷积神经网络，用 Fashion-MNIST 数据集训练。

3．用 2.2.2 节的 MNIST 数据集训练 LeNet 网络。

4．尝试构建一个基于 LeNet 网络的更复杂的网络，以提高其准确性。

（1）调整卷积窗口大小。

（2）调整输出通道的数量。

（3）调整激活函数（如 ReLU 函数）。

（4）调整卷积层的数量。

（5）调整全连接层的数量。

（6）调整学习率和其他训练细节（如初始化和轮数）。

## 本章小结

（1）卷积神经网络不再对每个像素做处理，而是通过滤波器从原始数据中提取特征，该过程又称为特征映射。

（2）滤波器通常是 $n \times m$ 的二维矩阵，也称为卷积核，或者简单地称之为该卷积层的权重。

（3）CNN 在此前的全连接层的网络中新增了卷积层和汇聚层。

（4）使用 im2col 函数可以简单、高效地实现卷积层和汇聚层。

（5）通过 CNN 的可视化可知，层次越深，提取的信息就越高级。

（6）LeNet 网络是最早发布的卷积神经网络之一。

# 6 深度学习实践

本章包括以下内容：
- 深度学习的工作流程；
- 使用神经网络解决基本分类问题。

在前面的章节中，我们假设已经拥有了一个标记好的数据集，可以立即开始训练模型。但是，在现实世界中，情况并非如此简单。我们一般不是从一个数据集着手，而是从一个问题开始的。

## 6.1 深度学习的工作流程

深度学习的工作流程分为以下三步。

（1）定义任务。了解问题所属领域和客户需求背后的业务逻辑。收集数据，理解数据的含义，并选择衡量任务成功的指标。

（2）开发模型。准备数据，使其可以被深度学习模型处理。选择模型评估方法，并确定一个简单基准（模型应能够超越这个基准）。先训练第一个具有泛化能力并且能够过拟合的模型，然后对模型进行正则化，并不断调节，直到获得最佳泛化性能。

（3）部署模型。将模型部署到 Web 服务器、移动应用程序、网页或嵌入式设备上，监控模型在真实环境中的性能，并开始收集构建下一代模型所需的数据。

### 6.1.1 定义任务

只有深入了解所做事情的背景才能将工作做好。用户为什么要解决某个问题？他们能够从解决方案中获得什么价值？模型将被如何使用？模型如何融入业务流程？什么样的数据是可用的，或者是可收集的？哪种类型的深度学习任务与业务问题相关？

#### 1. 定义问题

定义一个深度学习问题则应该关注以下问题。

（1）输入数据是什么？要预测什么？只有拥有可用的训练数据，才能学习预测某件事情。在多数情况下，用户需要自己收集和标注新的数据集。

（2）面对的是什么类型的深度学习任务？是二分类问题、多分类问题、回归问题，还是多分类、多标签问题？是图像分割问题、排序问题，还是聚类、生成式学习或强化学习等其他问题？

在某些情况下，深度学习甚至可能不是理解数据的最佳方式。下面是几类常见的深度学习任务。

① 图像搜索引擎项目，它是一项多分类、多标签的分类任务。

② 信用卡欺诈检测项目，它是一项二分类任务。

③ 点击率预测项目，它是一项标量回归任务。

④ 缺陷检测项目，它是一项二分类任务。但这个任务前期还需要一个目标检测模型，以便从原始图像中正确裁剪出缺陷图像。请注意，被称为“异常检测”的机器学习方法并不适用于此任务。

（3）现有的解决方案是什么？比如，目前在用的有哪些系统，以及它们是如何工作的？

（4）是否需要处理一些特殊的限制？比如，缺陷检测模型也许会有延迟限制，需要在工厂的嵌入式设备上运行，而不是在远程服务器上运行。

完成对上述问题的调研之后，你应该已经知道输入是什么、目标是什么，以及这个问题与哪一类深度学习任务相关。要注意在这一阶段所做的假设。

（1）假设可以根据输入对目标进行预测。

（2）假设现有数据（或后续收集的数据）所包含的信息足以用来学习输入和目标之间的关系。

在开发出工作模型之前，这些只是假设，等待验证真假。并不是所有问题都可以用深度学习方法来解决。收集了包含输入 $X$ 和目标 $Y$ 的许多示例，并不意味着 $X$ 包含足够多的信息来预测 $Y$。如果你想根据某只股票近期的历史价格来预测其价格走势，那么不太可能会成功，因为历史价格中没有包含很多可用于预测的信息。

### 2. 收集数据

理解了任务的性质，并且知道输入和目标分别是什么，下面就该收集数据了——对于大部分深度学习项目而言，这一步是最费力、最费时、最费钱的。

（1）对于图像搜索引擎项目，首先需要选择分类标签集（比如有 10 000 个常见图像类别），其次需要根据这个标签集手动标记用户上传的数百万张图像。

（2）对于缺陷标记模型，首先需要在传送带上方安装摄像头，收集数万张图像，其次需要有人手动标记这些图像。

模型的泛化能力几乎完全来自训练数据的属性，即数据点的数量、标签的可靠性及特征的质量。数据比算法更重要，如果在一个项目上额外多出一段时间，那么最有效的时间分配方式就是收集更多的数据，而不是尝试逐步改进模型。

收集完输入数据之后，还需要对这些输入数据进行标注。这通常需要人工标注，而且这一过程的工作量很大。

### 3. 理解数据

在开始训练模型之前，应该探索数据并将其可视化，深入了解数据为何具有预测性，这将为特征工程提供信息并发现潜在问题。

（1）如果数据包含图像或自然语言文本，那么可以直接查看一些样本（及其标签）。

（2）如果数据包含位置信息，那么可以将其绘制在地图上，观察是否出现了任何明显的模式。

（3）查看一些样本是否有特征值缺失，如果有，那么需要在准备数据时处理这个问题。

（4）对于分类问题，可以算一下数据中每个类别的样本数。各个类别的比例是否大致相同？如果不是，那么需要考虑这种不平衡。

（5）检查是否存在目标泄露（Target Leaking）：你的数据包含能够提供目标信息的特征，而这些特征在生产环境中可能并不存在。例如，在医疗记录上训练模型，以预测某人未来是否会接受癌症治疗，而医疗记录包含“此人已被诊断出患有癌症”这一特征，那么用户的目标就已经被人为泄露到数据中。

### 6.1.2 开发模型

定义完问题和收集到一定量的数据之后就可以开发模型了。大多数教程和研究项目假设这是唯一的步骤——跳过了问题定义和数据收集并且假设这两步均已完成；跳过了模型部署和维护，假设这两步都由别人来处理。事实上，开发模型只是深度学习工作流程中的一个步骤，而且它并不是最难的一步。深度学习中最难的步骤是问题定义、数据收集、数据标注和数据清理。



#### 1. 准备数据

深度学习模型通常不会直接读取原始数据。数据预处理的目的是让原始数据更适合用神经网络处理，它包括数据向量化、值标准化和处理缺失值。许多预处理方法是和特定领域相关的（比如针对文本数据或图像数据）。。

1）数据向量化

神经网络的所有输入和目标都必须是浮点数张量（在特定情况下可以是整数张量）。无论处理什么数据（声音、图像还是文本），都必须先将其转换为张量，这一步称为数据向量化（Data Vectorization）。

2）标准化

在手写数字分类的例子中，开始时图像数据被编码为 0～255 范围内的整数，表示灰度值。将这一数据输入网络之前，需要将其转换为 float32 格式并除以 255，这样就得到了 0～1 范围内的浮点数。

一般来说，将取值相对较大的数据（比如多位整数，比网络权重的初始值大很多）或异质数据（Heterogeneous Data，比如数据的一个特征在 0～1 范围内，另一个特征在 100～200 范围内）输入神经网络中可能导致较大的梯度更新，进而导致网络无法收敛。为了让网络的学习变得更容易，输入数据应该具有以下特征。

（1）取值较小：大部分值都应该在 0～1 范围内。

（2）同质性（Homogeneous）：所有特征的取值都应该在大致相同的范围内。

此外，下面这种更严格的标准化方法也很常见，而且很有用，虽然不一定总是必需的（如对于数字分类问题就不需要这么做）。

（1）将每个特征分别标准化，使其平均值为 0。

（2）将每个特征分别标准化，使其标准差为 1。

这对于 Numpy 数组很容易实现。

```
#假设 x 是一个形状为 (samples, features) 的二维矩阵
x -= x.mean(axis=0)
x /= x.std(axis=0)
```

3）处理缺失值

数据有时可能会有缺失值。当然可以完全舍弃这个特征，但不一定非得这么做。

（1）如果是分类特征，则可以创建一个新的类别，表示“此值缺失”。模型会自动学习这个新类别对于目标的含义。

（2）如果是数值特征，应避免输入像“0”这样随意的值，因为它可能会在特征形成的潜在空间中造成不连续性，从而让模型更加难以泛化。相反，可以考虑用数据集中该特征的均值或中位值来代替缺失值。

如果测试数据的分类特征有缺失值，而训练数据中没有缺失值，那么神经网络无法学会忽略缺失值。在这种情况下可以手动生成一些有缺失值的训练样本：先将一些训练样本复制多次，然后舍弃测试数据中可能缺失的某些分类特征。

### 2. 选择评估方法

模型的目的是实现泛化。在整个模型开发过程中所做的每个建模决定都将以验证指标为指导，这些验证指标的作用是衡量泛化性能。评估方法的目的是准确估计在实际生产数据上的成功衡量指标（如精度）。这一过程的可靠性对于构建一个有用的模型来说至关重要。下面介绍三种常用的评估方法。

（1）简单的留出验证：数据量很大时可以采用这种方法。

（2）K 折交叉验证：如果留出验证的样本太少，无法保证可靠性，则应该使用这种方法。

（3）重复 K 折交叉验证：如果可用的数据很少，同时模型评估又需要非常准确，则应该使用这种方法。

从三种方法中选择一种即可。大多数情况下，第一种方法就足以得到很好的效果。

### 3 超越基准

在开发模型时，初始目标是获得统计功效，即先开发一个能够超越简单基准的小模型。在这一阶段，应该关注以下三件重要的事情。

（1）特征工程。过滤没有信息量的特征（特征选择），并利用用户对问题的了解，开发可能有用的新特征。

（2）选择正确的架构预设。确定深度学习是不是完成这个任务的好方法，还是说应该使用其他方法？使用什么类型的模型架构？是密集连接网络、卷积神经网络、循环神经网络还是 Transformer？

（3）选择足够好的训练配置。应该使用什么损失函数？批量大小和学习率分别是多少？

对于大多数问题，可以利用已有的模板。用户不是第一个尝试构建垃圾信息检测器、图像分类器或缺陷检测器的人，因此一定要调研先前的技术，以确定最有可能在本次任务中表现良好的方法和模型架构。

注意，模型不一定总是能够获得统计功效。如果用户尝试了多种合理架构之后仍然无法超越简单基准，那么问题的答案可能并不包含在输入数据中。请记住以下两个假设。

（1）假设可以根据输入对输出进行预测。

（2）假设现有数据包含足够多的信息，足以学习输入和输出之间的关系。

这些假设可能是错的，这时用户必须重新思考解决问题的思路。

### 4. 扩大模型规模：开发一个过拟合的模型

一旦得到了具有统计功效的模型，问题就变成了：模型是否足够强大？它是否具有足够多的层和参数来对问题进行正确建模？例如，LeNet 网络在猫狗分类问题上具有统计功效，但并不足以很好地解决这个问题。机器学习中普遍存在的矛盾是优化与泛化之间的矛盾，理想的模型应刚好在欠拟合和过拟合的界线上，也在容量不足和容量过大的界线上。

为了找到这条界线，必须先越过它。

要知道需要多大的模型，必须先开发一个过拟合的模型：

（1）增加层数；

（2）让每一层变得更大；

（3）训练更多轮数。

要始终监控训练损失和验证损失，以及所关心的指标的训练值和验证值。如果发现模型在验证数据上的性能开始下降，那么就实现了过拟合。

### 5. 模型正则化与调节超参数

如果模型具有统计功效，并且能够过拟合，就表示其走在了正确的道路上。这时用户的目标就变成了将泛化性能最大化。

这一步是最费时间的，需要不断调节模型、训练模型、在验证数据上评估模型（这里不是测试数据）、再次调节模型，然后不断重复这一过程，直到模型达到最佳性能。用户应该尝试以下做法。

（1）尝试不同的架构，增加或减少层数。

（2）添加 dropout 正则化。

（3）如果模型很小，则添加 L1 正则化或 L2 正则化。

（4）尝试不同的超参数（比如每层的单元个数或优化器的学习率），以找到最佳配置。

（5）反复进行数据收集：收集并标注更多的数据，开发更好的深度学习模型。

一旦开发出令人满意的模型，就可以先在所有可用数据（训练数据和验证数据）上训练最终的生产模型，然后在测试集上最后评估一次。如果模型在测试集上的性能比在验证数据上差很多，那么这可能意味着用户的验证流程不可靠，或者在调节模型参数时验证数据出现了过拟合。在这种情况下，用户可能需要换用更可靠的评估方法，比如重复 K 折交叉验证。

### 6.1.3 部署模型

模型成功通过在测试集上的最终评估后，可以将其部署到生产环境中。

#### 1. 部署推断模型

在计算机中保存训练好的模型之后，深度学习项目并没有结束。用户很少会将与训练过程中完全相同的 Python 模型对象投入生产环境中。

首先，用户可能想将模型导出到 Python 外。

（1）用户所处的生产环境可能不支持 Python，比如移动应用或嵌入式系统。

（2）如果应用程序的其余部分不是用 Python 编写的（可能是用 JavaScript、C++等编写的），那么用 Python 实现模型可能会导致大量开销。

其次，由于生产模型只用于输出预测结果（这一过程叫作推断），而不用于训练，因此用户还可以执行各种优化，提高模型速度并减少内存占用。

#### 2. 监控模型在真实环境中的性能

将模型部署到生产环境中并不是终点。部署完模型之后，需要继续监控模型行为、模型在新数据上的性能、模型与应用程序其余部分的相互作用，以及模型最终对业务指标的影响。

#### 3. 维护模型

我们要知道，任何模型都不会永远有效，随着时间的推移，生产数据的属性会发生变化，从而逐渐降低模型的性能和适用性。模型发布之后，用户应该立即准备训练下一代模型来取代它。因此，用户需要做以下事情。

（1）关注生产数据的变化。

（2）继续收集和标注数据，并随着时间的推移不断改进标准工作流程。用户应该特别注意收集那些对当前模型来说似乎很难分类的样本，这些样本最有可能帮助模型提高性能。

现在我们已经了解了全局，即机器学习项目所涉及的整个流程。虽然本教材大部分内容侧重于模型开发，但通过以上学习我们应该知道，这只是整个工作流程的一部分。

## 6.2 训练一个图像分类模型

了解了深度学习的工作流程之后，我们来具体实践一下。我们的任务是建立一个用于分类猫、鸡、牛、狗、象、马、松鼠和羊共 8 种动物的动物分类器。

### 6.2.1 创建图像数据集

建立一个用于动物图像分类的数据集（读者也可以自行准备其他类型的图像），其中应包含猫、鸡、牛、狗、象、马、松鼠和羊共 8 种动物图像，每种动物 1 400 张。将每种动物的 1 000 张图像用于训练，200 张用于验证，200 张用于测试。读者也可以自己准备数据，建立数据集的方法基本相同。

这些图像都是中等分辨率的彩色 JPEG 图像。图 6-1 所示为动物分类数据集中的一些样本。

图 6-1　动物分类数据集中的一些样本

我们创建的数据集的文件结构如图 6-2 所示。animals 文件夹下面包含 test、train 和 validation 三个子文件夹。每个子文件夹下包含以动物名称命名的 8 个文件夹。将每个动物类别的各 1 000 个图像放入 train 文件夹下以对应动物名字命名的文件夹中，构成训练集。将剩下的 400 张图像中的 200 张放入 validation 文件夹下以对应动物名字命名的文件夹中，构成验证集。将剩下的图像分别放入 test 文件夹下以对应动物名字命名的文件夹中，构成测试集。



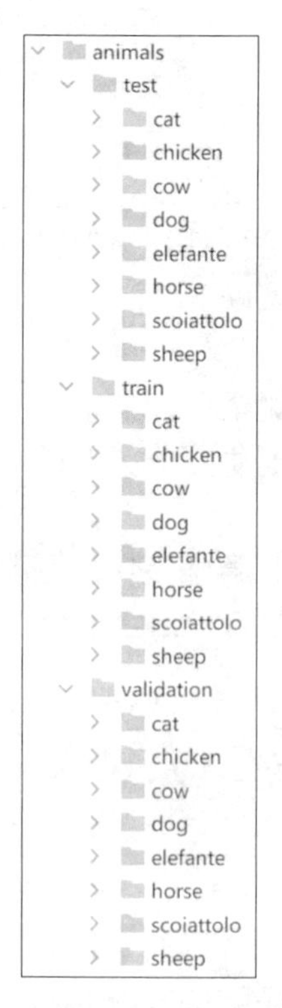


图 6-2　数据集的文件结构

### 6.2.2 数据预处理

现在，数据以 JPEG 图像的形式保存在硬盘中。在将数据输入神经网络之前应该将数据格式化为经过预处理的浮点数张量。数据预处理步骤如下。

（1）读取图像文件。

（2）将 JPEG 图像解码为 RGB 像素网格。

（3）将这些像素网格转换为浮点数张量。

（4）将像素值（0～255 范围内）缩放到 [0, 1]区间。

#### 1. 图像处理

图像处理的主要工作是将 JPEG 图像解码为 RGB 像素网格，并将硬盘上的图像文件自动转换为张量。

首先创建一个图像处理辅助工具 readImg()，如代码清单 6-1 所示。

代码清单 6-1　图像处理辅助工具

```
import numpy as np
from PIL import Image
from os import walk
import matplotlib.pyplot as plt
def readImg(roots ="", label = 1, size=(64,64)):
    #roots 表示的是目录路径
    for (root, dirs, files) in walk(roots):
        images = []
        for image in files:
            fname = root + "/" + image
            #此处的 size 可以自己调整，但要确保所有数据都一致
            image = np.array(plt.imread(fname))
            my_image = np.array(Image.fromarray(image).resize(size))
            images.append(my_image)
        images = np.array(images)
        labels = (np.zeros((1,images.shape[0])) + label)
        labels =  labels.astype(int)
    return images, labels
```

readImg()使用了 os.walk(roots)方法。该方法是一个简单易用的文件、目录遍历器，可以高效地处理文件、目录方面的事务。在 os.walk(roots)方法中，roots 是要遍历的目录的地址，返回的是一个三元组（root,dirs,files），其中 root 是当前正在遍历的文件夹的地址；dirs 是一个列表，包含该文件夹中所有的目录名（不包括子目录）；files 也是一个列表，包含该文件夹中所有的文件（不包括子目录）。

matplotlib 库的 pyplot 模块中的 imread()函数用于将文件中的图像读取到数组中。其用法如下。

```
matplotlib.pyplot.imread(fname, format=None)
```

参数 fname 是要读取的图像文件，以读取二进制模式打开的文件名、URL 或类似文件的对象。format（可选）用于读取数据的图像文件格式，如果没有给出，则从文件名中推断格式。

### 2. 数据归一化

为了表示彩色图像，必须为每个像素指定红色、绿色和蓝色通道（RGB），因此像素值实际上是在 0 到 255 范围内的三个数字的向量。机器学习中一个常见的预处理步骤是对数据集进行居中和标准化，这意味着可以先减去每个示例中整个 Numpy 数组的平均值，然后将每个示例除以整个 Numpy 数组的标准偏差。但对于图像数据集，它更简单，更方便，几乎可以将数据集的每一行除以 255（像素通道的最大值），因为在 RGB 中不存在比 255 大的数据，所以我们可以放心地除以 255，让标准化的数据位于[0,1]之间。

下列代码可以对数据进行标准化处理。

```
images = np.array(images).reshape(len(images), -1)
images = images.astype('float32') / 255
labels = labels.reshape((-1, 1))
print(images.shape, labels.shape)
```

### 3. 打乱数据集



由于数据是从 4 个分类文件夹中读取的，在合并之后，训练集的前 1 000 个样本都是猫，接下来的 1 000 个样本均为狗，再接下来的 1 000 个样本都是鸡，最后 1 000 个样本都是马。因此，在使用之前需要打乱数据集。对于验证集和测试集也是如此。

下面代码用于打乱数据集。

```
index = np.arange(len(images))
np.random.shuffle(index)
images = images[index]
labels = labels[index]
return (images, labels)
```

### 4. 加载数据

可以定义一个 load_animals 函数，把之前三个步骤整合到一起，利用 readImg()函数可以将硬盘中属于同一个文件夹的图像读取出来并整合。加载图像数据的代码如代码清单 6-2 所示。

代码清单 6-2 加载图像数据

```
def load_animals(path1,path2,path3,path4,path5,path6,path7,path8,sizes=64):
    # 加载数据
    # 训练数据
    # 所传的第一个参数是文件夹的名
```

```
    images_cat, labels_cat = readImg(path1, label=0, size=(sizes, sizes))
    images_chicken, labels_chicken = readImg(path2, label=1, size=(sizes,
sizes))
    images_cow, labels_cow = readImg(path3, label=2, size=(sizes, sizes))
    images_dog, labels_dog = readImg(path4, label=3, size=(sizes, sizes))
    images_elefante, labels_elefante = readImg(path5, label=4, size=(sizes,
sizes))
    images_horse, labels_horse = readImg(path6, label=5, size=(sizes, sizes))
    images_scoiattolo, labels_scoiattolo = readImg(path7, label=6,
size=(sizes, sizes));
    images_sheep, labels_sheep = readImg(path8, label=7, size=(sizes, sizes))
    #合并数据
    images1 = np.vstack((images_cat, images_chicken))  # 纵向合并
    images2 = np.vstack((images1, images_cow))
    images3 = np.vstack((images2, images_dog))
    images4 = np.vstack((images3, images_elefante))
    images5 = np.vstack((images4, images_horse))
    images6 = np.vstack((images5, images_scoiattolo))
    images = np.vstack((images6, images_sheep))
    labels1 = np.hstack((labels_cat, labels_chicken))  # 横向合并
    labels2 = np.hstack((labels1, labels_cow))
    labels3 = np.hstack((labels2, labels_dog))         # 横向合并
    labels4 = np.hstack((labels3, labels_elefante))
    labels5 = np.hstack((labels4, labels_horse))       # 横向合并
    labels6 = np.hstack((labels5, labels_scoiattolo))  # 横向合并
    labels = np.hstack((labels6, labels_sheep))
    # 提取图像及标签
    # 提取训练集数据,并转化为 np 二维数组
    # 提取测试集数据,并转化为 np 二维数组
    # 数据归一化
    images = np.array(images).transpose(0, 3, 1, 2)  #将通道在后调整为通道在前
    images = images.astype('float32') / 255
    labels = labels.reshape((-1, 1))
    print(images.shape, labels.shape)
    # 打乱数据集
    index = np.arange(len(images))
    np.random.shuffle(index)
    images = images[index]
    labels = labels[index]
    return (images, labels)
```

代码清单 6-2 中使用了 hstack()和 vstack()两个函数。堆叠矩阵如图 6-3 所示，hstack()的作用是按列顺序（水平）把数组给堆叠起来，vstack()的作用是按照行顺序（垂直）把数组给堆叠起来。

代码清单 6-3 为利用 load_animals 方法读取文件夹中的图像数据。

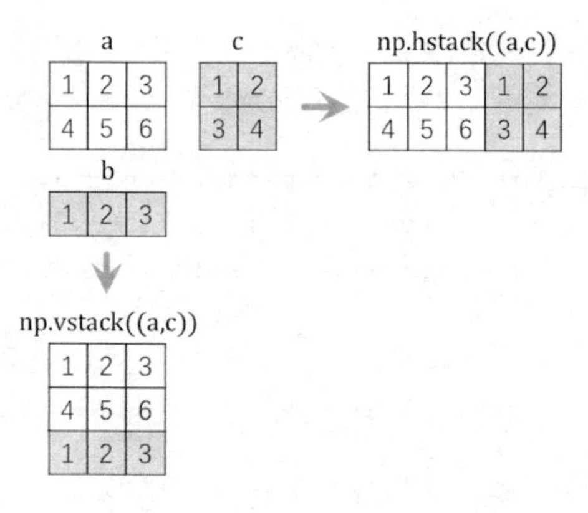


图 6-3　堆叠矩阵

代码清单 6-3　读取图像数据

```
(x_train, t_train) = load_animals(
    r'…\animals\train\cat',
    r'…\animals\train\chicken',
    r'…\animals\train\cow',
    r'…\animals\train\dog',
    r'…\animals\train\elefante',
    r'…\animals\train\horse',
    r'…\animals\train\scoiattolo',
    r'…\animals\train\sheep',
    64)

(x_validate, t_validate) = load_animals(
    r'…\animals\validation\cat',
    r'…\animals\validation\chicken',
    r'…\animals\validation\cow',
    r'… \animals\validation\dog',
    r'…\animals\validation\elefante',
    r'…\animals\validation\horse',
    r'…\animals\validation\scoiattolo',
    r'…\animals\validation\sheep',
    64)

(x_test, t_test) = load_animals(
    r'…\animals\test\cat',
    r'…\animals\test\chicken',
    r'…\animals\test\cow',
    r'…\animals\test\dog',
    r'…\animals\test\elefante',
    r'…\animals\test\horse',
    r'…\animals\test\scoiattolo',
    r'…\animals\test\sheep',
```

```
    64)

def to_one_hot_label(X,n):
    T = np.zeros((X.size, n))
    for idx, row in enumerate(T):
        row[X[idx]] = 1
    return T
t_train=to_one_hot_label(t_train,8)
t_validate=to_one_hot_label(t_validate,8)
t_test=to_one_hot_label(t_test,8)

print(x_train.shape)
print(t_train.shape)
print(x_validate.shape)
print(t_validate.shape)
print(x_test.shape)
print(t_test.shape)

(8000, 3, 64, 64) (8000, 1)
(1600, 3, 64, 64) (1600, 1)
(1600, 3, 64, 64) (1600, 1)
(8000, 3, 64, 64)
(8000, 8)
(1600, 3, 64, 64)
(1600, 8)
(1600, 3, 64, 64)
(1600, 8)
```



### 6.2.3 构建并训练模型

我们已建立了两类深度学习模型：密集连接的神经网络模型 SequentialNet 和卷积神经网络模型 LeNet。而且我们已经知道，对于图像分类任务而言，卷积神经网络要优于密集连接的神经网络。因此，我们自然选择 LeNet 网络作为动物分类问题的基准模型。

#### 1. 构建模型

为了使训练能够顺利进行，这里对 LeNet 网络进行了一些改动，即用 ReLU 函数代替 sigmoid 函数。一方面，ReLU 函数的计算更简单。另一方面，当使用不同的参数初始化方法时，ReLU 函数使训练模型更加容易。当 sigmoid 函数的输出非常接近 0 或 1 时，这些区域的梯度几乎为 0，因此反向传播无法继续更新一些模型参数。相反，ReLU 函数在正区间的梯度总是 1。因此，如果模型参数没有正确初始化，sigmoid 函数在正区间内的梯度可能几乎为 0，从而使模型无法得到有效训练。

用 ReLU 函数代替 sigmoid 函数的 LeNet 网络如代码清单 6-4 所示。

代码清单 6-4　用 ReLU 函数代替 sigmoid 函数的 LeNet 网络

```
class LeNet:
    def __init__(self, input_dim=(1, 28, 28),
conv_param_1={'filter_num': 6, 'filter_size': 5, 'pad': 1, 'stride': 1},
conv_param_2={'filter_num': 16, 'filter_size': 5, 'pad': 1, 'stride': 1},
hidden_size_1=120,hidden_size_2=84, output_size=10):
......
        # 初始化权重
        self.params = {}
        self.params['W1'] = np.sqrt(2.0 / (input_dim[0]* filter_size_1*
filter_size_1)) \ * np.random.randn(filter_num_1, input_dim[0],
filter_size_1, filter_size_1)
        self.params['b1'] = np.zeros(filter_num_1)
        self.params['W2'] = np.sqrt(2.0 / (filter_num_1* filter_size_2*
filter_size_2))\ * np.random.randn(filter_num_2,
filter_num_1,filter_size_2, filter_size_2)
        self.params['b2'] = np.zeros(filter_num_2)
        self.params['W3'] = np.sqrt(2.0 /pool_2_output_size) \
* np.random.randn(pool_2_output_size, hidden_size_1)
        self.params['b3'] = np.zeros(hidden_size_1)
        self.params['W4'] = np.sqrt(2.0 /hidden_size_1) *
np.random.randn(hidden_size_1, hidden_size_2)
        self.params['b4'] = np.zeros(hidden_size_2)
        self.params['W5'] = np.sqrt(2.0 /hidden_size_2) *
np.random.randn(hidden_size_2, output_size)
        self.params['b5'] = np.zeros(output_size)
        # 生成层
        self.layers = OrderedDict()
        self.layers['Conv1'] = Conv2D(self.params['W1'], self.params['b1'],
conv_param_1['stride'], conv_param_1['pad'])
        self.layers['ReLU1'] = Relu()
        self.layers['Pool1'] = MaxPooling2D(pool_h=2, pool_w=2, stride=2)
        self.layers['Conv2'] = Conv2D(self.params['W2'], self.params['b2'],
conv_param_2['stride'], conv_param_2['pad'])
        self.layers['ReLU2'] = Relu()
        self.layers['Pool2'] = MaxPooling2D(pool_h=2, pool_w=2, stride=2)
        self.layers['Linear1'] = Linear(self.params['W3'], self.params['b3'])
        self.layers['ReLU3'] = Relu()
        self.layers['Linear2'] = Linear(self.params['W4'], self.params['b4'])
        self.layers['ReLU4'] = Relu()
        self.layers['Linear3'] = Linear(self.params['W5'], self.params['b5'])
        self.last_layer = SoftmaxWithLoss()
......
```

代码清单 6-4 的网络结构的其余部分与 5.4.2 节的时装分类的网络结构完全相同，只不过这里的维度不再是（1, 28, 28），而是（3, 64, 64）。利用 LeNet 实现动物识别的代码如代码清单 6-5 所示。

代码清单 6-5　利用 LeNet 实现动物识别

```
# 读入数据
network = LeNet(input_dim=(3,64,64),
conv_param_1 = {'filter_num': 6, 'filter_size': 5, 'pad': 1, 'stride': 1},
conv_param_2 = {'filter_num': 16, 'filter_size': 5, 'pad': 1, 'stride': 1},
hidden_size_1=120,hidden_size_2=84, output_size=8)
trainer = Trainer(network, x_train, t_train, x_validate, t_validate,
epochs=30, mini_batch_size=100,
optimizer='RMSprop', optimizer_param={'lr':0.001},
save_best=True, file_name="best_params_le_net_animal.pkl")
acc,val_acc ,loss,val_loss=trainer.train()
# 保存参数
print("保存参数!")
network.save_params("params_le_net_animal.pkl")
```

```
新的验证精度 0.2325 大于 0 保存
轮次:    1,训练损失= 2.0383,验证损失= 1.9393, 训练精度 = 0.2564, 验证精度= 0.2325
新的验证精度 0.2775 大于 0.2325 保存
轮次:    2,训练损失= 1.8809,验证损失= 1.8476, 训练精度 = 0.3127, 验证精度= 0.2775
新的验证精度 0.323125 大于 0.2775 保存
轮次:    3,训练损失= 1.7916,验证损失= 1.7594, 训练精度 = 0.3719, 验证精度= 0.3231
新的验证精度 0.325 大于 0.323125 保存
轮次:    4,训练损失= 1.6909,验证损失= 1.7533, 训练精度 = 0.3839, 验证精度= 0.3250
新的验证精度 0.3375 大于 0.325 保存
轮次:    5,训练损失= 1.6134,验证损失= 1.7090, 训练精度 = 0.4173, 验证精度= 0.3375
新的验证精度 0.36125 大于 0.3375 保存
轮次:    6,训练损失= 1.5505,验证损失= 1.6751, 训练精度 = 0.4401, 验证精度= 0.3613
新的验证精度 0.36375 大于 0.36125 保存
轮次:    7,训练损失= 1.4906,验证损失= 1.7013, 训练精度 = 0.4589, 验证精度= 0.3638
新的验证精度 0.389375 大于 0.36375 保存
轮次:    8,训练损失= 1.4460,验证损失= 1.6162, 训练精度 = 0.5018, 验证精度= 0.3894
新的验证精度 0.4025 大于 0.389375 保存
轮次:    9,训练损失= 1.3783,验证损失= 1.6236, 训练精度 = 0.5319, 验证精度= 0.4025
新的验证精度 0.40375 大于 0.4025 保存
轮次:   10,训练损失= 1.3387,验证损失= 1.5674, 训练精度 = 0.5680, 验证精度= 0.4037
新的验证精度 0.411875 大于 0.40375 保存
轮次:   11,训练损失= 1.2886,验证损失= 1.5806, 训练精度 = 0.5697, 验证精度= 0.4119
轮次:   12,训练损失= 1.2350,验证损失= 1.5901, 训练精度 = 0.6028, 验证精度= 0.4044
轮次:   13,训练损失= 1.1965,验证损失= 1.6446, 训练精度 = 0.5843, 验证精度= 0.3937
轮次:   14,训练损失= 1.1443,验证损失= 1.7573, 训练精度 = 0.5481, 验证精度= 0.3775
新的验证精度 0.415 大于 0.411875 保存
轮次:   15,训练损失= 1.1017,验证损失= 1.5935, 训练精度 = 0.6627, 验证精度= 0.4150
```

```
轮次:   16,训练损失= 1.0498,验证损失= 1.6635, 训练精度 = 0.6488, 验证精度= 0.4000
轮次:   17,训练损失= 1.0063,验证损失= 1.7085, 训练精度 = 0.6558, 验证精度= 0.4069
新的验证精度 0.441875 大于 0.415 保存
轮次:   18,训练损失= 0.9593,验证损失= 1.6758, 训练精度 = 0.7221, 验证精度= 0.4419
轮次:   19,训练损失= 0.9157,验证损失= 1.7316, 训练精度 = 0.6927, 验证精度= 0.4169
轮次:   20,训练损失= 0.8508,验证损失= 1.7647, 训练精度 = 0.7249, 验证精度= 0.4156
轮次:   21,训练损失= 0.8165,验证损失= 1.7655, 训练精度 = 0.7658, 验证精度= 0.4194
轮次:   22,训练损失= 0.7754,验证损失= 1.8207, 训练精度 = 0.7684, 验证精度= 0.4188
轮次:   23,训练损失= 0.7318,验证损失= 1.8255, 训练精度 = 0.7975, 验证精度= 0.4206
轮次:   24,训练损失= 0.6747,验证损失= 1.9561, 训练精度 = 0.8064, 验证精度= 0.4150
轮次:   25,训练损失= 0.6574,验证损失= 1.9916, 训练精度 = 0.7933, 验证精度= 0.4094
轮次:   26,训练损失= 0.5958,验证损失= 2.1457, 训练精度 = 0.7694, 验证精度= 0.3875
轮次:   27,训练损失= 0.5711,验证损失= 2.0627, 训练精度 = 0.8530, 验证精度= 0.4244
轮次:   28,训练损失= 0.5133,验证损失= 2.2409, 训练精度 = 0.8250, 验证精度= 0.4156
轮次:   29,训练损失= 0.4843,验证损失= 2.2104, 训练精度 = 0.8679, 验证精度= 0.4175
轮次:   30,训练损失= 0.4434,验证损失= 2.2912, 训练精度 = 0.8651, 验证精度= 0.4344
保存参数!
```

运行上述代码，可以看到在第 18 轮时验证精度达到最高值 44.19%，随后出现过拟合。

接下来绘制训练损失、验证损失及训练精度、验证精度的图形，代码如下。

```
# 绘制图形
plotting(acc,loss,val_acc,val_loss,mark_every=2)
```



LeNet 网络的损失值及精度如图 6-4 所示。

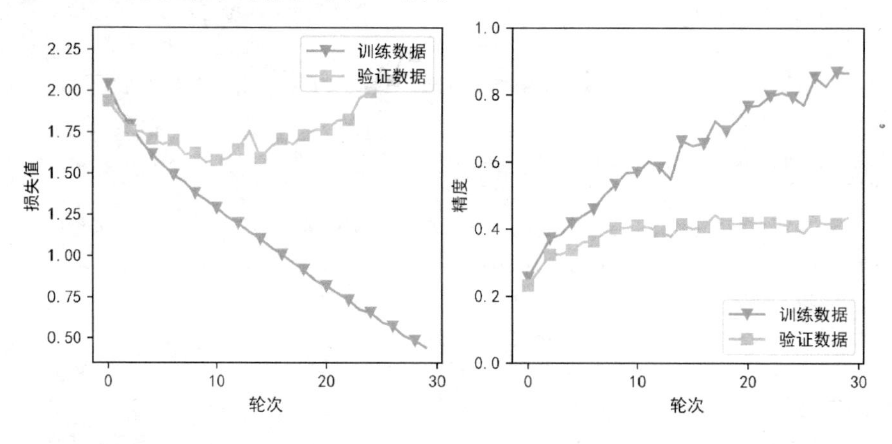


图 6-4 LeNet 网络的损失值及精度

图 6-4 显示训练损失一直在下降，而训练精度一直在上升。但验证损失和验证精度并非如此，它们在第 8 至 10 轮迭代时达到最佳值，随后验证损失值开始上升，而验证精度徘徊不前。

尽管如此，我们还是实现了初始目标：获得了统计功效。44.19%的结果远远优于 12.5%的概率基准。接下来的工作就是扩大模型规模。

（1）增加层数；

（2）让每一层变得更大；

（3）训练更多轮数。

我们将把这些工作留到第二部分进行。



## 6.3 文本分类

本节将利用深度学习模型构建一个新闻分类的深度神经网络。该神经网络能根据文字内容将新闻划分为多个互斥的主题。因为每个数据点只能划分到一个类别，所以更具体地说，这是单标签、多分类问题。如果每个数据点都可以划分到多个类别（主题），那它就是一个多标签、多分类问题。

### 6.3.1 准备文本数据

深度学习模型不能接收原始文本作为输入，它只能处理数值张量。文本向量化是指将文本转换为数值张量。文本向量化有许多种形式，但都遵循相同的流程，从原始文本到向量如图 6-5 所示。

首先，将文本标准化，使其更容易处理，比如转换为小写字母或删除标点符号。

其次，将文本拆分为单元，称为词元（Token），比如字符、单词或词组。这一步称为词元化。

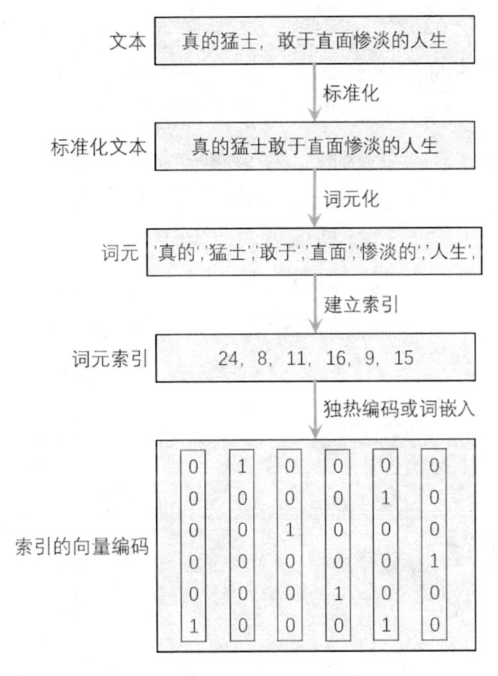


图 6-5　从原始文本到向量

最后，将每个词元转换为一个数值向量。这需要对数据中的所有词元建立索引。

本节我们将通过新闻分类的具体实例来解析文本的常见预处理步骤。这里的新闻分类数据集 THUCNews 是根据新浪新闻 RSS 订阅频道 2005—2011 年间的历史数据筛选过滤生成的。原始的 THUCNews 数据集包含 74 万篇新闻文档（2.19 GB），划分出了 14 个主题：体育、财经、彩票、房产、股票、家居、教育、科技、社会、时尚、时政、星座、游戏、娱乐。

本节使用了其中的体育、财经、房产、家居、教育、科技、时尚、时政、游戏、娱乐 10 个分类，每个分类包含 6 500 条数据。

数据集划分如下。

（1）训练集：5 000×10。

（2）验证集：500×10。

（3）测试集：1 000×10。

这些数据分别存放在三个数据文件中。

（1）train.txt：训练集（50 000 条）。

（2）val.txt：验证集（5 000 条）。

（3）test.txt：测试集（10 000 条）。

### 1. 文本标准化

在开始之前，我们先查看一下数据集的内容。打开 val.txt 文件（也可以查看其他两个文本文件）可以看到，数据文件具有下面的形式。

```
体育 黄蜂vs湖人首发:科比带伤战保罗 加索尔救赎之战 新浪体育讯北京时间4月27日,NBA季……
体育 1.7秒神之一击救马刺王朝于危难 这个新秀有点牛!新浪体育讯在刚刚结束的比赛中，回到……
体育 1人灭掘金!神般杜兰特! 他想要分的时候没人能挡新浪体育讯在NBA的世界里，真的猛男……
……
财经 创投基金被盗第一案原告胜诉获赔 4月20日，黑龙江辰能哈工大高科技风险投资有限公司……
财经 华夏大盘逆势减仓近5%大多数基金一季度加仓□晨报记者 李锐在一片加仓声中，一季度……
```

其特点如下。

（1）每一行记录一个新闻条目，以新闻的类别开始，接着是一个制表位 TAB，之后是新闻内容，直至一行结束。

（2）文本中的标点符号对分类没有任何益处。



（3）文本中的一些高频词，如“的”“在”“了”等，对分类也没有什么益处，这些词也称为停用词。

（4）词语之间的空格需要专门的工具进行分词。

因此，我们首先要做的工作是：

（1）拆分出新闻数据和所属类别；

（2）过滤掉标点符号和停用词；

（3）利用工具（如 jieba）进行分词。

导入所需的包并定义文件路径如代码清单 6-6 所示。

代码清单 6-6 导入所需的包并定义文件路径

```
import sys
import os
from collections import Counter
import numpy as np
import re
import jieba as jb
base_dir = '文件路径'
train_dir = os.path.join(base_dir, 'train.txt')
test_dir = os.path.join(base_dir, 'test.txt')
val_dir = os.path.join(base_dir, 'val.txt')
vocab_dir = os.path.join(base_dir, 'vocab.txt')
```

如代码清单 6-7 所示，我们将使用正则表达式来过滤各种标点符号。

代码清单 6-7　使用正则表达式来过滤各种标点符号

```
def remove_punctuation(line):
    line = str(line)
    if line.strip() == '':
        return ''
    rule = re.compile(u"[^a-zA-Z0-9\u4E00-\u9FA5]")
    line = rule.sub('', line)
    return line
```

接下来根据停用词列表，去除文本中的停用词。代码清单 6-8 为加载中文停用词文件的代码，该文件与训练文件在同一个文件夹下。

代码清单 6-8　加载中文停用词文件

```
def stopwordslist(filepath):
    stopwords = [line.strip() for line in open(filepath, 'r',
encoding='utf-8').readlines()]
    return stopwords

stopwords = stopwordslist(r' base_dir \cn_stopwords.txt')
```

我们可以在加载数据的同时完成上述拆分新闻数据和类别的工作，并过滤标点符号、停用词及分词。读取文件数据如代码清单 6-9 所示。

代码清单 6-9　读取文件数据

```
def read_file(filename):
    contents, labels = [], []
    with open(filename, encoding='utf-8', errors='ignore') as f:
        for line in f:
            try:
                label, content = line.strip().split('\t')#按照 TAB 划分，去空格
                if content:
                    target_text = remove_punctuation(content) #去除标点符号
                    contents.append([w for w in list(jb.cut(target_text)) if w
not in stopwords])
                    labels.append((label))
            except:
                pass
    return contents, labels
```

代码清单 6-9 先按行读取条目，按照制表位（\t）格式将每行内容划分为新闻类别和新闻内容两部分，删除多余空格后，将其分别存放到变量 label 和 content 中。去除 content 为空的条目，这样就清洗了没有内容的数据。对于变量 content 中的字符串，先用 remove_punctuation 方法去除标点符号，再使用 jieba 进行分词，并将分词结果转换成列表，去除

列表中属于停用词的词，最后将该列表作为元素添加到内容列表 contents 中，同时将变量 label 添加到类别列表 labels 中。

现在来加载训练数据集（见代码清单 6-10）。

代码清单 6-10　加载训练数据集

```
contents, labels = read_file(train_dir)
```

可以使用下面的代码查看某一样本，如 3 号样本（实际是第 4 个样本）的内容和标签。

```
print(contents[3])
print(labels[3])
```

```
['商瑞华', '首战', '复仇', '心切', '中国', '玫瑰', '美国', '方式', '攻克', '瑞典', '多曼来', '瑞典', '商瑞华', '首战', '求', '分', '信心', '距离', '首战', '72', '小时', '口', '中国女足', '彻底', '恐瑞症', '当中', '获得', '解脱', '商瑞华', '已经', '找到', …… '失败', '想', '赢']
体育
```

现在，内容列表 contents 中的元素已经表示为词元列表（由中文词组构成的字符串）。列表 labels 中的元素是用中文标明的类别。

## 2. 词元化



词元化是从语料库中提取词元的过程，包括：

（1）将语料库中的每个句子都分解为一个词元序列；

（2）为每个词元都关联一个索引；

（3）将一起出现的词元序列保存起来，构建词汇表。

我们已经将训练集中每条新闻的内容都分解成了一个词元序列，这实际上已经完成了第一步。接下来需要为每个词元关联一个索引，并建立词汇表。

可以根据词元在语料库中出现的频率来关联索引，如将语料库中出现频率最高的词元索引为“1”，第二高的词元索引为“2”，依次类推，出现频率第 *n* 高的词元索引为“*n*”。代码清单 6-11 定义了 build_vocab 函数。该函数根据内容列表 contents 中词元出现的频率构建词汇表。将出现频率最多的前 vocab_size 个词元保存到 vocab_dir 所指向的文件。为了后续章节（第 9 章）也能使用，我们将<PAD>关联为“0”，其意义是用“0”填充。构建词汇表如代码清单 6-11 所示。

代码清单 6-11　构建词汇表

```
def build_vocab(contents, vocab_dir, vocab_size=50000):
    all_data = []
    for content in contents:
        all_data.extend(content)
    counter = Counter(all_data)
    count_pairs = counter.most_common(vocab_size - 1)  #most_common(n) 统计
```

```
                                          出现最多次的 n 个元素
    print(count_pairs)
    words, _ = list(zip(*count_pairs))
    # 添加一个 <PAD> 作为第 0 号词元
    words = ['<PAD>'] + list(words)
    open_file(vocab_dir, mode='w').write('\n'.join(words) + '\n')

build_vocab(contents, vocab_dir, 10000)
```

```
[('中', 77786), ('月', 74451), ('年', 68821), ('一个', 67279), ('中国', 55380),
('会', 54457), ('说', 52292), ('基金', 47951), ('日', 45376), ('没有', 41616),
('市场', 37124), ('更', 34821), ('已经', 33431), ('表示', 32604), ('时', 30435),
('公司', 29941), ……('红外', 192), ('秘鲁', 192)]]
```

上述代码最后创建了一个词汇量为 10 000 的中文词汇表，并存放在 vocab_dir 所指向的文件中。下面我们定义一个函数来读取词汇表中的内容（见代码清单 6-12）。

代码清单 6-12　读取词汇表

```
def read_vocab(vocab_dir):
    with open(vocab_dir,mode='r', encoding='utf-8', errors='ignore') as fp:
        # 如果是py2，则每个值都转化为unicode
        words = [(_.strip()) for _ in fp.readlines()]
    word_to_id = dict(zip(words, range(len(words))))
    return words, word_to_id

words, word_to_id = read_vocab(vocab_dir)
```

该函数读取词汇表中的内容，建立词汇-索引字典 word_to_id。下列代码显示了词汇表中的词汇及其索引。

```
print(word_to_id)
```

```
{'<PAD>': 0, '中': 1, '月': 2, '年': 3, '一个': 4, '中国': 5, '会': 6, '说': 7,
'基金': 8, '日': 9, '没有': 10, '市场': 11, ……'男朋友': 9992, '心血': 9993, '
饱满': 9994, '万人次': 9995, '教室': 9996, '山脉': 9997, '红外': 9998, '秘鲁': 9999}
```

类别标签的读取相对比较简单，如代码清单 6-13 所示。

代码清单 6-13　读取类别标签

```
def read_category():
    """读取类别目录，固定"""
    categories = ['体育', '财经', '房产', '家居', '教育', '科技', '时尚', '时政
', '游戏', '娱乐']
    categories = [x for x in categories]
    cat_to_id = dict(zip(categories, range(len(categories))))
    return categories, cat_to_id
```

```
categories, cat_to_id = read_category()
print(categories)
print(cat_to_id)
```

```
['体育', '财经', '房产', '家居', '教育', '科技', '时尚', '时政', '游戏', '娱乐']
{'体育': 0, '财经': 1, '房产': 2, '家居': 3, '教育': 4, '科技': 5, '时尚': 6,
'时政': 7, '游戏': 8, '娱乐': 9}
```

其中 cat_to_id 建立了类别-标签索引字典。

### 3. 整合所有功能

接下来的工作是：

（1）将训练集、验证集和测试集三个文本文件内容编码为词汇表的词元索引；

（2）将训练集、验证集和测试集的类别编码为类别标签索引；

（3）将这些索引进行向量化。

我们已经有了读取文本数据并将其转换为词元的函数 read_file，建立了词元-索引字典和类别-标签索引字典，现在将它们组合起来。将文件转换为 id 表示如代码清单 6-14 所示。

代码清单 6-14　将文件转换为 id 表示

```
def process_file(filename, word_to_id, cat_to_id):
    contents, labels = read_file(filename)
    data_id, label_id = [], []
    for i in range(len(contents)):
        data_id.append([word_to_id[x] for x in contents[i] if x in word_to_id])
        label_id.append(cat_to_id[labels[i]])
    return data_id, label_id
```



上述代码首先利用 read_file 方法将文本文件转换为词元列表 contents 和类别列表 labels。将列表 contents 中的词元作为键，在 word_to_id 字典中检索索引，并将检索到的索引存放在 data_id 列表中。如果在 word_to_id 字典中某词元不存在，则忽略该词元。同样，将 labels 中的类别作为键，在字典 cat_to_id 中查找其索引，并将索引存放在 label_id 中。将训练集、验证集和测试集数据转换为索引如代码清单 6-15 所示。

代码清单 6-15　将训练集、验证集和测试集数据转换为索引

```
x_train, y_train = process_file(train_dir, word_to_id, cat_to_id)
x_val, y_val = process_file(val_dir, word_to_id, cat_to_id)
x_test, y_test = process_file(test_dir, word_to_id, cat_to_id)
```

上述代码实现了训练集、验证集和测试集的数据转换。

在训练数据集之前，通常需要打乱数据集。为此，可以定义一个方法。打乱数据集的代码如代码清单 6-16 所示。

代码清单 6-16 打乱数据集

```
def shuffle_dataset(x, t):
    permutation = np.random.permutation(x.shape[0])
    x = x[permutation]
    t = t[permutation]
    return x, t

x_train, y_train = shuffle_dataset(np.array(x_train), np.array(y_train))
x_val, y_val = shuffle_dataset(np.array(x_val), np.array(y_val))
x_test, y_test = shuffle_dataset(np.array(x_test),np.array( y_test))
```

我们不能将整数列表直接传入神经网络。整数列表的长度各不相同，但神经网络处理的是大小相同的数据批量。因此，需要将列表转换为张量，转换方法有以下两种。

（1）先填充列表，使其长度相等，再将列表转换成形状为（samples, max_length）的整数张量，然后在模型第一层使用能处理这种整数张量的层（也就是 Embedding 层，本教材后面会详细介绍）。

（2）对列表进行 multi-hot 编码，将其转换为由 0 和 1 组成的向量。例如，将序列[3, 5]转换成一个 10 000 维向量，只有索引 3 和索引 5 对应的元素是 1，其余元素都是 0。

下面我们采用后一种方法将样本数据向量化。样本数据向量化的代码如代码清单 6-17 所示。



代码清单 6-17 样本数据向量化

```
import dlp as dl
def vectorize_sequences(sequences, dimension=10000):
    results = np.zeros((len(sequences), dimension))
    for i, sequence in enumerate(sequences):
        results[i, sequence] = 1.
    return results

x_train = vectorize_sequences(x_train)       #将训练数据向量化 50000*10000
x_val = vectorize_sequences(x_val)           #将验证数据向量化 5000*10000
x_test = vectorize_sequences(x_test)         #将测试数据向量化 10000*10000
y_train = dl.to_one_hot_label(y_train,10)    #将训练标签向量化
y_val = dl.to_one_hot_label(y_val,10)        #将验证标签向量化
y_test = dl.to_one_hot_label(y_test,10)      #将测试标签向量化
```

标签向量化的方法与手写数字识别相同，直接使用 to_one_hot_label 方法。

### 6.3.2 构建网络

这里我们使用第 4 章构建的深度学习框架 SequentialNet。此处使用的三个维度分别为 512、258 和 128 的隐藏层。模型定义如代码清单 6-18 所示。

代码清单 6-18 模型定义

```
use_dropout = True
use_batchnorm = False
dropout_ratio = 0.2
weight_decay = 0.0
network = dl.SequentialNet(input_size=10000, hidden_size_list=[ 512, 256, 128],
                           output_size=46, weight_decay_lambda=weight_decay,
                           use_dropout=use_dropout, dropout_ration=dropout_ratio,
                           use_batchnorm=use_batchnorm)
```

关于这个架构还应该注意另外两点。

（1）两个隐藏层都使用了默认的 ReLU 函数作为激活函数，最后一层是大小为 10 的输出层。这意味着，对于每个输入样本，网络都会输出一个 10 维向量。这个向量的每个元素（每个维度）均代表不同的输出类别。

（2）最后一层使用了默认的 softmax 函数激活。网络将输出在 10 个不同输出类别上的概率分布——对于每一个输入样本，网络都会输出一个 10 维向量，其中 output[*i*]是样本属于第 *i* 个类别的概率。对应的 10 个概率的总和为 1。

接下来的工作与手写数字识别完全相同，训练模型参见代码清单 6-19。

代码清单 6-19 训练模型



```
trainer = dl.Trainer(network, x_train, t_train, x_validate, t_validate,
                 epochs=10, mini_batch_size=128,
                 optimizer='RMSprop', optimizer_param={'lr': 0.001}, verbose=True)
acc,val_acc,loss,val_loss =trainer.train()
test_acc = network.accuracy(x_test, t_test)
print("测试精度:" + str(test_acc))
```

```
新的验证精度 0.927 大于 0 保存
轮次:    1,训练损失= 0.1926,验证损失= 0.2387, 训练精度 = 0.9950, 验证精度= 0.9270
新的验证精度 0.9306 大于 0.927 保存
轮次:    2,训练损失= 0.0261,验证损失= 0.2650, 训练精度 = 0.9986, 验证精度= 0.9306
新的验证精度 0.9416 大于 0.9306 保存
轮次:    3,训练损失= 0.0082,验证损失= 0.2657, 训练精度 = 0.9994, 验证精度= 0.9416
轮次:    4,训练损失= 0.0053,验证损失= 0.3153, 训练精度 = 0.9989, 验证精度= 0.9346
新的验证精度 0.9486 大于 0.9416 保存
轮次:    5,训练损失= 0.0052,验证损失= 0.2729, 训练精度 = 0.9998, 验证精度= 0.9486
轮次:    6,训练损失= 0.0026,验证损失= 0.4942, 训练精度 = 0.9998, 验证精度= 0.9242
轮次:    7,训练损失= 0.0056,验证损失= 0.3737, 训练精度 = 0.9998, 验证精度= 0.9344
轮次:    8,训练损失= 0.0027,验证损失= 0.3826, 训练精度 = 0.9998, 验证精度= 0.9352
轮次:    9,训练损失= 0.0038,验证损失= 0.3768, 训练精度 = 0.9998, 验证精度= 0.9390
新的验证精度 0.9516 大于 0.9486 保存
轮次:   10,训练损失= 0.0017,验证损失= 0.2890, 训练精度 = 0.9999, 验证精度= 0.9516
测试精度:0.962
```

上述代码所展示的神经网络的训练精度为 99.99%，验证精度最大为 95.18%，测试精度为 96.2%。结果相当不错。下面我们来绘制损失值和精度曲线。绘制图形的代码如代码清单 6-20 所示。

代码清单 6-20 绘制图形

```
dl.plotting(acc,loss,val_acc,val_loss)
```

验证损失值和精度如图 6-6 所示，训练损失值一直在下降，而训练精度一直在提升，这就是梯度下降优化的预期结果。但验证损失值和精度并非如此，它们在第 2 轮时达到最佳值，随后验证损失值开始上升，精度徘徊不前。

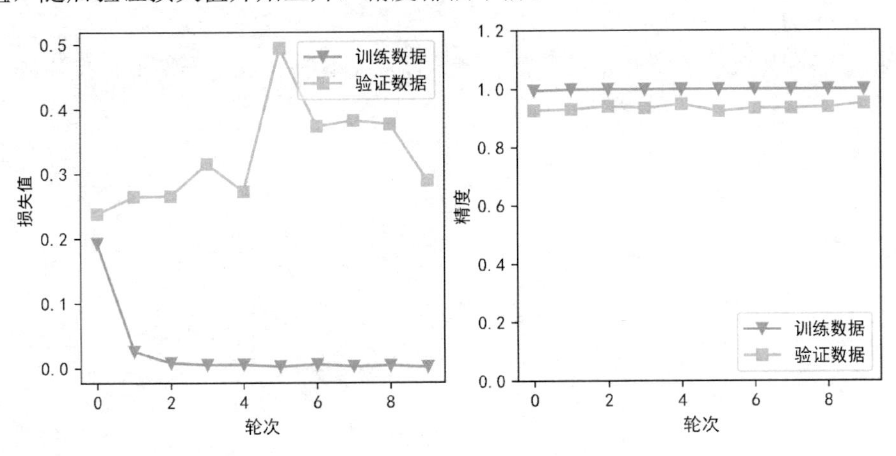


图 6-6 验证损失值和精度





# 6.4 练习题

1. 什么样的数据集不适合用深度学习？

2. 尝试构建一个基于 LeNet 网络的、更复杂的网络，以提高 6.2 节数据集的准确性。

（1）调整卷积窗口大小。

（2）调整输出通道的数量。

（3）调整激活函数（如 ReLU 函数）。

（4）调整卷积层的数量。

（5）调整全连接层的数量。

（6）调整学习率和其他训练细节（如初始化和轮数）。

## 本章小结

（1）上手一个新的机器学习项目时，首先定义要解决的问题。

① 了解项目的大背景：最终目标是什么，有哪些限制？

② 收集并标注数据集，确保对数据有深入了解。

③ 选择衡量成功的指标，即要在验证数据上监控哪些指标。

（2）理解问题并拥有合适的数据集之后就可以开发模型了。

① 准备数据。

② 选择评估方法：留出验证还是 K 折交叉验证？应该将哪一部分数据用于验证？

③ 实现统计功效：超越简单基准。

④ 扩大模型规模：开发一个过拟合的模型。

⑤ 根据模型在验证数据上的性能，对模型进行正则化并调节超参数。

（3）模型准备就绪并且在测试数据上表现出良好性能之后就可以进行部署了。

① 优化最终的推断模型，并将模型部署到目标环境中，如 Web 服务器、手机、浏览器、嵌入式设备等。

② 监控模型在生产环境中的性能，并不断收集数据，以便开发下一代模型。

# 第二部分　实战篇

前几章我们从零开始学习了使用 Python 和 Numpy 实现深度学习算法。从头开始编写代码有助于我们清楚地理解主题（或技巧）。刚开始学习深度学习时要尝试如何从无到有地实现一个神经网络，理解了深度学习算法实际上在做什么。

但是当需要为现实世界的数据集构建深度学习模型时我们就会发现，需要应用更复杂的模型，如卷积神经网络。因此，对很多实际问题，从零开始全部靠自己实现神经网络并不现实，尤其是涉及高性能数值计算时，利用一些深度学习框架能使工作更加有效。

# 7 卷积神经网络进阶

本章包括以下内容：

- AlexNet 网络、VGG 和残差网络等经典卷积神经网络；
- 使用数据增强来降低过拟合；
- 使用预训练的卷积神经网络进行特征提取；
- 微调预训练的卷积神经网络；
- 计算机视觉的不同分支，包括图像分类、图像分割和目标检测。

在 6.2.3 节我们已经建立了一个基于 LeNet 网络的动物分类模型，实现了超出统计功效的初始目标。本章我们将寻求更好的模型，扩大模型规模，并将泛化性能最大化。

## 7.1 深度学习框架

到目前为止，我们只使用 Python 和 Numpy 实现深度学习算法。运行代码清单 6-5 中的代码时可以体会到：虽然卷积神经网络的参数较少，但它的计算成本相当高。因此，如果有机会，建议使用 GPU 加快训练。当然，直接利用 Python 编写 GPU 程序并非易事，但很多开源框架（如 TensorFlow、飞桨等）已为我们准备好了调用 GPU 的功能。

### 7.1.1 神经网络剖析

在介绍深度学习框架的使用之前，我们简要回顾一下神经网络。我们已经知道，训练神经网络主要围绕以下四个方面展开。

（1）层：深度学习的基础组件。

（2）模型：由层构成的神经网络。

（3）损失函数、优化器与监控指标：配置学习过程的关键。

（4）训练循环：执行小批量梯度随机下降。

本书第一部分已经利用 Numpy 实现了这些概念。下面我们使用 TensorFlow 的高级 API——keras 来处理这些概念。

#### 1. 层：深度学习的基础组件

在 keras 中，全连接层在 Dense 类中定义，图像数据通常用二维卷积层处理，即在

keras 中可以使用 Conv2D 创建一个卷积层来对输入数据进行卷积计算。

### 2. 模型：由层构成的神经网络

层可以看作深度学习的积木，构建深度学习模型就是将相互兼容的多个层拼接在一起。在本教材的第一部分我们已经熟悉了用堆叠层的方式构建一个复杂的神经网络模型。keras 中可以创建一个 Sequential 模型，并使用 add()方法来实现层的堆叠。如下面的代码所示，可以根据实际需要将 tf.keras.layers 中的各类神经网络层添加到模型中。

```
import tensorflow as tf
model = tf.keras.Sequential()
model.add(tf.keras.layers.Dense(units=256, activation='relu'))
model.add(tf.keras.layers.Dense(units=10, activation='softmax'))
```

或更简单地实现如下：

```
model = tf.keras.models.Sequential([tf.keras.layers.Dense(256, activation='relu'),
tf.keras.layers.Dense(10, activation='softmax')])
```

在上面的示例代码中添加了 2 个全连接层。第 1 层是隐藏层，包含 256 个隐藏单元，并使用了 ReLU 函数作为激活函数。第 2 层是一个 10 路 softmax 层，它将返回一个由 10 个概率值组成的数组，所以我们将第一个参数设置为 10。

### 3. 损失函数、优化器与监控指标：配置学习过程的关键

一旦确定了网络架构，还需要选择以下参数。

（1）损失函数：衡量当前任务是否已成功完成，在训练过程中需要将其最小化。

（2）优化器：决定如何基于损失函数对网络进行更新。它执行随机梯度下降（SGD）的某个变体。

（3）在训练和测试过程中需要监控的指标（Metric），如精度。

神经网络的目的是使损失尽可能最小化，因此选择正确的损失函数对解决问题非常重要。对于分类、回归、序列预测等常见问题，可以遵循一些简单的指导原则来选择损失函数。例如，对于二分类问题，可以使用二元交叉熵（Binary Crossentropy）损失函数；对于多分类问题，可以用分类交叉熵（Categorical Crossentropy）损失函数；对于回归问题，可以用均方误差（Mean-Squared Error）损失函数等。只有在面对真正全新的研究问题时，才需要自主开发损失函数。

```
network.compile(optimizer='rmsprop',loss='categorical_crossentropy',metri
cs=['accuracy'])
```

上面代码使用“rmsprop”作为优化器，使用分类交叉熵“categorical_crossentropy”作为损失函数，使用精度“accuracy”作为监控的指标。

### 4. 训练循环：执行最小批量梯度随机下降

使用 compile()之后将是 fit()。fit()方法执行训练循环，它有以下关键参数。

（1）要训练的数据（输入和目标）：这些数据通常以 Numpy 数组或 TensorFlow Dataset 对象的形式传入。

（2）训练轮数：训练循环应该在传入的数据上迭代多少次。

```
history = model.fit(
    inputs,                #输入样本，一个 Numpy 数组
    targets,               #对应的训练目标，一个 Numpy 数组
    epochs=5,              #训练循环将对数据迭代 5 次
    batch_size=128         #训练循环的批量大小为 128
)
```

调用 fit()将返回一个 history 对象。这个对象包含 history 字段，它是一个字典，字典的键是“loss”或特定指标名称，字典的值是这些指标每轮的值组成的列表。

### 7.1.2 实现 AlexNet 网络

本节我们将以 6.2.3 节建立的 LeNet 神经网络为基准，尝试新的架构，扩大规模。

#### 1. AlexNet 网络

在 LeNet 网络被提出后，卷积神经网络在计算机视觉和机器学习领域中得到了人们的重视，但并没有主导这些领域。正如我们在 6.2.3 节中看到的，虽然 LeNet 网络在小图像数据集上取得了很好的效果，但是在更大、更真实的图像数据集上，训练卷积神经网络的性能和可行性还有待研究。事实上，在 20 世纪 90 年代初到 2012 年的大部分时间里，神经网络已被其他机器学习方法超越，如支持向量机（SVM）。2012 年横空出世的 AlexNet 网络一举打破了计算机视觉研究的现状。它首次证明了深度神经网络学习到的特征可以超越手工设计的特征。AlexNet 网络使用了 8 层卷积神经网络，并以很大的优势在 2012 年 ImageNet 图像识别挑战赛中获胜。

AlexNet 网络和 LeNet 网络的架构非常相似（见图 7-1）。

虽然 AlexNet 网络和 LeNet 网络的设计理念相似，但也存在显著差异。首先，AlexNet 网络比 LeNet 网络要深得多，AlexNet 网络由 8 层组成，5 个卷积层、2 个全连接隐藏层和 1 个全连接输出层。其次，AlexNet 网络使用 ReLU 函数而不是 sigmoid 函数作为其激活函数。

#### 2. 网络设计

在 AlexNet 网络的第 1 层，卷积窗口（滤波器）的形状是 11×11。由于 ImageNet 中大多数图像的宽和高比 MNIST 图像的多 10 倍，因此需要一个更大的卷积窗口来捕获目标。第 2 层中的卷积窗口形状被缩减为 5×5，然后是 3×3。此外，在第 1 层、第 2 层和第 5 层卷积层之后，加入窗口形状为 3×3、步幅为 2 的最大汇聚层，而且 AlexNet 网络的卷积通道数是 LeNet 网络的 10 倍。

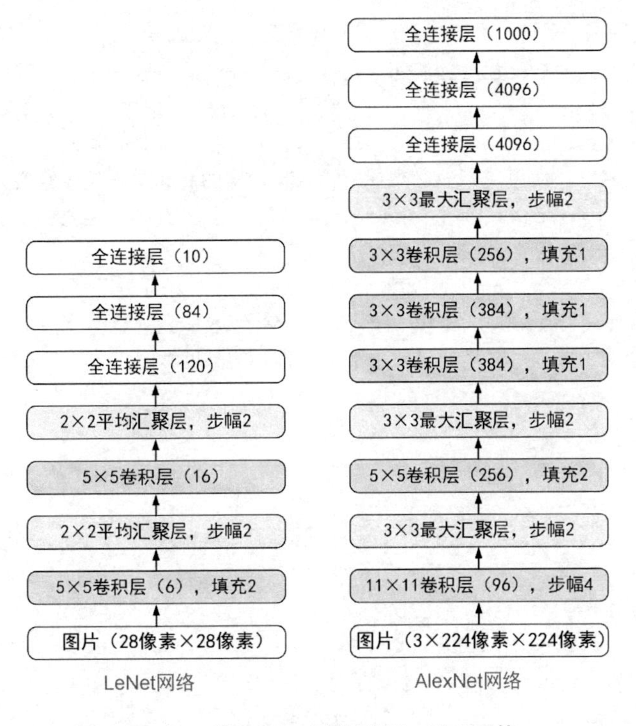


图 7-1　从 LeNet 网络到 AlexNet 网络

在最后一个卷积层后有两个全连接层，分别有 4 096 个输出。这两个巨大的全连接层拥有近 1GB 的模型参数。



AlexNet 网络将 sigmoid 函数改为更简单的 ReLU 函数。一方面，ReLU 函数的计算更简单；另一方面，当使用不同的参数初始化方法时，ReLU 函数使训练模型更加容易。当 sigmoid 函数的输出非常接近 0 或 1 时，这些区域的梯度几乎为 0，因此反向传播无法继续更新一些模型参数。相反，ReLU 函数在正区间的梯度总是 1。如果模型参数没有正确初始化，sigmoid 函数在正区间内的梯度几乎为 0，从而使模型无法得到有效的训练。

AlexNet 网络通过 Dropout 控制全连接层的网络模型复杂度，而 LeNet 网络只使用了权重衰减。为了进一步扩充数据，AlexNet 网络在训练时增加了大量的图像增强数据，如翻转、裁切和变色，这使得网络模型更健壮，更大的样本量有效地减少了过拟合。

### 3. 网络构建

由于面对的是一个多分类问题，所以 AlexNet 网络的最后一层使用 softmax 函数激活。这里把 AlexNet 网络封装在一个名为 alexNet 的函数中，参数 num_classes 代表分类数量。AlexNet 卷积神经网络如代码清单 7-1 所示。

代码清单 7-1　AlexNet 卷积神经网络

```
import tensorflow as tf
def alexNet(num_classes):
    return tf.keras.models.Sequential([
```

```
        # 这里使用一个 11*11 的更大窗口来捕捉对象，步幅为 4，以减少输出的高度和宽度
        tf.keras.layers.Conv2D(filters=96, kernel_size=11, strides=4, 
activation='relu'),
        tf.keras.layers.MaxPool2D(pool_size=3, strides=2),
        # 减小卷积窗口，使用填充为 2 来使得输入与输出的高和宽一致，且增大输出通道数
        tf.keras.layers.Conv2D(filters=256, kernel_size=5, padding='same', 
activation='relu'),
        tf.keras.layers.MaxPool2D(pool_size=3, strides=2),
        # 使用三个连续的卷积层和较小的卷积窗口。除了最后的卷积层，输出通道的数量进一步增加
        # 在前两个卷积层之后，汇聚层不用于降低输入的高度和宽度
        tf.keras.layers.Conv2D(filters=384, kernel_size=3, padding='same', 
activation='relu'),
        tf.keras.layers.Conv2D(filters=384, kernel_size=3, padding='same', 
activation='relu'),
        tf.keras.layers.Conv2D(filters=256, kernel_size=3, padding='same', 
activation='relu'),
        tf.keras.layers.MaxPool2D(pool_size=3, strides=2),
        tf.keras.layers.Flatten(),
        # 这里使用 dropout 层来减轻过拟合
        tf.keras.layers.Dense(4096, activation='relu'),
        tf.keras.layers.Dropout(0.5),
        tf.keras.layers.Dense(4096, activation='relu'),
        tf.keras.layers.Dropout(0.5),
        # 最后是输出层
        tf.keras.layers.Dense(num_classes, activation='softmax')
    ])
```



在编译这一步将使用 Adam 优化器。因为网络最后一层使用了 softmax 函数，所以使用分类交叉熵作为损失函数。配置用于训练的模型如代码清单 7-2 所示。

代码清单 7-2　配置用于训练的模型

```
model = alexNet(8)
model.compile(loss='categorical_crossentropy',optimizer=
tf.keras.optimizers.Adam(lr = 0.0001),metrics=['acc'])
```

### 7.1.3　数据预处理

keras 有一个图像处理辅助工具的模块，位于 keras.preprocessing.image。它包含 ImageDataGenerator 类，可以快速创建 Python 生成器，能够将硬盘上的图像文件自动转换为预处理好的张量批量。下面我们将用到这个类。

使用 ImageDataGenerator 类从文件夹中读取图像如代码清单 7-3 所示。

代码清单 7-3　使用 ImageDataGenerator 类从文件夹中读取图像

```
from keras.preprocessing.image import ImageDataGenerator
#将所有图像乘以 1/255 缩放
```

```
train_datagen = ImageDataGenerator(rescale=1./255)
validation_datagen = ImageDataGenerator(rescale=1./255)
test_datagen = ImageDataGenerator(rescale=1./255)
train_generator = train_datagen.flow_from_directory(
    r'..\datasets\animals\train',   #目标目录
    target_size=(224, 224),         #将所有图像的大小调整为(224, 224)
    batch_size=20,                  #每个批量包含 20 个样本
    class_mode='categorical')
validation_generator = validation_datagen.flow_from_directory(
    r'..\datasets\animals\validation',
    target_size=(224, 224),
    batch_size=20,
    class_mode='categorical')
test_generator = test_datagen.flow_from_directory(
    r'..\datasets\animals\test',
    target_size=(224, 224),
batch_size=20,
class_mode='categorical')
```

```
Found 8000 images belonging to 8 classes.
Found 1600 images belonging to 8 classes.
Found 1600 images belonging to 8 classes.
```

### 7.1.4 网络训练





现在，可以开始训练 AlexNet 网络了。与 LeNet 网络相比，AlexNet 模型的主要变化是使用更小的学习速率进行训练，这是因为网络更深且更广、图像分辨率更高，训练卷积神经网络就更昂贵。虽然卷积神经网络的参数较少，但与全连接神经网络相比，因为每个参数都参与了更多的乘法，所以它们的计算成本仍然很高。如果有机会使用 GPU 就可以用它加快训练。

使用 fit 时，可以传入一个 validation_data 参数，该参数可以是一个数据生成器，也可以是由 Numpy 数组组成的元组。如果向 validation_data 传入一个生成器，如代码清单 7-3 中的 validation_generator，此时需要指定一个 validation_steps 参数，以说明需要从生成器中抽取多少个批次用于评估。利用批量生成器拟合模型如代码清单 7-4 所示。

代码清单 7-4　利用批量生成器拟合模型

```
history = model.fit(
    train_generator,
    steps_per_epoch=400,
    epochs=60,
    validation_data=validation_generator,
    validation_steps=80)
scores = model.evaluate(test_generator)
print("{0}: {1:.2f}%".format(model.metrics_names[1], scores[1] * 100))
```

运行上述代码之后，可以发现训练精度已达到99.1%，验证精度和测试精度分别达到67.4%和65.50%。这相比基准LeNet网络的45.9%和44.5%有大幅度提高。

接下来绘制模型在训练数据和验证数据上的损失值和精度（见代码清单7-5和图7-2）。

代码清单7-5　绘制训练过程中的损失曲线和精度曲线

```
acc = history.history['acc']
val_acc = history.history['val_acc']
loss = history.history['loss']
val_loss = history.history['val_loss']
from com.util import plotting
plotting(acc,loss,val_acc,val_loss,mark_every=2)
```

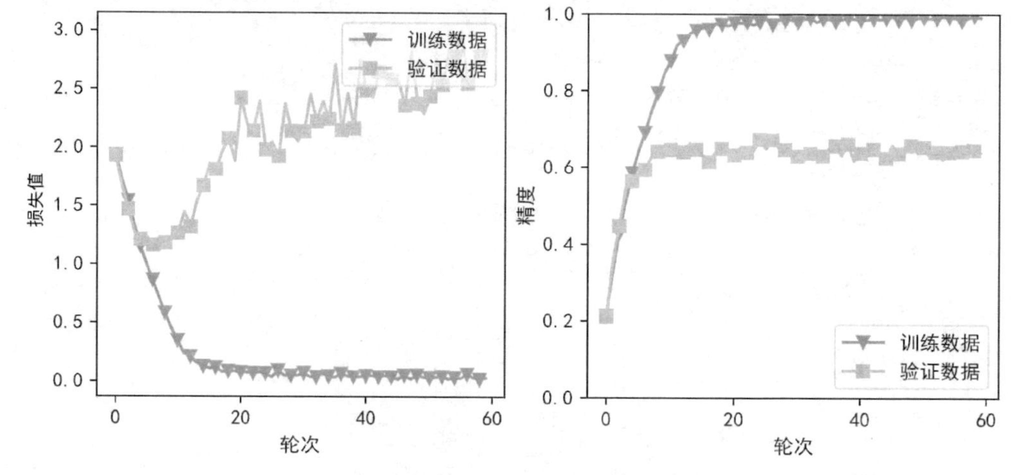


图7-2　模型在训练数据和验证数据上的损失值和精度

从图7-2可以看出，仅仅8轮之后模型就出现过拟合。

## 7.2 数据增强

出现过拟合的原因是学习样本太少，导致无法训练出能够泛化到新数据的模型。数据增强可以从现有的训练样本中生成更多的训练数据，其方法是利用多种能够生成可信图像的随机变换来增加（Augment）样本。其目标是模型在训练时不会两次查看完全相同的图像。这让模型能够观察到数据的更多内容，从而具有更好的泛化能力。

### 7.2.1 使用数据增强

在keras中，可以通过对ImageDataGenerator实例读取的图像执行多次随机变换来增加样本。利用ImageDataGenerator实例来设置数据增强如代码清单7-6所示。

代码清单 7-6 利用 ImageDataGenerator 实例来设置数据增强

```
from keras.preprocessing.image import ImageDataGenerator
datagen = ImageDataGenerator(
    rotation_range=40,
    width_shift_range=0.2,
    height_shift_range=0.2,
    shear_range=0.2,
    zoom_range=0.2,
    horizontal_flip=True,
fill_mode='nearest')
```

我们来快速介绍一下这些参数的含义。

（1）rotation_range 是角度值（在 0～180 范围内），表示图像随机旋转的角度范围。

（2）width_shift 和 height_shift 是图像在水平方向或垂直方向上平移的范围（相对于总宽度或总高度的比例）。

（3）shear_range 是随机错切变换的角度。

（4）zoom_range 是图像随机缩放的范围。

（5）horizontal_flip 是随机将一半图像水平翻转。如果没有水平不对称的假设（比如真实世界的图像），这种做法是有意义的。

（6）fill_mode 是用于填充新创建像素的方法，这些新像素可能来自旋转或宽度/高度平移。我们来看一下通过随机数据增强生成的狗的图像（见图 7-3）。





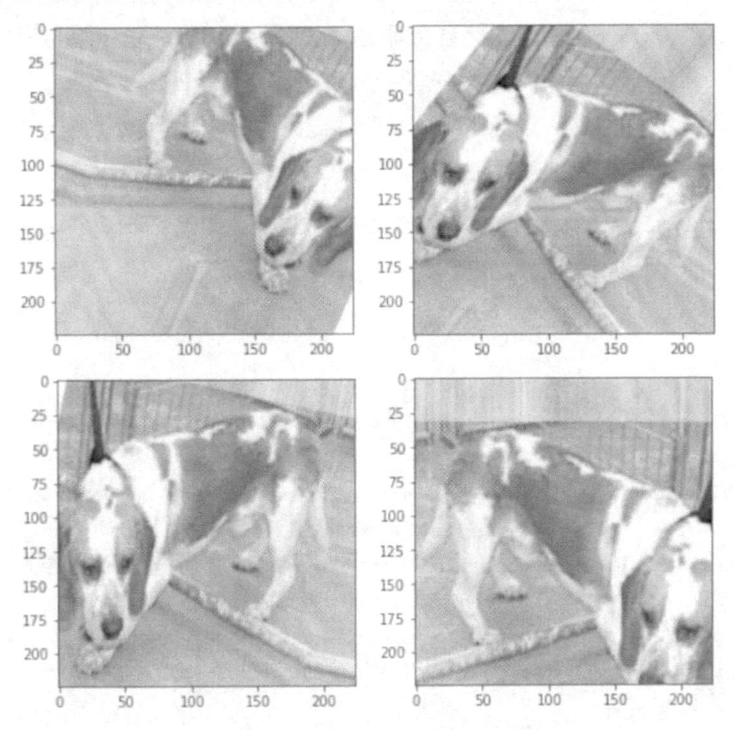


图 7-3 通过随机数据增强生成的狗的图像

代码清单 7-7　数据增强生成图像

```
import matplotlib.pyplot as plt
from keras.preprocessing import image                           #图像预处理工具的模块
fnames = [os.path.join(train_dogs_dir, fname) for
fname in os.listdir(train_dogs_dir)]
img_path = fnames[18]                                           #选择一张图像进行增强
img = image.load_img(img_path, target_size=(224, 224))#读取图像并调整大小
x = image.img_to_array(img)     #将其转换为形状为(224, 224, 3) 的 Numpy 数组
x = x.reshape((1,) + x.shape)   #将其形状改变为(1, 224, 224, 3)
i = 0
#生成随机变换后的图像批量。循环是无限的，因此用户需要在某个时刻终止循环
for batch in datagen.flow(x, batch_size=1):
  plt.figure(i)
  imgplot = plt.imshow(image.array_to_img(batch[0]))
  i += 1
  if i % 4 == 0:
    break
plt.show()
```

如果使用这种数据增强来训练一个新网络，那么网络将不会两次看到同样的输入。但网络看到的输入仍然是高度相关的，因为这些输入都来自少量的原始图像，无法生成新信息，而只能混合现有信息。因此，这种方法可能不足以完全消除过拟合。为了进一步降低过拟合，还需要向模型中添加一个 Dropout 层，将其添加到密集连接分类器之前。事实上AlexNet模型在两个密集连接分类器之间已经添加了Dropout层，所以代码清单 7-1和代码清单 7-2 可以直接使用，无须修改。



### 7.2.2　训练网络

接下来利用数据增强训练 AlexNet 模型，如代码清单 7-8 利用数据增强生成器训练 AlexNet 模型中的黑体部分所示，仅需对代码清单 7-3 做很小的修改即可得到相关代码。

代码清单 7-8　利用数据增强生成器训练 AlexNet 模型

```
from keras.preprocessing.image import ImageDataGenerator
train_datagen = ImageDataGenerator( rescale=1./255, rotation_range=40,
width_shift_range=0.2,
    height_shift_range=0.2, shear_range=0.2, zoom_range=0.2, horizontal_flip=True)
validation_datagen = ImageDataGenerator(rescale=1./255)#注意，不能增强验证数据
test_datagen = ImageDataGenerator(rescale=1./255)#注意，不能增强测试数据
train_generator = train_datagen.flow_from_directory(
    r'D:\python\book\DeepLearning\datasets\animals\train',  #目标目录
    target_size=(224, 224),      #将所有图像的大小调整为 224 像素×224 像素
    batch_size=20,
    class_mode='categorical')
validation_generator = validation_datagen.flow_from_directory(
```

```
    r'D:\python\book\DeepLearning\datasets\animals\validation',
    target_size=(224, 224),
    batch_size=20,
    class_mode='categorical')
test_generator = test_datagen.flow_from_directory(
    r'D:\python\book\DeepLearning\datasets\animals\test',
    target_size=(224, 224),
    batch_size=20,
    class_mode='categorical')
```

将训练次数增加到 100 轮，重新运行代码清单 7-4 中的代码。现在的训练精度为 94.66%，但验证精度已达到为 80.8%，测试精度达到 79.0%，比未使用数据增强的测试精度提高了 13 个百分点。我们再次使用代码清单 7-5 中的代码绘制图像，由图像可见，验证数据的损失值在 43 轮以后开始增大，验证精度也不再提高（见图 7-4）。

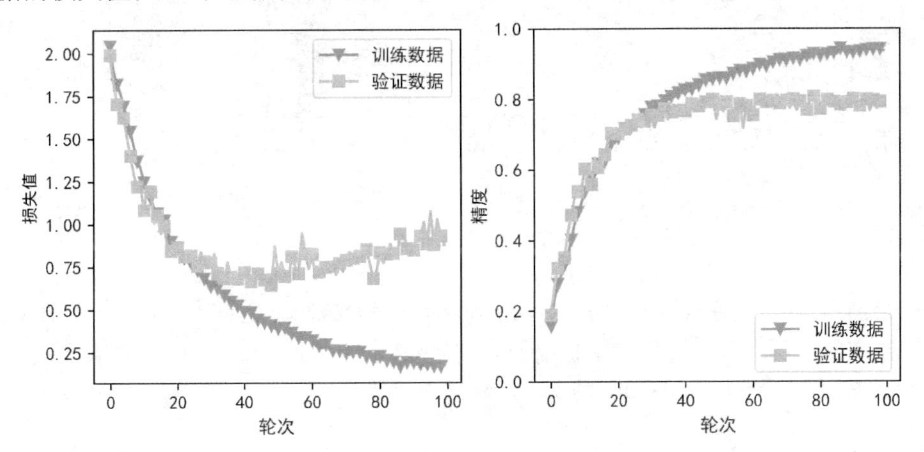


图 7-4 采用数据增强后的损失值和精度

## 7.3 使用块的网络（VGG）

虽然 AlexNet 模型证明深层神经网络卓有成效，但它没有提供一个通用的模板来指导后续的网络设计。牛津大学的视觉几何组首先在 VGG 中提出了使用块的想法，将这些块堆叠起来，可以很容易地实现更为复杂的架构。

### 7.3.1 VGG 块

经典卷积神经网络的基本组成部分是下面的这个序列：

（1）带填充以保持分辨率的卷积层；

（2）非线性激活函数，如 ReLU 函数；

（3）汇聚层，如最大汇聚层。

与之类似，VGG 块由一系列卷积层组成，后面再加上用于空间下采样的最大汇聚层。

图 7-5 给出了 VGG-16 结构图。

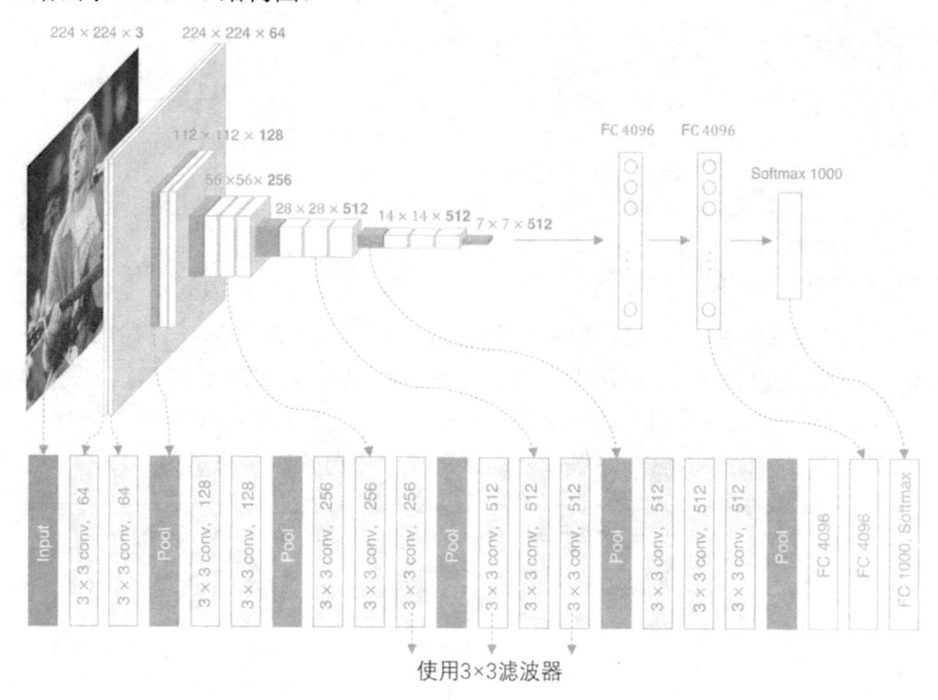


图 7-5　VGG-16 结构图



代码清单 7-9 中定义了一个名为 vgg_block 的函数来实现一个 VGG 块。该 VGG 块使用了带有 3×3 卷积核、填充为 1（保持高度和宽度）的卷积层，以及带有 2×2 汇聚窗口、步幅为 2（每个块后的分辨率减半）的最大汇聚层。

代码清单 7-9　vgg_block 的函数

```
import tensorflow as tf
import numpy as np
def vgg_block(num_convs, num_channels):
    blk = tf.keras.models.Sequential()
    for _ in range(num_convs):
        blk.add(tf.keras.layers.Conv2D(num_channels,kernel_size=3,
padding='same',activation='relu'))
        blk.add(tf.keras.layers.BatchNormalization())
        blk.add(tf.keras.layers.MaxPool2D(pool_size=2, strides=2))
    return blk
```

### 7.3.2　VGG 概述

与 AlexNet 网络、LeNet 网络一样，VGG 可以分为两部分：第一部分主要由卷积层和汇聚层组成，第二部分由全连接层组成。从 AlexNet 网络到 VGG 的本质是块设计，如图 7-6 所示，VGG 的全连接部分与 AlexNet 网络的全连接部分相同（图中最上面的三层）。

图 7-6 右边的 VGG 由几个 VGG 块在代码清单 7-9 的 vgg_block 函数中定义。vgg_block

函数的超参数变量 conv_arch 指定了每个 VGG 块里卷积层的个数和输出通道数。全连接模块则与 AlexNet 网络中的相同。这样，可以通过在 conv_arch 上执行 for 循环来实现 VGG 网络。

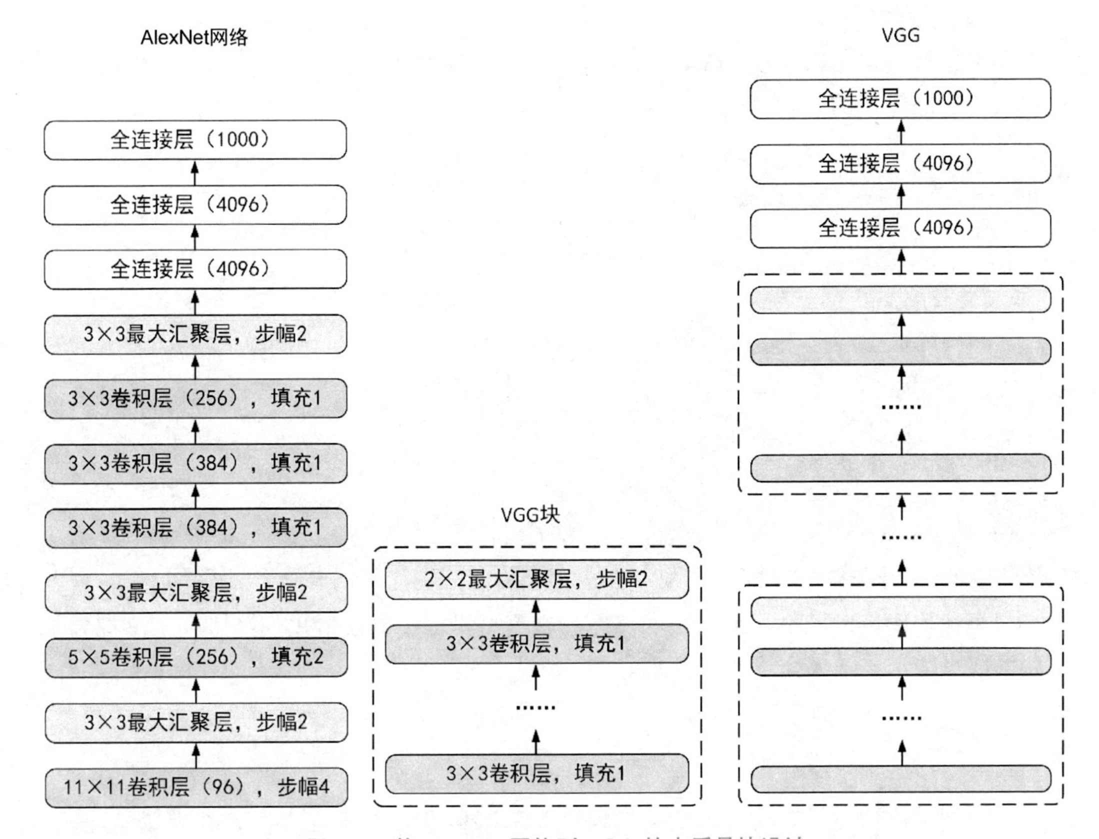


图 7-6　从 AlexNet 网络到 VGG 的本质是块设计

通过在 conv_arch 上执行 for 循环来实现 VGG 如代码清单 7-10 所示。

代码清单 7-10　通过在 conv_arch 上执行 for 循环来实现 VGG

```
def Vgg(num,conv_arch):
    net = tf.keras.models.Sequential()
    # 卷积层部分
    for (num_convs, num_channels) in conv_arch:
        net.add(vgg_block(num_convs, num_channels))
    # 全连接层部分
    net.add(tf.keras.models.Sequential([
        tf.keras.layers.Flatten(),
        tf.keras.layers.Dense(4096, activation='relu'),
        tf.keras.layers.Dropout(0.5),
        tf.keras.layers.Dense(4096, activation='relu'),
        tf.keras.layers.Dropout(0.5),
        tf.keras.layers.Dense(num, activation='softmax')]))
    return net
```

VGG-16 模型，顾名思义就是模型有 16 层，包括 13 个卷积层和 3 个全连接层。该模型证明了增加网络的深度能够在一定程度上影响网络最终的性能。在 2014 年的 ImageNet 图像分类与定位挑战赛中，VGG-16 取得了在分类任务上排名第二，在定位任务上排名第一的优异成绩。

下面的代码可用来实现 VGG-16，并构建了一个高度和宽度为 224 的 3 通道数据样本，以观察每个层输出的形状。

```
conv_arch = ((2, 64), (2, 128), (3, 256), (3, 512), (3, 512))
model = Vgg(8,conv_arch)
X = tf.random.uniform((1, 224, 224, 3))
for blk in model.layers:
    X = blk(X)
    print(blk.__class__.__name__,'output shape:\t', X.shape)
```

```
Sequential output shape:    (1, 112, 112, 64)
Sequential output shape:    (1, 56, 56, 128)
Sequential output shape:    (1, 28, 28, 256)
Sequential output shape:    (1, 14, 14, 512)
Sequential output shape:    (1, 7, 7, 512)
Sequential output shape:    (1, 8)
```

从上述代码可以看出，每个块的高度和宽度减半，最终块输出的高度和宽度都为 7，最后再展平表示，送入全连接层处理。



### 7.3.3 训练模型

下面利用数据增强的动物数据集来训练 VGG-19。VGG-19 与 VGG-16 类似，只是后 3 个块的卷积层数是 4，见下列代码中的黑体部分。

```
conv_arch = ((2, 64), (2, 128), (4, 256), (4, 512), (4, 512))
model = Vgg(8,conv_arch)
```

由于 VGG-19 比 AlexNet 网络的计算量更大，没有 GPU 计算会耗时很长。如果内存不够，可以减小全连接层的输出，如将 4 096 改为 2 048 或更小。模型训练过程与 AlexNet 网络类似。利用数据增强的动物数据集训练 VGG-19 如代码清单 7-11 所示。

代码清单 7-11　利用数据增强的动物数据集训练 VGG-19

```
import tensorflow as tf
from keras.preprocessing.image import ImageDataGenerator
#加载并预处理数据
train_datagen = ImageDataGenerator( rescale=1./255, rotation_range=40,
width_shift_range=0.2,
    height_shift_range=0.2, shear_range=0.2, zoom_range=0.2, horizontal_flip=True,)
validation_datagen = ImageDataGenerator(rescale=1./255)
test_datagen = ImageDataGenerator(rescale=1./255)
train_generator = train_datagen.flow_from_directory(
```

```
    r'..\datasets\animals\train',  #目标目录
    target_size=(224, 224), #将所有图像的大小调整为224像素×224像素
    batch_size=20,
    class_mode='categorical') #因为使用了binary_crossentropy损失，所以需要用二
进制标签
validation_generator = validation_datagen.flow_from_directory(
    r'..\datasets\animals\validation',
    target_size=(224, 224),
    batch_size=20,
    class_mode='categorical')
test_generator = test_datagen.flow_from_directory(
    r'..\datasets\animals\test',
    target_size=(224, 224),
    batch_size=20,
    class_mode='categorical')
#定义VGG-19
conv_arch = ((2, 64), (2, 128), (4, 256), (4, 512), (4, 512))
model = Vgg(8,conv_arch)
#保存最优权重
from keras.callbacks import ModelCheckpoint
filepath = 'vgg_19_net_weights_best.h5'
checkpoint = ModelCheckpoint(filepath, monitor='val_acc', verbose=1,
save_best_only=True, mode='max', period=2)
callbacks_list = [checkpoint]
#编译模型
model.compile(loss='categorical_crossentropy',
            optimizer= tf.keras.optimizers.Adam(lr = 0.0001),
            metrics=['acc'])
#训练
history = model.fit(
    train_generator,
    steps_per_epoch=400,
    epochs=100,
    validation_data=validation_generator,
    validation_steps=80,
    callbacks=callbacks_list)
#加载最优权重，利用最优权重测试识别精度
model.load_weights(filepath)
scores = model.evaluate(test_generator)
print("{0}: {1:.2f}%".format(model.metrics_names[1], scores[1] * 100))
#绘图
acc = history.history['acc']
val_acc = history.history['val_acc']
loss = history.history['loss']
val_loss = history.history['val_loss']
from com.util import plotting
plotting(acc,loss,val_acc,val_loss ,mark_every=5)
```

```
Epoch 1/100
400/400 [==============================] - 129s 297ms/step - loss: 3.6120 -
acc: 0.2195 - val_loss: 3.0038 - val_acc: 0.1506
Epoch 2/100
400/400 [==============================] - ETA: 0s - loss: 2.1113 - acc: 0.2844
Epoch 2: val_acc improved from -inf to 0.36062, saving model to
vgg_19_net_weights_best.h5
400/400 [==============================] - 122s 305ms/step - loss: 2.1113 -
acc: 0.2844 - val_loss: 1.7457 - val_acc: 0.3606
……
Epoch 99/100
400/400 [==============================] - 120s 300ms/step - loss: 0.1973 -
acc: 0.9388 - val_loss: 0.4278 - val_acc: 0.8850
Epoch 100/100
400/400 [==============================] - ETA: 0s - loss: 0.2210 - acc: 0.9329
Epoch 100: val_acc did not improve from 0.89938
400/400 [==============================] - 120s 300ms/step - loss: 0.2210 -
acc: 0.9329 - val_loss: 0.4666 - val_acc: 0.8800
=============== 测试精度 ===============
80/80 [==============================] - 6s 76ms/step - loss: 0.4080 - acc:
0.8894
acc: 88.94%
```



从代码清单 7-11 的运行结果可以看出，经过 100 轮次训练之后，利用 VGG-19 的训练精度达到 93.30%，验证精度达到 89.94%，测试精度为 88.94%。训练损失和验证损失，以及训练精度和验证精度随训练轮次的变化也产生相应变化（见图 7-7）。

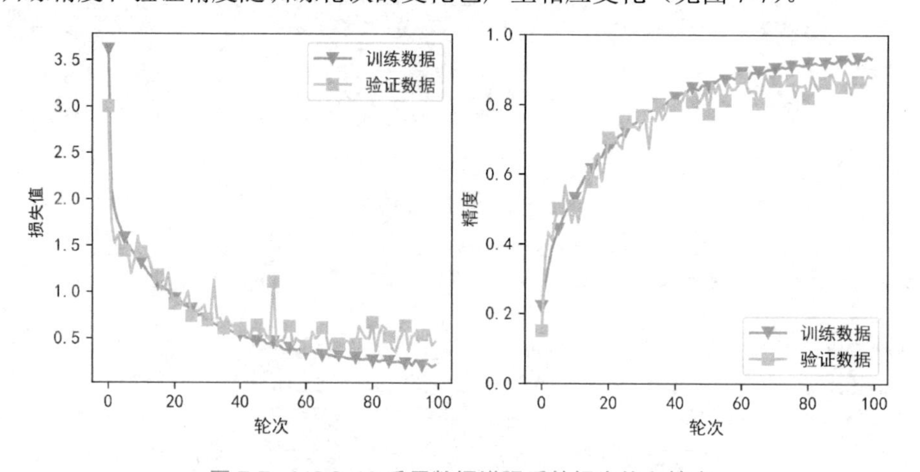


图 7-7　VGG-19 采用数据增强后的损失值和精度

LeNet 网络、AlexNet 网络和 VGG 都有一个共同的设计模式：首先通过一系列的卷积层与汇聚层来提取空间结构特征；其次通过全连接层对特征的表征进行处理。AlexNet 网络和 VGG 对 LeNet 网络的改进主要在于如何扩大和加深这两个模块，或者可以想象在这个过程的早期使用全连接层，但是这样可能会完全放弃表征的空间结构。

## 7.4 残差网络

从前面学习的经验似乎可以得出这样的结论：通过堆叠神经网络层数（增加深度）可以非常有效地增强表征，提升特征学习效果。那么学习更好的网络就像叠加更多层一样容易吗？事情并没有那么简单。

（1）梯度优化问题：深度网络优化是比较困难的，比如会出现梯度爆炸和梯度消失等问题。不过，这个问题已经被批量规范化等措施解决得差不多了。

（2）退化问题：从经验来看，网络的深度对模型的性能至关重要。当增加网络层数时，理论上可以取得更好的结果，但是通过实验可以发现深度网络出现了退化问题——网络深度增加时，网络准确度出现饱和，甚至出现下降。

针对这一问题，何恺明等人提出了残差网络（ResNet）。残差网络在 2015 年的 ImageNet 图像识别挑战赛中一举夺魁，并深刻影响了后来的深度神经网络的设计。残差网络的核心思想是每个附加层都应该更容易地包含原始函数作为其元素之一。于是，残差块（Residual Blocks）便诞生了，这个设计对如何建立深层神经网络产生了深远影响。凭借它，ResNet 赢得了 2015 年 ImageNet 大规模视觉识别挑战赛。

### 7.4.1 残差块



当聚焦于神经网络局部时，正常块和残差块如图 7-8 所示。假设原始输入为 $\boldsymbol{x}$，而希望学到的理想映射为 $f(\boldsymbol{x})$（作为图 7-8 上方激活函数的输入）。图 7-8 左图虚线框中的部分需要直接拟合出该映射 $f(\boldsymbol{x})$，而右图虚线框中的部分则需要拟合出残差映射 $f(\boldsymbol{x})-\boldsymbol{x}$。残差映射在现实中往往更容易优化。图 7-8 右图是 ResNet 的基础架构——残差块。在残差块中，输入可通过跨层数据线路更快地向前传播。

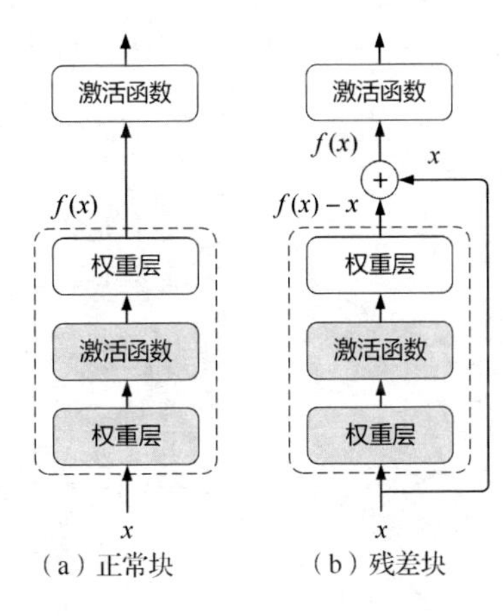

图 7-8 正常块和残差块

ResNet 沿用了 VGG 完整的 3×3 卷积层设计。残差块里首先有两个有相同输出通道数的 3×3 卷积层。每个卷积层后接一个批量规范化层和 ReLU 函数，其次通过跨层数据通路跳过这两个卷积运算，将输入直接加在最后的 ReLU 函数前。这样的设计要求两个卷积层的输出与输入形状一样，从而使它们可以相加。如果想改变通道数，就需要引入一个额外的 1×1 卷积层来将输入变换成需要的形状后再做相加运算。残差块的实现如代码清单 7-12 所示。

代码清单 7-12 残差块的实现

```
import tensorflow as tf
import numpy as np
```

```
class Residual(tf.keras.Model):
    def __init__(self, num_channels, use_1x1conv=False, strides=1):
        super().__init__()
        self.conv1 = tf.keras.layers.Conv2D(
            num_channels, padding='same', kernel_size=3, strides=strides)
        self.conv2 = tf.keras.layers.Conv2D(
            num_channels, kernel_size=3, padding='same')
        self.conv3 = None
        if use_1x1conv:
            self.conv3 = tf.keras.layers.Conv2D(
                num_channels, kernel_size=1, strides=strides)
        self.bn1 = tf.keras.layers.BatchNormalization()
        self.bn2 = tf.keras.layers.BatchNormalization()

    def call(self, X):
        Y = tf.keras.activations.relu(self.bn1(self.conv1(X)))
        Y = self.bn2(self.conv2(Y))
        if self.conv3 is not None:
            X = self.conv3(X)
        Y += X
        return tf.keras.activations.relu(Y)
```

包含和不包含 1×1 卷积层的残差块如图 7-9 所示。代码清单 7-12 会生成两种类型的网络：一种是当 use_1x1conv=False 时，用 ReLU 函数将输入添加到输出，如图 7-9（a）所示；另一种是当 use_1x1conv=True 时，通过添加 1×1 卷积层调整通道和分辨率，如图 7-9（b）所示。



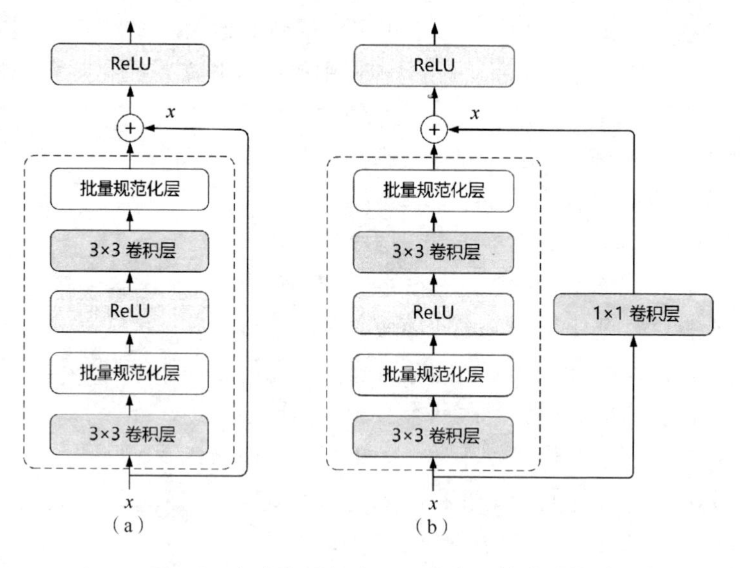


图 7-9　包含和不包含 1×1 卷积层的残差块

下面来查看输入和输出形状一致的情况。

```
blk = Residual(3)
X = tf.random.uniform((4, 6, 6, 3))
```

```
Y = blk(X)
print(Y.shape)
```

```
(4, 6, 6, 3)
```

也可以在增加输出通道数的同时，减半输出的高和宽。

```
blk = Residual(6, use_1x1conv=True, strides=2)
print(blk(X).shape)
```

```
(4, 3, 3, 6)
```

### 7.4.2 ResNet

ResNet 的前两层：在输出通道数为 64、步幅为 2 的 7×7 卷积层后，接步幅为 2 的 3×3 的最大汇聚层。在 ResNet 模型每个卷积层后增加了批量规范化层。

```
b1 = tf.keras.models.Sequential([
    tf.keras.layers.Conv2D(64, kernel_size=7, strides=2, padding='same'),
    tf.keras.layers.BatchNormalization(),
    tf.keras.layers.Activation('relu'),
    tf.keras.layers.MaxPool2D(pool_size=3, strides=2, padding='same')])
```

ResNet 模型在后面使用 4 个由残差块组成的模块，每个模块使用若干个同样输出通道数的残差块。第一个模块的通道数同输入通道数一致。由于之前已经使用了步幅为 2 的最大汇聚层，所以无须减小高和宽。之后的每个模块在第一个残差块里将上一个模块的通道数翻倍，并将高和宽减半。

下面来实现这个模型（注意，我们对第一个模型做了特别处理）。ResNet 如代码清单 7-13 所示。

代码清单 7-13 ResNet

```
class ResnetBlock(tf.keras.layers.Layer):
    def __init__(self, num_channels, num_residuals, first_block=False, **kwargs):
        super(ResnetBlock, self).__init__(**kwargs)
        self.residual_layers = []
        for i in range(num_residuals):
            if i == 0 and not first_block:
                self.residual_layers.append(
                    Residual(num_channels, use_1x1conv=True, strides=2))
            else:
                self.residual_layers.append(Residual(num_channels))

    def get_config(self):
        config = super().get_config()
        return config

    def call(self, X):
        for layer in self.residual_layers.layers:
```

```
        X = layer(X)
    return X
```

接着在 ResNet 中加入所有残差块；最后在 ResNet 中加入全局平均汇聚层，以及全连接层输出。代码清单 7-14 构建了 34 层的 ResNet-34。

代码清单 7-14 ResNet-34

```
def net(num_classes):
    return tf.keras.Sequential([
        # 创建第 1 个模块
        tf.keras.layers.Conv2D(64, kernel_size=7, strides=2, padding='same'),
        tf.keras.layers.BatchNormalization(),
        tf.keras.layers.Activation('relu'),
        tf.keras.layers.MaxPool2D(pool_size=3, strides=2, padding='same'),
        # 在 ResNet 中加入残差块
        ResnetBlock(64, 3, first_block=True),     #第 2 个模块使用 3 个残差块
        ResnetBlock(128, 4),                      #第 3 个模块使用 4 个残差块
        ResnetBlock(256, 6),                      #第 4 个模块使用 6 个残差块
        ResnetBlock(512, 3),                      #第 5 个模块使用 3 个残差块
        tf.keras.layers.GlobalAvgPool2D(),
        tf.keras.layers.Dropout(0.5),
        tf.keras.layers.Dense(num_classes, activation='softmax')])
```



对于代码清单 7-14 中的黑体部分：第 2 个模块有 3×2 个卷积层（不包括恒等映射的 1×1 卷积层），第 3 个模块有 4×2 个卷积层，第 4 个模块有 6×2 个卷积层，第 5 个模块有 3×2 个卷积层。它们再加上第一个 7×7 的卷积层和最后一个全连接层，共有 34 层。因此，这种模型通常被称为 ResNet-34。通过配置不同的通道数和模块里的残差块数可以得到不同的 ResNet，如更深的含 152 层的 ResNet-152。ResNet 的主体架构简单，修改也方便。这些因素都导致了 ResNet 被广泛使用。

在训练 ResNet 之前，我们观察一下 ResNet 中不同模块的输入形状是如何变化的。下面代码给出了随着层数的增加，图像尺寸和通道数的变化情况。

```
X = tf.random.uniform(shape=(1, 224, 224, 3))
for layer in net(8).layers:
    X = layer(X)
    print(layer.__class__.__name__,'output shape:\t', X.shape)
```

```
Conv2D output shape:    (1, 112, 112, 64)
BatchNormalization output shape:    (1, 112, 112, 64)
Activation output shape:    (1, 112, 112, 64)
MaxPooling2D output shape:  (1, 56, 56, 64)
ResnetBlock output shape:   (1, 56, 56, 64)
ResnetBlock output shape:   (1, 28, 28, 128)
ResnetBlock output shape:   (1, 14, 14, 256)
ResnetBlock output shape:   (1, 7, 7, 512)
GlobalAveragePooling2D output shape:    (1, 512)
```

```
Dropout output shape:   (1, 512)
Dense output shape: (1, 8)
```

### 7.4.3 训练模型

同之前一样，我们在数据增强的猫狗数据集上训练 ResNet。模型训练过程与 VGG-19 类似，训练部分代码与 VGG-19 完全相同。训练 ResNet-34 如代码清单 7-15 所示。

代码清单 7-15　训练 ResNet-34

```
import tensorflow as tf
from keras.preprocessing.image import ImageDataGenerator
#将所有图像乘以 1/255 缩放
train_datagen = ImageDataGenerator( rescale=1./255, rotation_range=40,
width_shift_range=0.2,
   height_shift_range=0.2, shear_range=0.2, zoom_range=0.2, horizontal_flip=True,)
validation_datagen = ImageDataGenerator(rescale=1./255)
test_datagen = ImageDataGenerator(rescale=1./255)
train_generator = train_datagen.flow_from_directory(
   r'D:\python\book\DeepLearning\datasets\animals\train',  #目标目录
   target_size=(224, 224), #将所有图像的大小调整为 224 像素×224 像素
   batch_size=80,
   class_mode='categorical') #因为使用了 binary_crossentropy 损失，所以需要用二
进制标签
validation_generator = validation_datagen.flow_from_directory(
   r'D:\python\book\DeepLearning\datasets\animals\validation',
   target_size=(224, 224),
   batch_size=40,
   class_mode='categorical')
test_generator = test_datagen.flow_from_directory(
   r'D:\python\book\DeepLearning\datasets\animals\test',
   target_size=(224, 224),
   batch_size=40,
   class_mode='categorical')
from keras.callbacks import ModelCheckpoint
filepath = 'res_net_34_weights_best.h5'
# 有一次提升，则覆盖一次
checkpoint = ModelCheckpoint(filepath, monitor='val_acc', verbose=1,
save_best_only=True, mode='max', period=2)
callbacks_list = [checkpoint]
model = res_net(8)   #ResnetBuilder.build_resnet_34((3,224,224),8)
model.compile(loss='categorical_crossentropy',
         optimizer= tf.keras.optimizers.Adam(lr = 0.0001),
         metrics=['acc'])
history = model.fit(
   train_generator,
```

```
    steps_per_epoch=100,
    epochs=200,
    validation_data=validation_generator,
    validation_steps=40,
    callbacks=callbacks_list)

model.load_weights(filepath)
print("=============== 测试精度 ===============")
scores = model.evaluate(test_generator)
print("{0}: {1:.2f}%".format(model.metrics_names[1], scores[1] * 100))
acc = history.history['acc']
val_acc = history.history['val_acc']
loss = history.history['loss']
val_loss = history.history['val_loss']
from com.util import plotting
plotting(acc,loss,val_acc,val_loss,mark_every=5)
```

现在输出的验证精度为 85.06%，测试精度为 83.88%。ResNet-34 的损失值和精度的变化如图 7-10 所示。ResNet-34 的测试精度比 VGG-19 的测试精度略低，这是由于层数较多，相对而言训练数据较少的缘故，但训练结果的模型也要小很多。ResNet-152 训练出的模型规模约 690MB，而 VGG-19 训练出的模型规模达 1.64GB。

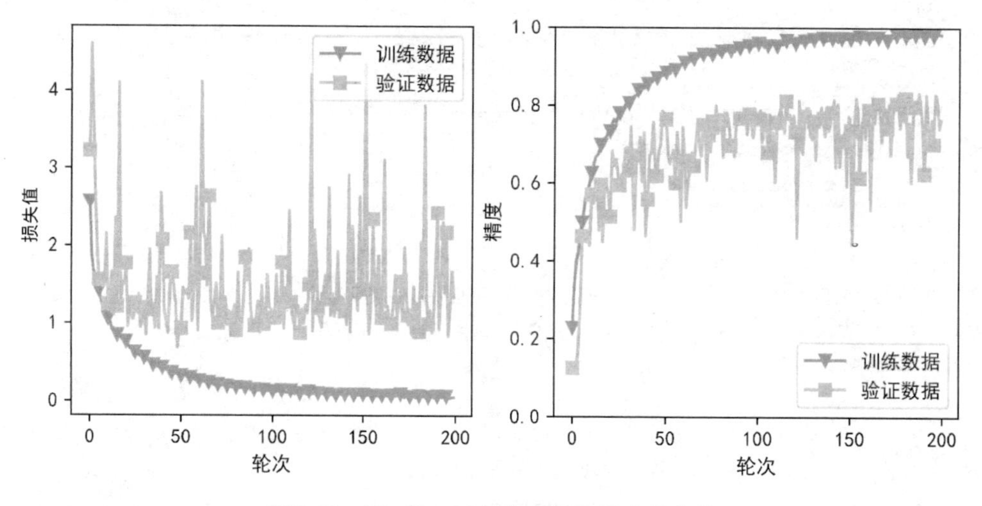


图 7-10　ResNet-34 的损失值和精度的变化

## 7.5　微调模型

提高小型数据集泛化能力的一种方案是将从大型数据集（如 ImageNet 数据集）中学到的知识迁移到目标数据集，这称为迁移学习（Transfer Learning）。例如，在 ImageNet 数据集上训练了一个网络（其类别主要是动物和日常用品），然后将这个训练好的网络应用于某个不相干的任务，如识别家具。这种学到的特征在不同问题之间的可移植性，是深度学习与许多早期浅层学习方法相比的重要优势，它使得深度学习对小数据问题非常有效。

本节将介绍迁移学习中的常见技巧：微调（Fine-Tuning）。微调模型如图 7-11 所示。微调包括以下步骤。

（1）在源数据集（如 ImageNet 数据集）上预训练神经网络模型，即源模型。

（2）创建一个新的神经网络模型，即目标模型，这将复制源模型上的所有模型设计及参数（输出层除外）。我们假定这些模型参数包含从源数据集中学到的知识，这些知识也将适用于目标数据集。我们还假设源模型的输出层与源数据集的标签密切相关，因此不在目标模型中使用该层。

（3）向目标模型添加输出层，其输出数是目标数据集中的类别数，然后随机初始化该层的模型参数。

（4）在目标数据集（如椅子数据集）上训练目标模型。输出层将从头开始进行训练，而所有其他层的参数将根据源模型的参数进行微调。

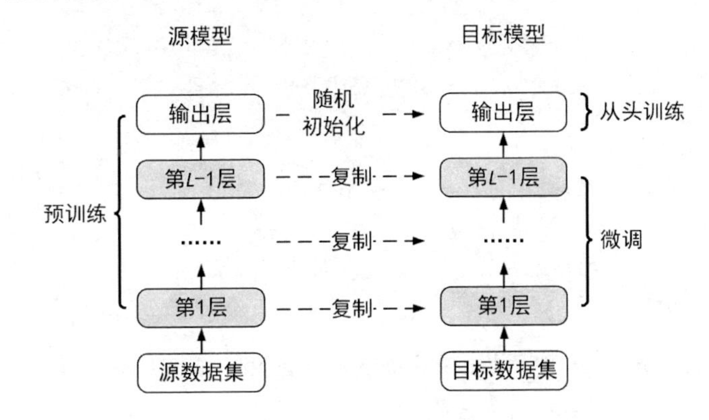


图 7-11　微调模型

当目标数据集比源数据集小得多时，微调有助于提高模型的泛化能力。

我们将在动物数据集上微调 InceptionResNetV2 模型。该模型已在 ImageNet 数据集上进行了预训练。InceptionResNetV2 等网络模型内置于 keras 中，可以从 keras.applications 模块中导入。表 7-1 所示为部分网络模型概览，这是 keras.applications 中的一部分图像分类模型（都是在 ImageNet 数据集上预训练得到的）。

表 7-1　部分网络模型概览

| 网络模型 | 大小 | Top-1 准确率 | Top-5 准确率 | 参数数量 | 深度 |
|---|---|---|---|---|---|
| VGG-16 | 528MB | 0.713 | 0.901 | 138 357 544 | 23 |
| VGG-19 | 549MB | 0.713 | 0.900 | 143 667 240 | 26 |
| ResNet50 | 98MB | 0.749 | 0.921 | 25 636 712 | — |
| ResNet101 | 171MB | 0.764 | 0.928 | 44 707 176 | — |
| ResNet152 | 232MB | 0.766 | 0.931 | 60 419 944 | — |
| ResNet50V2 | 98MB | 0.760 | 0.930 | 25 613 800 | — |

续表

| 网络模型 | 大小 | Top-1 准确率 | Top-5 准确率 | 参数数量 | 深度 |
| --- | --- | --- | --- | --- | --- |
| ResNet101V2 | 171MB | 0.772 | 0.938 | 44 675 560 | — |
| ResNet152V2 | 232MB | 0.780 | 0.942 | 60 380 648 | — |
| InceptionV3 | 92MB | 0.779 | 0.937 | 23 851 784 | 159 |
| InceptionResNetV2 | 215MB | 0.803 | 0.953 | 55 873 736 | 572 |

Top-1 准确率和 Top-5 准确率都是在 ImageNet 数据集上的结果。

Depth 表示网络的拓扑深度，这包括激活层、批标准化层等。

将 InceptionResNetV2 网络模型实例化如代码清单 7-16 所示。

代码清单 7-16　将 InceptionResNetV2 网络模型实例化

```
def InceptionResNetV2FineTuning(num_classes=8):
    '''网络结构的最后一层,resnet50 有 1000 类,去掉最后一层
    resnet50 模型倒数第二层的输出是三维矩阵-卷积层的输出,做 pooling 或展平
    参数有 None 和 imagenet 两种,None 为从头开始训练,imagenet 为从网络下载已训练好的模
型开始训练'''
    conv_base =tf.keras.applications.InceptionResNetV2(weights='imagenet',
            include_top=False,input_shape=(299, 299, 3))
    model = tf.keras.models.Sequential()
    model.add(conv_base)
    model.add(tf.keras.layers.Flatten())
    model.add(tf.keras.layers.Dense(num_classes, activation='softmax'))
# 因为 include_top = False,所以需要自己定义最后一层
    return model
```



首次运行时 tensorflow 会自动下载 InceptionResNetV2 网络模型与训练数据。

这里向构造函数中传入了三个参数。

（1）weights 指定模型初始化的权重检查点。

（2）include_top 指定模型最后是否包含密集连接分类器。默认情况下，这个密集连接分类器对应于 ImageNet 模型的 1 000 个类别。因为我们打算使用自己的密集连接分类器（只有两个类别：cat 和 dog），所以不需要包含它。

（3）input_shape 是输入网络中的图像张量的形状。这个参数完全是可选的，如果不传入这个参数，那么网络能够处理任意形状的输入。

现在可以开始微调网络，我们将使用学习率非常小的 RMSProp 优化器来实现。之所以要让学习率很小，是因为对于微调的三层表示，我们希望其变化范围不要太大。太大的权重更新可能会破坏这些表示。微调模型的代码如代码清单 7-17 所示。

代码清单 7-17　微调模型

```
from fine_tuning_models import *
model = InceptionResNetV2FineTuning(8)
filepath = 'InceptionResNetV2_fine_tuning_weights_best_10_epochs.h5'
from keras.preprocessing.image import ImageDataGenerator
#将所有图像乘以 1/255 缩放
```

```
train_datagen = ImageDataGenerator( rescale=1./255, rotation_range=40,
width_shift_range=0.2,
    height_shift_range=0.2, shear_range=0.2, zoom_range=0.2,
horizontal_flip=True,)
validation_datagen = ImageDataGenerator(rescale=1./255)
test_datagen = ImageDataGenerator(rescale=1./255)
train_generator = train_datagen.flow_from_directory(
    r'...\datasets\animals\train',  #目标目录
    target_size=(299, 299), #将所有图像的大小调整为299像素×299像素
    batch_size=20,
    class_mode='categorical') #因为使用了binary_crossentropy损失，所以需要用二
进制标签
validation_generator = validation_datagen.flow_from_directory(
    r'...\datasets\animals\validation',
    target_size=(299, 299),
    batch_size=20,
    class_mode='categorical')
test_generator = test_datagen.flow_from_directory(
    r'...\datasets\animals\test',
    target_size=(299, 299),
    batch_size=20,
    class_mode='categorical')
from keras.callbacks import ModelCheckpoint
# 有一次提升，则覆盖一次
checkpoint = ModelCheckpoint(filepath, monitor='val_acc', verbose=1,
save_best_only=True, mode='max', period=1)
callbacks_list = [checkpoint]
model.compile(loss='categorical_crossentropy',
              optimizer= tf.keras.optimizers.Adam(lr = 0.00001),
              metrics=['acc'])
history = model.fit(
    train_generator,
    steps_per_epoch=400,
    epochs=10,
    validation_data=validation_generator,
    validation_steps=80,
    callbacks=callbacks_list)
model.load_weights(filepath)
scores = model.evaluate(test_generator)#, steps=30, verbose = 0)
print("{0}: {1:.2f}%".format(model.metrics_names[1], scores[1] * 100))
acc = history.history['acc']
val_acc = history.history['val_acc']
loss = history.history['loss']
val_loss = history.history['val_loss']
from com.util import plotting
plotting(acc,loss,val_acc,val_loss,mark_every=1)
```

经过 10 轮的训练，训练精度达到 98.75%，验证精度达到 98.12%，测试精度达到 98.44%。

由此可见，利用现代深度学习技术，只用很少的训练数据就可以得到非常理想的结果。

微调模型的损失值和精度如图 7-12 所示。

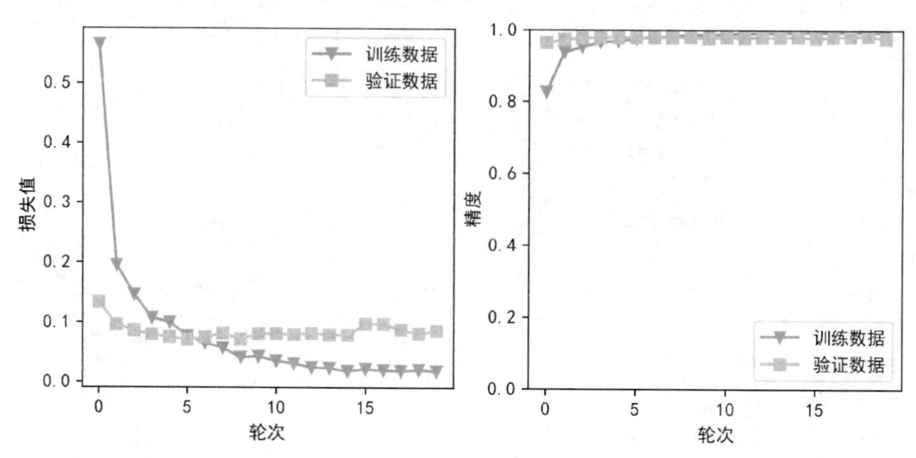


图 7-12 微调模型的损失值和精度

预测如代码清单 7-18 所示。

代码清单 7-18 预测



```
model = InceptionResNetV2FineTuning (8)
model.build(input_shape=(None, 299, 299, 3))
model.load_weights('
InceptionResNetV2FineTuning_fine_tuning_weights_best_10_epochs.h5')
#加载数据
from datasets.load_animals import load_animals
labels_ch = ['猫','鸡','牛','狗','象','马','松鼠', '羊']
(images,labels) = load_animals(
    r'...\datasets\animals\test\cat',
    r'...\datasets\animals\test\chicken',
    r'...\datasets\animals\test\cow',
    r'...\datasets\animals\test\dog',
    r'...\datasets\animals\test\elefante',
    r'...\datasets\animals\test\horse',
    r'...\datasets\animals\test\scoiattolo',
    r'...\datasets\animals\test\sheep',
    299)
labels=to_one_hot_label(labels,8)
images = images[:24]
z=model.predict(images)
labels = labels[:24]
plt.rcParams['font.sans-serif'] = ['SimHei']  # 显示中文（替换 sans-serif 字体）
plt.figure()
```

```
for i in range(0,24):
    plt.subplot(4,6,i+1)
    plt.imshow(images[i])
    plt.axis('off')
    y = z[i].argmax()  # 概率最大者为预测值
    t = labels[i].argmax()
    plt.title('预测结果:' + labels_ch[y] + '\n' + '真实结果:' + labels_ch[t])
plt.show()
```

由图 7-13 所示的随机选出 24 张图像的预测结果可见，随机从测试集抽出 24 张图像进行预测得到的预测结果无一错误。

图 7-13　随机选出 24 张图像的预测结果

## 7.6　练习题

1．与 AlexNet 网络相比，VGG 的计算要慢得多，而且它还需要更多的显存。分析出现这种情况的原因。

2．尝试将 Fashion-MNIST 数据集图像的高度和宽度从 224 改为 96，这对实验有什么影响？

3．对于更深层次的网络，ResNet 引入了“bottleneck”架构来降低模型复杂性。请试着去实现它。

4．在动物数据集上微调表 7-1 中的 VGG-19 和 ResNet-152 两个模型，并与 7.5 节的微调 InceptionResNetV2 网络模型结果进行比较。

## 本章小结

（1）在处理图像数据时，数据增强是一种降低过拟合的强大方法。

（2）AlexNet 的架构与 LeNet 相似，但使用了更多的卷积层和更多的参数。今天，AlexNet 已经被更有效的架构所超越，但它是从浅层网络到深层网络的关键一步。

（3）使用块可以非常有效地设计复杂的网络。VGG 使用可复用的卷积块构造网络。不同的 VGG 可通过每个块中卷积层数量和输出通道数量的差异来定义。

（4）利用残差块可以训练出一个有效的深层神经网络。ResNet 对随后的深层神经网络设计产生了深远影响。

（5）利用特征提取可以很容易将现有的卷积神经网络复用于新的数据集。对于小型图像数据集，这是一种很有价值的方法。

（6）作为特征提取的补充，还可以使用微调将现有模型之前学到的一些数据表示应用于新问题。这种方法可以进一步提高模型性能。

# 8 目标检测

本章包括以下内容：

- 与目标检测相关的基本概念，包括边界框、锚框和交并比等；
- YOLO 目标检测原理及如何应用自己的数据集进行模型训练和测试。

在前面的章节中我们介绍了各种图像分类模型。在图像分类任务中，我们只关注如何识别其类别，并假设图像中只有一个主要物体对象。然而，很多时候图像里有多个我们关注的目标，我们不仅想知道它们的类别，还想得到它们在图像中的具体位置。在计算机视觉里，将这类任务称为目标检测。目标检测（Object Detection）就是用矩形框把图像中关注对象的边界框选出来，确定它们在图像中的具体位置的方法，如图 8-1 所示。

（a）图像　　（b）目标检测

图 8-1　目标检测

## 8.1 目标检测的基本概念

目标检测应用广泛，如无人驾驶需要通过识别拍摄到的视频图像里的车辆、行人、道路和障碍物的位置来规划行进线路；机器人也常通过目标检测来检测感兴趣的目标；安防领域则需要检测异常目标，如歹徒或危险物品。

### 8.1.1 目标定位

在构建目标检测之前，我们要先了解一下目标定位。如图 8-2（a）所示，很多时候，我们不仅要判断图像中是否有一辆汽车，还要在图像中标记出它的位置。如果想定位图像中目标的位置，该怎么做呢？我们可以让神经网络多输出一个边界框，即用边框把汽车圈起来，这就是定位分类问题。

（a）目标定位

（b）边界框

图 8-2　目标定位与边界框

具体来说就是让神经网络再多输出 4 个数字，用变量 b_x、b_y、b_h 和 b_w 表示，其中 b_x、b_y 是矩形框中心点的坐标，b_w 是矩形框的宽度，b_h 是矩形框的高度。这四个数字可以表示被检测对象的边界框（用 bbox 表示）。由于边界框是矩形的，另一种常用的边界框表示方法是由矩形左上角的 $x1$、$y1$ 及右下角的 $x2$、$y2$ 两组坐标确定的。这两种表示法是可以相互转换的。

两种表示边界框的方法之间的转换如代码清单 8-1 所示。

代码清单 8-1　两种表示边界框的方法之间的转换

```
def center_to_corner(boxes):
    """从（中间，宽度，高度）转换到（左上，右下）"""
    b_x, b_y, b_w, b_h = boxes[0], boxes[1], boxes[2], boxes[3]
    x1 = b_x - 0.5 * b_w
    y1 = b_y - 0.5 * b_h
    x2 = b_x + 0.5 * b_w
    y2 = b_y + 0.5 * b_h
    boxes = [x1,y1,x2,y2]
    return boxes

def box_corner_to_center(boxes):
    """从（左上，右下）转换到（中间，宽度，高度）"""
    x1, y1, x2, y2 = boxes[0], boxes[1], boxes[2], boxes[3]
    b_x = (x1 + x2) / 2
b_y = (y1 + y2) / 2
    b_w = x2 - x1
    b_h = y2 - y1
boxes = [b_x, b_y, b_w, b_h]
return boxes
```

在本章后面几节，我们还将介绍当图中有多个对象时，应该如何检测它们，并确定出位置，如图 8-2（b）所示。

### 8.1.2　正样本制作

预测边界框如图 8-3 所示，预测边界框的一个思路是在输入图像上放一张网，将图像分类和定位算法逐一应用到每个网格上。

### 1. 逐网格找目标

图 8-3 预测边界框

为简单起见，这里用 4×4 网格，就是把输入的 416 像素×416 像素的图像划分为 4×4 等分，通过观察这些网格来找出物体的中心点坐标，并确定其类别。

对于 4×4 个网格中的每一个网格都会输出一个边界框的置信度 p_r、一个边界框 bbox 和 $C$ 个类别。每个 bbox 包含 4 个参数和边界框的坐标参数。假设图 8-3 中需要识别的目标只有人、轿车和摩托车，每个网格的输出可以用向量 $\boldsymbol{y}$ = [p_r, b_x, b_y, b_h, b_w, c1, c2, c3]表示。

其中，p_r 表示网格中是否有要识别的对象，如果有属于人、轿车或摩托车这三个类别之一的对象，则 p_r = 1；如果没有要检测的对象，就认为是背景，则 p_r = 0。这样 p_r 可以理解为除背景外，被检测对象属于某一分类的概率。b_x、b_y 表示边界框的中心坐标，高度和宽度分别由 b_h 和 b_w 表示。

如果检测到对象，那么 p_r = 1，就输出 c1、c2 和 c3，表示该对象属于人、轿车和摩托车中的某一类，同时输出被检测对象的边界框参数 b_x、b_y、b_h 和 b_w。

如果图像中没有检测到对象，则 p_r = 0，$\boldsymbol{y}$ 的其他参数将变得无意义，所以不用考虑输出边界框的大小，也不用考虑图像中的对象是属于 c1、c2 和 c3 中的哪一类。

绘制边界框如代码清单 8-2 所示。



代码清单 8-2 绘制边界框

```
def draw_rectangle(currentAxis, bbox, edgecolor='k', facecolor='y',
                   fill=False, linestyle='-'):
    # currentAxis，坐标轴，通过 plt.gca()获取
    # bbox，边界框，包含四个数值的 list， [x1, y1, x2, y2]
    # edgecolor，边框线条颜色
    # facecolor，填充颜色
    # fill，是否填充
    # linestype，边框线型
    # patches.Rectangle 需要传入左上角坐标，矩形区域的宽度、高度等参数
    rect = patches.Rectangle((bbox[0], bbox[1]), bbox[2] - bbox[0] + 1,
                             bbox[3] - bbox[1] + 1, linewidth=1.5,
                             edgecolor=edgecolor, facecolor=facecolor,
                             fill=fill, linestyle=linestyle)
    currentAxis.add_patch(rect)
```

接下来就应该考虑如何使得网络学习到这一能力，即为了训练这个网格，到底应该如何去设计真实框。

### 2. 制作正样本

在检测训练中，数据集的标签里会给出目标物体真实边界框所对应的($x$1, $y$1, $x$2, $y$2)，这样的边界框也称为真实框（Ground Truth Box）。

图 8-3 中 4 个目标所对应的真实框绘制代码如下。

```
image_path  = "img/2009.jpg"
use_svg_display()
set_figsize(figsize=(5, 5))
plt.figure(dpi=600)
img = plt.imread(image_path)
#im = img#imread(filename)
plt.imshow(img)
# 使用 xyxy 格式表示物体真实框
bbox1 = [33,140,100,194]
bbox2 = [160,127,203,150]
bbox3 = [283,144,365,267]
bbox4 = [267,208,386,291]
currentAxis = plt.gca()
draw_rectangle(currentAxis, bbox1, edgecolor='y')
draw_rectangle(currentAxis, bbox2, edgecolor='r')
draw_rectangle(currentAxis, bbox3, edgecolor='r')
draw_rectangle(currentAxis, bbox4, edgecolor='y')
plt.axis('off')
plt.show()
```

对于监督学习来说，要识别图 8-3 中的目标，首先需要定义目标标签，即制作正样本。图 8-3 的目标标签可以定义如下：$\boldsymbol{y}$ = [p_r, b_x, b_y, b_h, b_w, c1, c2, c3]。



对于图 8-3 中的 4 个对象，将其分配给包含这些对象中心点的网格。我们已经知道这些对象的 xyxy 格式表示物体真实框。利用代码清单 8-1 中的 box_corner_to_center 方法，可以获得它们的对应的 b_x、b_y、b_h 和 b_w 如下。

```
bbox1 = [33,140,100,194]
bbox2 = [160,127,203,150]
bbox3 = [267,208,386,291]
bbox4 = [283,144,365,267]
print(box_corner_to_center(bbox1))
print(box_corner_to_center(bbox2))
print(box_corner_to_center(bbox3))
print(box_corner_to_center(bbox4))
```

```
[66.5, 167.0, 67, 54]
[181.5, 138.5, 43, 23]
[326.5, 249.5, 119, 83]
[324.0, 205.5, 82, 123]
```

这样，最左边的轿车（bbox1）分配给(1, 0)网格（这里为了跟程序中的编号对应，最上面的行号是第 0 行，最左边的列号是第 0 列）；中间的轿车（bbox2）分配给(1,1)网格；摩托车骑手（bbox3）分配给(1,3)网格，摩托车（bbox4）分配给(2,3)网格。于是这些网格的分类标签，也就是正样本为：

```
y(1,0)   =  [1, 181.5, 138.5, 43, 23, 0, 1, 0]
y(1,1)   =  [1, 66.5, 167.0, 67, 54, 0, 1, 0]
y(1,3)   =  [1, 324.0, 205.5, 82, 123, 1, 0, 0]
y(2,3)   =  [1, 326.5, 249.5, 119, 83, 0, 0, 1]
```

其他网格，如（0,0）网格，由于里面没有要检测的对象，所以该网格的标签向量 **y**=[0, ?, ?, ?, ?, ?, ?, ?]。对于包含对象一部分，但不包含对象中心点的网格，都认为没有任何关注的对象。如(1,2)和(2,2)网格虽然分别有摩托车骑手和摩托车的一部分，但也认为这两个网格没有任何关注的对象，所以它们分类标签 **y** 和没有对象的向量一样，即 **y**=[0, ?, ?, ?, ?, ?, ?, ?]。

### 3. 训练边界框

物体的中心点所落在哪个网格，如图 8-3 中的边界框中心点所示，那个网格就是一个正样本。在图 8-3 中我们会发现这个中心点相对它所在的网格的四边是有偏距的，这其实就是由于降采样带来的量化误差，因此，我们只要获得了这个量化误差，就能获得中心点的准确坐标了。那么如何计算这个量化误差呢？

首先，对于给定的真实的 bbox 坐标(x_min,y_min,x_max,y_max) ，它的宽 $w$ 和高 $h$ 如下：

```
w=x_max-x_min
h=y_max-y_min
```

它的中心点坐标如下：

```
center_x=x_min+x_max/2,
center_y=y_min+y_max/2
```

获得了中心点坐标后，我们就可以直接用下面的代码确定出它落在了网格的哪个位置。

```
grid_x= center_x // stride
grid_y= center_y // stride
```

从而得出哪一处是正样本。其中的“stride”表示网格宽度（下采样的倍数），“//”表示整除（向下取整）。

这样，量化误差如下：

```
c_x = center_x / stride - center_x // stride
c_y= center_y / stride - center_y // stride
```

这里的 c_x、c_y 便是关于中心点坐标所要学习的目标，显然 0≤c_x, c_y≤1，学习中心点在网格中的位置如图 8-4 所示。

图 8-4　学习中心点在网格中的位置

对于一个矩形框，中心点确定了它的位置，它的大小由宽和高来决定。那么 bbox 剩下的两个坐标参数就直接设定为 $w$ 和 $h$。不过，由于 c_x 和 c_y 都在 0 到 1 范围内，而 $w$ 和 $h$ 通常远大于 1，这很容易造成两部分的 loss 差距过大。因此，YOLO 将 $w$、$h$ 都除以图像的大小，也就是进行归一化操作：

```
w=w/w_image
h=h/h_image
```

确定了 bbox 的位置参数之后，接下来，再考虑框的置信度 $C$。它的作用其实就是用来表征此处是否有物体，因此，学习标签可以用 0 和 1 分别表示有物体和没有物体。但是，一般认为框的置信度也应该具备表征对 bbox 预测的定量评价的能力。这就需要用到交并比（IoU）的概念。

## 8.1.3 交并比

接下来的问题是如何判断预测框的好坏。如图 8-5 所示，图中的两个边界框分别为实际框和预测框。直观上可以通过两个框的交集面积和并集面积之比来判断预测框的好坏。

我们将两个边界框相交面积与相并面积之比称为交并比（见图 8-6）。交并比的取值范围在 0 和 1 之间：0 表示两个边界框无重合像素，1 表示两个边界框完全重合。

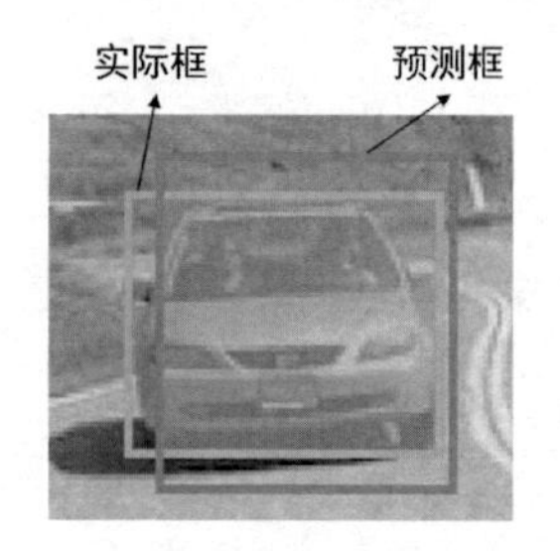


图 8-5 实际边界框与预测边界框

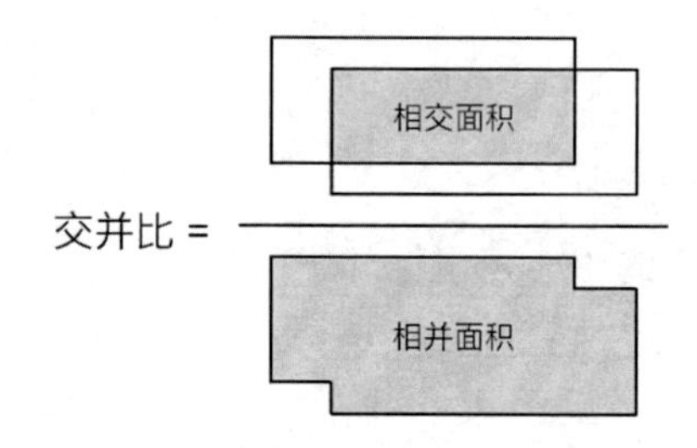


图 8-6 交并比



计算交并比如代码清单 8-3 所示。

代码清单 8-3 计算交并比

```
def bboxes_iou(boxes1, boxes2):
    boxes1 = np.array(boxes1)
    boxes2 = np.array(boxes2)
    boxes1_area = (boxes1[..., 2] - boxes1[..., 0]) * (boxes1[..., 3] -
boxes1[..., 1])
    boxes2_area = (boxes2[..., 2] - boxes2[..., 0]) * (boxes2[..., 3] -
boxes2[..., 1])
    left_up       = np.maximum(boxes1[..., :2], boxes2[..., :2])
    right_down    = np.minimum(boxes1[..., 2:], boxes2[..., 2:])
    inter_section = np.maximum(right_down - left_up, 0.0)
    inter_area    = inter_section[..., 0] * inter_section[..., 1]
    union_area    = boxes1_area + boxes2_area - inter_area
    ious   = np.maximum(1.0 * inter_area / union_area, np.finfo(np.float32).eps)
    return ious
```

利用 bboxes_iou 函数可以计算出图 8-5 中的轿车的预测框 prep_box 与轿车实际框 bbox1 的交并比。

```
prep_box = [39.6,132.1,102.87,201.25]          #(2,1)网格预测框
real_box = [33,140,100,194]                    #(1,0)网格轿车实际框
print(bboxes_iou(prep_box, real_box))
```

```
0.6893344327684937
```

在计算机检测任务中，如果 loU ≥ 0.5，那么结果是可以接受的。因此可以约定 0.5 作为阈值，以判断预测的边界框是否正确。如果希望更严格一点，可以将 loU 定得更高。loU 越高，边界框越精确。如果预测框和实际框完美重叠，那么 loU 就是 1。

具体来说，在训练过程中，对于被标记为正样本的(gridx,gridy)处：

（1）YOLOv1 网络输出 $B$ 个 bbox；

（2）计算这 $B$ 个 bbox 与此处的真实 bbox 之间的交并比，得到 $B$ 个 IoU 值；

（3）选择其中最大的 IoU 值来作为置信度 $C$ 的学习目标。

只要每个网格中对象数目不超过 1 个，这个算法就有效。这样，对于 4×4 网格，输出就是 4×4×8 形式。

### 8.1.4 先验框

目前还有一个问题，那就是(1,0)网格中轿车里的乘车人没有被标注。这是由于我们假定每个网格只能识别一个对象。但现实中一个网格中可能有多个对象，这就引出了先验框（也称锚框）的概念。

#### 1. 先验框

在分配给网格对象时，我们根据物体的中心点位置，将其分配到相应的网格中。但在图 8-7 所示的两个对象的中心点位于同一网格中的例子中，两个对象的中心点均位于(1,0)网格中。

因此对于人、轿车和摩托车这三个类别，向量 $\boldsymbol{y}$ = [p_r, b_x, b_y, b_h, b_w, c1, c2, c3]，将无法输出检测结果，必须从两个检测结果中选一个，要么是轿车，要么是人。

先验框的思路是预先在每个网格的中心点定义多个不同形状的框，如在图 8-8 中每个网格的中心点定义了两个先验框。我们要做的是把预测结果和这两个先验框关联起来。实际中会用更多的先验框，为简单起见，这里只用两个先验框。

这样，每个网格定义的标签是 $\boldsymbol{y}$ = [p_r, b_x, b_y, b_h, b_w, c1, c2, c3, p_r, b_x, b_y, b_h, b_w, c1, c2, c3]。前 8 个元素属于先验框 1（小框），其余 8 个元素属于先验框 2（大框）。于是，输出不再是 4×4×8（使用 4×4 网格和 3 个类），而是 4×4×16（使用 2 个先验框）。对于每个网格，我们可以根据先验框的数量检测多个对象。

下面考虑图 8-8 所示的预先定义两个不同形状的先验框中的 5 个对象。第(0,0)网格，先验框 1 和先验框 2 的 p_r 都是 0，这样该网格标签为 $\boldsymbol{y}$ = [0, ?, ?, ?, ?, ?, ?, ?, 0, ?, ?, ?, ?, ?, ?, ?]。

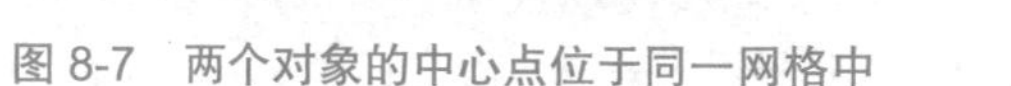

图 8-7　两个对象的中心点位于同一网格中

图 8-8　预先定义两个不同形状的先验框

对于第 0 行的其他网格和第 4 行的所有网格，以及(1,2)、(2,0)、(2,1)和(2,2)四个网格，标签都是 $\boldsymbol{y}$ = [0, ?, ?, ?, ?, ?, ?, ?, 0, ?, ?, ?, ?, ?, ?, ?]。

对于图 8-8 所示的中心点均落在(1,0)网格的两个对象，由于先验框 1 更接近乘车人的真实框，因此乘车人将被指定给先验框 1，用前 8 个参数描述；先验框 2 更接近轿车的真实框，轿车将被指定给先验框 2，用后 8 个参数描述。这可以通过比较两个先验框分别与两个实际框的交并比来决定。

这样遍历 4×4 网格的所有位置，会得到一个 16 维向量，所以最终输出尺寸就是 4×4×16，具体如下。



```
y(0,0) = [0, ?, ?, ?, ?, ?, ?, ?, 0, ?, ?, ?, ?, ?, ?, ?]
y(0,1) = [0, ?, ?, ?, ?, ?, ?, ?, 0, ?, ?, ?, ?, ?, ?, ?]
y(0,2) = [0, ?, ?, ?, ?, ?, ?, ?, 0, ?, ?, ?, ?, ?, ?, ?]
y(0,3) = [0, ?, ?, ?, ?, ?, ?, ?, 0, ?, ?, ?, ?, ?, ?, ?]
y(1,0) = [1, 53.5, 155.5, 13, 11, 1, 0, 0, 1, 66.5, 167.0, 67, 54, 0, 1, 0]
y(1,1) = [0, ?, ?, ?, ?, ?, ?, ?, 1, 181.5, 138.5, 43, 23, 0, 1, 0]
y(1,2) = [0, ?, ?, ?, ?, ?, ?, ?, 0, ?, ?, ?, ?, ?, ?, ?]
y(1,3) = [0, ?, ?, ?, ?, ?, ?, ?, 1, 326.5, 249.5, 119, 83, 1, 0, 0]
y(2,0) = [0, ?, ?, ?, ?, ?, ?, ?, 0, ?, ?, ?, ?, ?, ?, ?]
y(2,1) = [0, ?, ?, ?, ?, ?, ?, ?, 0, ?, ?, ?, ?, ?, ?, ?]
y(2,2) = [0, ?, ?, ?, ?, ?, ?, ?, 0, ?, ?, ?, ?, ?, ?, ?]
y(2,3) = [0, ?, ?, ?, ?, ?, ?, ?, 1, 324.0, 205.5, 82, 123, 0, 0, 1]
y(3,0) = [0, ?, ?, ?, ?, ?, ?, ?, 0, ?, ?, ?, ?, ?, ?, ?]
y(3,1) = [0, ?, ?, ?, ?, ?, ?, ?, 0, ?, ?, ?, ?, ?, ?, ?]
y(3,2) = [0, ?, ?, ?, ?, ?, ?, ?, 0, ?, ?, ?, ?, ?, ?, ?]
y(3,3) = [0, ?, ?, ?, ?, ?, ?, ?, 0, ?, ?, ?, ?, ?, ?, ?]
```

### 2. 预测框

有了标签，接下来的问题是如何得到预测框。

先验框的位置都是固定好的，不可能刚好跟物体边界框重合，需要在先验框的基础上对位置和大小进行微调生成预测框。预测框相对于先验框会有不同的中心点位置和大小，YOLO 生成预测框的方式如图 8-9 所示，图中：

（1）p_h 和 p_w 分别表示预测框的高和宽；

（2）p_x 和 p_y 分别表示预测框中心点位置的横坐标和纵坐标；

（3）a_h 和 a_w 分别表示先验框的高度和宽度；

（4）c_x 和 c_y 分别表示先验框所在的网格区域左上角的坐标，以网格的高度和宽度为单位长度。例如，对于图 8-9 中网格区域中心点生成的先验框（如黑色虚框所示），此网格左上角的位置坐标为 c_x =0，c_y =1；

（5）t_h 和 t_w 分别表示预测框高度和宽度的偏移量；

（6）t_x 和 t_y 分别表示预测框中心点位置距离左上角位置的偏移量；

（7）σ(x)是之前学过的 sigmoid 函数。

由于 sigmoid 函数的函数值在 0～1，因此根据图 8-9 计算出来的预测框的中心点总是落在对应的先验框中心点所在的网格区域内。

先验框的大小是预先设定好的，这里的问题是偏移量 t_x、t_y、t_w 和 t_h 取值为多少的时候，预测框能够跟真实框重合。假设先验框尺寸 a_w=80，a_h=60，如果给偏移量赋值（t_x=-0.103、t_y=0. 0.418、t_h=0.446、t_w= 0.142），则可以得到一个预测框（见图 8-9）。

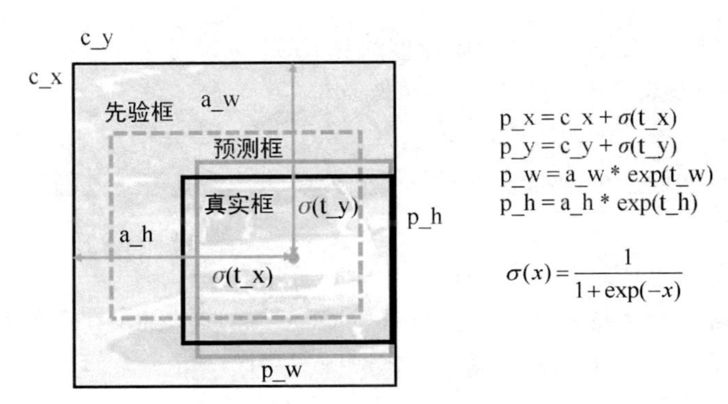


图 8-9　YOLO 生成预测框的方式



预测框可以看作在先验框基础上的一个微调，每个先验框都会有一个跟它对应的预测框，我们需要确定 t_x、t_y、t_w 和 t_h，从而计算出与先验框对应的预测框的位置和形状。

### 8.1.5　非极大值抑制

不管是哪个目标检测的算法，一个目标都会被多次检测到，会有很多检测结果，可以利用非极大值抑制算法（NMS）挑出置信度最好的结果。

假设有 7 个候选区域，其置信度得分如图 8-10（a）所示。图 8-10（a）中只标出最大置信度数值，其余候选框的置信度为②0.62、③0.78、⑤0.68、⑦0.88、⑧0.84、⑩0.54。

非极大值抑制是一个迭代—遍历—消除的过程，计算过程如下。

（1）将所有候选框的得分排序，选中最高分及其对应的候选框。

第一，将置信度升序排序为⑩0.54、②0.62、⑤0.68、③0.78、⑧0.84、⑦0.88、④0.91、①0.92、⑨0.94、⑥0.95。

第二，选中得分最高的⑥号候选框。

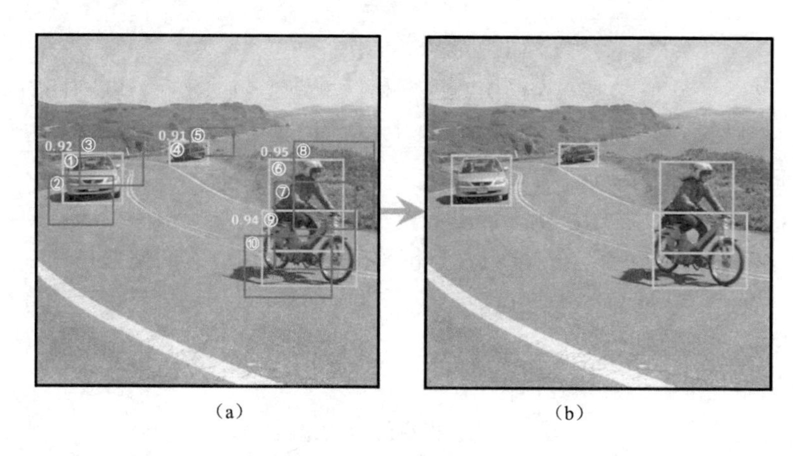


（a）　　（b）

图 8-10　非极大抑制

（2）遍历其余候选框，如果和当前最高分候选框的重叠面积（IoU）大于一定阈值，如 0.3，就将其删除。

第一，由⑥号候选框对其余 9 个候选框计算 IoU，因⑦号候选框、⑧号候选框与⑥号候选框的 IoU>0.3，删除⑦号和⑧号这两个候选框；

第二，第一轮后未处理的候选框为⑩、②、⑤、③、④、①、⑨。

（3）从未处理的候选框中继续选一个得分最高的，重复上述过程。对于本例，具体过程如下：

第一，处理得分为 0.94 的⑨号候选框，删除⑩号候选框；

第二，处理得分为 0.92 的①号候选框，删除②号候选框和③号候选框；

第三，处理得分为 0.91 的④号候选框，删除⑤号候选框；

第四，最后保留①、④、⑥、⑨号这 4 个候选框。

非极大值抑制如代码清单 8-4 所示。nms 函数输出去除了冗余检测框的检测框集合。

代码清单 8-4　非极大值抑制

```
def nms(bboxes, iou_threshold, sigma=0.3, method='nms'):
    classes_in_img = list(set(bboxes[:, 5]))
    best_bboxes = []
    for cls in classes_in_img:
        cls_mask = (bboxes[:, 5] == cls)
        cls_bboxes = bboxes[cls_mask]
        while len(cls_bboxes) > 0:
            max_ind = np.argmax(cls_bboxes[:, 4])
            best_bbox = cls_bboxes[max_ind]
            best_bboxes.append(best_bbox)
            cls_bboxes = np.concatenate([cls_bboxes[: max_ind],
cls_bboxes[max_ind + 1:]])
            iou = bboxes_iou(best_bbox[np.newaxis, :4], cls_bboxes[:, :4])
            weight = np.ones((len(iou),), dtype=np.float32)
            assert method in ['nms', 'soft-nms']
            if method == 'nms':
```

```
            iou_mask = iou > iou_threshold
            weight[iou_mask] = 0.0
        if method == 'soft-nms':
            weight = np.exp(-(1.0 * iou ** 2 / sigma))
        cls_bboxes[:, 4] = cls_bboxes[:, 4] * weight
        score_mask = cls_bboxes[:, 4] > 0.
        cls_bboxes = cls_bboxes[score_mask]
return best_bboxes
```

# 8.2 YOLOv3

介绍完对象检测算法的大部分组件之后，我们把所有组件组装在一起构成 YOLO 目标检测算法。YOLO 已有多个版本，本节以 YOLOv3 为例进行介绍。对于只关注 YOLO 算法应用的读者，可以仅稍做了解。

## 8.2.1 基本框架

YOLO 目标检测框架如图 8-11 所示，其中包括三个模块。

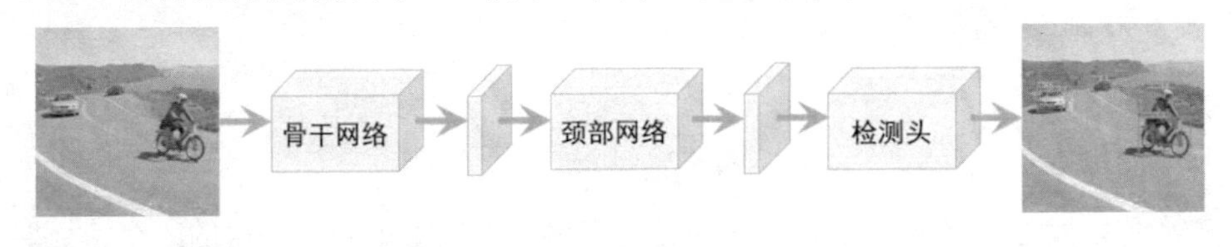


图 8-11 YOLO 目标检测框架

### 1. 骨干网络

骨干网络（Backbone Network）是目标检测网络最为核心的部分，大多数时候，骨干网络选择的好坏，对检测性能的影响是十分巨大的。

目前常用的几个骨干网络模型如下。

（1）VGG：其中最常用的就是 VGG-16，参见 7.3 节。

（2）ResNet：其中最常用的就是 ResNet-50 和 ResNet-101，当任务需求很小的时候，也可以用 ResNet-18。关于 ResNet，参见 7.4 节。

（3）DarkNet 网络：常用的包括 DarkNet-19 和 DarkNet-53，这两个网络分别来源于 YOLOv2 和 YOLOv3。其中 DarkNet-19 对标的是 VGG-19，DarkNet-53 对标的是 ResNet-101。

还有很多出色的 backbone 网络这里就不一一列举了，有兴趣的读者可以自行查找。

Darknet-53 可以被称作 YOLOv3 的主干特征提取网络，输入的图像首先会在 Darknet-53 里面进行特征提取，提取到的特征可以被称作特征层，是输入图像的特征集合。在主干部分，我们获取了三个特征层进行下一步网络的构建。

### 2. 颈部网络

颈部网络（Neck Network）的主要作用是整合骨干网络输出的特征。由于骨干网络是从图像分类任务迁移过来的，其提取特征的模式可能不太适合检测。因此，在从这些特征中得到目标的类别信息和位置信息之前，需要对其做一些处理。

因为这一部分是在骨干网络之后，检测头之前，因此被称为“颈部”。颈部网络的作用是整合骨干网络的信息。整合方式有很多，常用的是特征金字塔（Feature Pyramid Network，FPN）。

FPN 如图 8-12 所示，FPN 在三个不同大小的特征图上进行预测，但随着网络深度增加，每层特征图所携带的信息量和信息性质也不一样：浅层包含的细节信息、轮廓信息、位置信息等更多，深层包含的语义信息更多。因此，FPN 的工作就是在检测前先将多个尺度的特征图进行一次 bottom-up 的融合，这被证明是极其有效的特征融合方式，几乎成了后来目标检测的标准模式之一。

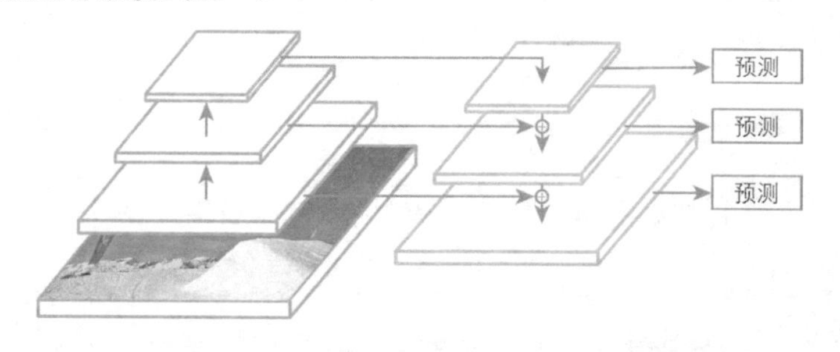




图 8-12 FPN

FPN 可以被称作 YOLOv3 的加强特征提取网络，在主干部分获得的三个特征层会在这一部分进行特征融合，特征融合的目的是结合不同尺度的特征信息。在 FPN 部分，已经获得的特征层被用于继续提取特征。

### 3. 检测头

检测头（Detection Head）利用卷积层在前面网络输出的特征上进行预测，即从这些信息里解耦出图像中物体的类别和位置信息，因此该部分被称为解码器（Decoder）。检测头通常就是三条并行的分支，每条分支由几层普通卷积堆叠而成。

YOLO 检测头是 YOLOv3 的分类器与回归器，通过 DarkNet-53 和 FPN，我们已经获得了三个加强过的特征层，他们的 shape 分别为(52,52,128)、(26,26,256)、(13,13,512)。每个特征层都有宽、高和通道数，此时我们可以将特征图看作一个又一个特征点的集合，每个特征点都有通道数个特征。YOLO 检测头所做的工作实际上就是对特征点进行判断，判断特征点是否有物体与其对应。

因此，整个 YOLOv3 网络所做的工作就是特征提取—特征加强—预测特征点对应的物体情况。

### 8.2.2 产生候选区域

YOLO 算法把输入图像划分成 $n \times n$ 个网格，目标的边界框的中心点落在哪个网格，哪个网格就负责检测该目标。将输入的 416 像素×416 像素的图像划分为 13 行 13 列共 169 个 32 像素×32 像素的网格（见图 8-13）。最左边车的中心落在第 5 行第 2 列网格中（为了跟程序中的编号对应，最上面的行是第 0 行，最左边的列是第 0 列），那么该网格就负责预测这辆车。

YOLO 产生候选区域的方式如下。

（1）按一定的规则在图像上生成一系列位置固定的先验框，将这些先验框看作可能的候选区域。

（2）对先验框是否包含目标物体进行预测，如果包含目标物体，还需要预测所包含物体的类别，以及预测框相对先验框位置需要调整的幅度。

#### 1. 生成先验框

YOLOv3 会在划分的 $n \times n$ 个网格的每个网格的中心点生成一系列先验框。如图 8-13 所示，生成先验框的方法是在每个网格的中心点（锚点，图中黑色小圆点）生成多个先验框。图 8-13 中在第 5 行第 2 列网格锚点位置生成宽度和高度分别为[116, 90]、[156, 198]、[373, 326]的 3 个先验框。

图 8-14 所示为在每个网格的锚点生成 3 个先验框。



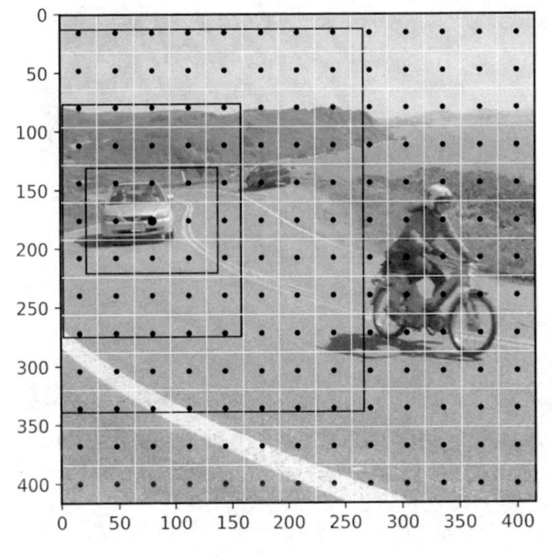


图 8-13　共 169 个 32 像素×32 像素的网格

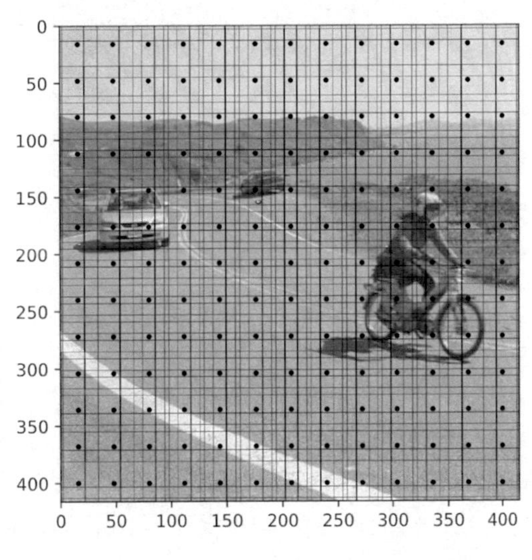


图 8-14　在每个网格的锚点生成 3 个先验框

#### 2. 多尺度检测

YOLOv3 对输入图像进行了粗、中和细网格划分，以便进行多尺寸检测（见图 8-15），从而分别实现对大、中、小物体的预测。假如输入图像的尺寸为 416 像素×416 像素，那么得到粗、中和细网格尺寸分别为 13×13、26×26 和 52×52。这样在长宽尺寸上就是分别缩放了 32 倍、16 倍和 8 倍。

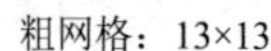


图 8-15　多尺度检测

### 8.2.3　特征提取

YOLO 采用卷积网络来提取特征，使用全连接层来得到预测值。

#### 1. 骨干网结构

DarkNet-53 的结构如图 8-16 所示，其中包含 52 个卷积层和 2 个全连接层。对于卷积层和全连接层，采用 ReLU 函数。在预测方面，YOLOv3 抽取了 3 个不同尺度的图像特征进行多尺度预测，分别对特征图大小为 13×13、26×26、52×52 的 3 个尺度进行两倍的上采样融合，并在每个尺度的特征图上独立做检测。



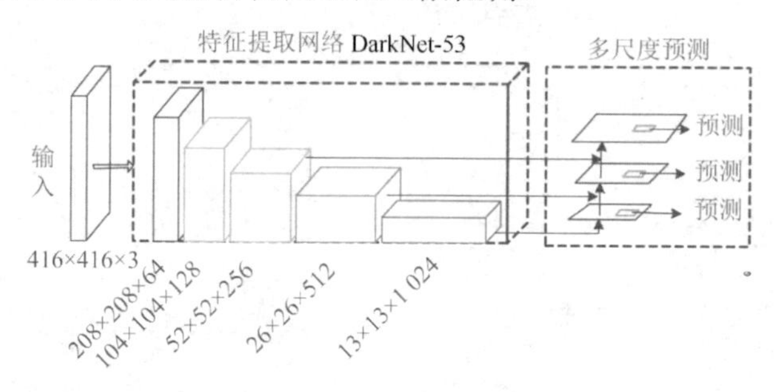


图 8-16　DarkNet-53 的结构

在 YOLOv3 结构里没有汇聚层和全连接层。张量的尺寸的变换是通过改变卷积核的步长（Stride）实现的（通过卷积实现下采样），比如 stride=(2, 2)，相当于将图像的高度和宽度各缩小一半。在 YOLOv3 中，最终要经历 5 次缩小，将特征图缩小到原输入尺寸的 1/32。输入尺寸为 416 像素×416 像素的图像，其输出尺寸为 13×13（416/32=13）。

YOLOv3 所使用的主干特征提取网络为 DarkNet-53，它具有以下两个重要特点。

（1）使用了残差网络 Residual。DarkNet-53 中的残差卷积可以分为两个部分，主干部分是一次 1×1 的卷积和一次 3×3 的卷积；残差边部分不做任何处理，直接将主干的输入与输出结合。实现残差网络的代码如下。

代码清单 8-5　实现残差网络

```
def resblock_body(x, num_filters, num_blocks, weight_decay=5e-4):
    x = ZeroPadding2D(((1,0),(1,0)))(x)
```

```
    x = DarknetConv2D_BN_Leaky(num_filters, (3,3), strides=(2,2),
weight_decay=weight_decay)(x)
    for i in range(num_blocks):
        y = DarknetConv2D_BN_Leaky(num_filters//2, (1,1),
weight_decay=weight_decay)(x)
        y = DarknetConv2D_BN_Leaky(num_filters, (3,3), weight_decay=weight_decay)(y)
        x = Add()([x,y])
    return x
```

残差网络的特点是容易优化，并且能够通过增加相当的深度来提高准确率。其内部的残差块使用了跳跃连接，缓解了在深度神经网络中增加深度带来的梯度消失问题。

（2）DarkNet-53 的每个 DarknetConv2D 后面都紧跟了 BatchNormalization 标准化与 ReLU 函数，卷积块的实现如代码清单 8-6 所示。

代码清单 8-6　卷积块的实现

```
def DarknetConv2D_BN_Leaky(*args, **kwargs):
    no_bias_kwargs = {'use_bias': False}
    no_bias_kwargs.update(kwargs)
    return compose(
        DarknetConv2D(*args, **no_bias_kwargs),
        BatchNormalization(),
        LeakyReLU(alpha=0.1))
```



YOLOv3 利用 DarkNet-53 进行特征提取，再用 3 个预测分支进行预测。DarkNet-53 的主体部分如代码清单 8-7 所示。

代码清单 8-7　DarkNet-53 的主体部分

```
#   输入为一张 416 像素×416 像素×3 的图像，输出为 3 个有效特征层
def darknet_body(x, weight_decay=5e-4):
    x = DarknetConv2D_BN_Leaky(32, (3,3), weight_decay=weight_decay)(x)
# 416,416,3 -> 416,416,32
    x = resblock_body(x, 64, 1)     # 416,416,32 -> 208,208,64
    x = resblock_body(x, 128, 2)    # 208,208,64 -> 104,104,128
    x = resblock_body(x, 256, 8)    # 104,104,128 -> 52,52,256
    feat1 = x
    x = resblock_body(x, 512, 8)    # 52,52,256 -> 26,26,512
    feat2 = x
    x = resblock_body(x, 1024, 4)   # 26,26,512 -> 13,13,1024
    feat3 = x
    return feat1, feat2, feat3
```

输入图像首先通过 DarkNet-53 模块得到三个尺度的特征，其次通过多个卷积层对这三个尺度的特征进行操作，最终得到小、中、大三个尺度的特征输出 feat1、feat2 和 feat3。

（1）feat1：小尺度特征图，shape=[samples,52,52,255]，用来检测图像中的小尺寸物体。这个小尺度可以这样理解，它把图像分成 52×52 大小的网格图像，每个网格中有三

个预测框，每个预测框中有(5+ num_classes)个信息，即包含($x$,$y$,$w$,$h$,confidence)五个基本参数、num_classes 个类别的检测概率。

（2）feat2：中尺度特征图，shape=[samples,26,26,255]，用来检测图像中的中尺寸物体，它把图像分成 26×26 大小的网格图像，每个网格中有三个预测框，与 conv_sbbox 相似，每个预测框中有(5+ num_classes)个信息。

（3）feat3：大尺度特征图，shape=[samples,13,13,255]，用来检测图像中的大尺寸物体，它把图像分成了 13×13 的网格图像，每个网格中有三个预测框，每个预测框中有(5+ num_classes)个信息。

### 2. 特征金字塔

在特征利用部分，YOLOv3 提取多特征层进行目标检测，一共提取三个特征层。

三个特征层位于主干部分 DarkNet-53 的不同位置，分别位于中间层、中下层、底层，三个特征层的 shape 分别为(52,52,256)、(26,26,512)、(13,13,1024)。

在获得三个特征层后，我们利用这三个特征层进行 FPN 层的构建，构建方式如下。

（1）13×13×1 024 的特征层进行五次卷积处理，处理完后利用 YOLOHead 获得预测结果，一部分用于进行上采样后与 26×26×512 特征层进行结合，结合特征层的 shape 为(26,26,768)。

（2）结合特征层再次进行五次卷积处理，处理完后利用 YOLOHead 获得预测结果，一部分用于进行上采样 UmSampling2d 后与 52×52×256 特征层进行结合，结合特征层的 shape 为(52,52,384)。

（3）结合特征层再次进行五次卷积处理，处理完后利用 YOLOHead 获得预测结果。

特征金字塔可以将不同 shape 的特征层进行特征融合，从而有利于提取出更好的特征。FPN 特征金字塔的实现如代码清单 8-8 所示。



代码清单 8-8　FPN 特征金字塔的实现

```
from keras.layers import Concatenate, Input, Lambda, UpSampling2D
from keras.models import Model
from utils.utils import compose
from nets.darknet import DarknetConv2D, DarknetConv2D_BN_Leaky, darknet_body
from nets.YOLO_training import YOLO_loss
#   特征层最后的输出
def make_five_conv(x, num_filters, weight_decay=5e-4):
    x = DarknetConv2D_BN_Leaky(num_filters, (1,1),
weight_decay=weight_decay)(x)
    x = DarknetConv2D_BN_Leaky(num_filters*2, (3,3),
weight_decay=weight_decay)(x)
    x = DarknetConv2D_BN_Leaky(num_filters, (1,1),
weight_decay=weight_decay)(x)
    x = DarknetConv2D_BN_Leaky(num_filters*2, (3,3),
weight_decay=weight_decay)(x)
    x = DarknetConv2D_BN_Leaky(num_filters, (1,1),
weight_decay=weight_decay)(x)
```

```
    return x

def make_YOLO_head(x, num_filters, out_filters, weight_decay=5e-4):
    y = DarknetConv2D_BN_Leaky(num_filters*2, (3,3),
weight_decay=weight_decay)(x)
    # 255->3, 85->3, 4 + 1 + 80
    y = DarknetConv2D(out_filters, (1,1), weight_decay=weight_decay)(y)
    return y

#   构建 FPN 网络，并且获得预测结果
def YOLO_body(input_shape, anchors_mask, num_classes, weight_decay=5e-4):
    inputs      = Input(input_shape)
    #   生成 DarkNet-53 的主干网络，获得三个特征层，它们的 shape 分别如下
    #   C3 为 52,52,256
    #   C4 为 26,26,512
    #   C5 为 13,13,1024
    C3, C4, C5  = darknet_body(inputs, weight_decay)
    #   第一个特征层
    #   y1=(batch_size,13,13,3,85)
    # 13,13,1024 -> 13,13,512 -> 13,13,1024 -> 13,13,512 -> 13,13,1024 ->
13,13,512
    x   = make_five_conv(C5, 512, weight_decay)
    P5  = make_YOLO_head(x, 512, len(anchors_mask[0]) * (num_classes+5),
weight_decay)
    # 13,13,512 -> 13,13,256 -> 26,26,256
    x   = compose(DarknetConv2D_BN_Leaky(256, (1,1),
weight_decay=weight_decay), UpSampling2D(2))(x)
    # 26,26,256 + 26,26,512 -> 26,26,768
    x   = Concatenate()([x, C4])
    #   第二个特征层
    #   y2=(batch_size,26,26,3,85)
    # 26,26,768 -> 26,26,256 -> 26,26,512 -> 26,26,256 -> 26,26,512 -> 26,26,256
    x   = make_five_conv(x, 256, weight_decay)
    P4  = make_YOLO_head(x, 256, len(anchors_mask[1]) * (num_classes+5),
weight_decay)
    # 26,26,256 -> 26,26,128 -> 52,52,128
    x   = compose(DarknetConv2D_BN_Leaky(128, (1,1),
weight_decay=weight_decay), UpSampling2D(2))(x)
    # 52,52,128 + 52,52,256 -> 52,52,384
    x   = Concatenate()([x, C3])
    #   第三个特征层
    #   y3=(batch_size,52,52,3,85)
    # 52,52,384 -> 52,52,128 -> 52,52,256 -> 52,52,128 -> 52,52,256 -> 52,52,128
    x   = make_five_conv(x, 128, weight_decay)
    P3  = make_YOLO_head(x, 128, len(anchors_mask[2]) * (num_classes+5),
weight_decay)
```

```
    return Model(inputs, [P5, P4, P3])

def get_train_model(model_body, input_shape, num_classes, anchors, anchors_mask):
    y_true = [Input(shape = (input_shape[0] // {0:32, 1:16, 2:8}[l],
input_shape[1] // {0:32, 1:16, 2:8}[l], \
                                len(anchors_mask[l]), num_classes + 5)) for l in
range(len(anchors_mask))]
    model_loss = Lambda(
        YOLO_loss,
        output_shape    = (1, ),
        name            = 'YOLO_loss',
        arguments       = {
            'input_shape'       : input_shape,
            'anchors'           : anchors,
            'anchors_mask'      : anchors_mask,
            'num_classes'       : num_classes,
            'balance'           : [0.4, 1.0, 4],
            'box_ratio'         : 0.05,
            'obj_ratio'        : 5 * (input_shape[0] * input_shape[1]) / (416 ** 2),
            'cls_ratio'         : 1 * (num_classes / 80)
        }
    )([*model_body.output, *y_true])
    model       = Model([model_body.input, *y_true], model_loss)
    return model
```



### 3. YOLO 检测头

利用 FPN 特征金字塔可以获得 shape 分别为(13,13,512)、(26,26,256)、(52,52,128) 的三个加强特征，利用这三个 shape 的特征层传入 YOLO 检测头获得预测结果。

YOLO 检测头本质上是一次 3×3 卷积加上一次 1×1 卷积，3×3 卷积的作用是特征整合，1×1 卷积的作用是调整通道数。

对三个特征层分别进行处理，YOLOv3 针对每个特征层的每个特征点存在三个先验框，输出层的 shape 分别为(13,13, 3×(5+ num_classes))，(26,26, 3×(5+ num_classes))和(52,52, 3×(5+ num_classes))。

如果预测的是 VOC 数据集，输出层的 shape 分别为(13,13,75)、(26,26,75)、(52,52,75)。最后一个维度为 75 是因为该图是基于 VOC 数据集的，它的类别为 20 种，YOLOv3 针对每个特征层的每个特征点存在三个先验框，所以预测结果的通道数为 3×25。

如果使用的是 COCO 训练集，其类别为 80 种，最后的维度应该为 3×85 = 255，三个特征层的 shape 为(13,13,255)、(26,26,255)、(52,52,255)。

YOLO 检测头的实现如代码清单 8-9 所示。

代码清单 8-9　YOLO 检测头的实现

```
def make_YOLO_head(x, num_filters, out_filters, weight_decay=5e-4):
    y = DarknetConv2D_BN_Leaky(num_filters*2, (3,3),
```

```
weight_decay=weight_decay)(x)
    y = DarknetConv2D(out_filters, (1,1), weight_decay=weight_decay)(y)
    return y
```

### 8.2.4 解码预测结果

实际情况就是，输入 $N$ 张 416 像素×416 像素的图像，在经过多层的运算后，会输出三个大小分别为 13×13、26×26、52×52 的特征图。接下来建立输出特征图与预测框之间的关联。可以让特征图上的每个像素点分别跟原图上的一个网格区域对应。

事实上 YOLO 系列就是这么做的。由 8.2.2 节可知，YOLOv3 对输入图像进行的粗、中和细网格划分，其数目正好是 13×13、26×26、52×52；然后以每个网格中心点建立多个先验框，典型值是一个特征点三个先验框，这些先验框是网络预先设定好的，网络的预测结果会判断这些框内是否包含物体，以及这个物体的种类。

#### 1. 获取先验框

由粗、中和细网络划分，我们可以获得三个特征层的预测结果，shape 分别为($N$,13,13, 3×(5+ num_classes))、($N$,26,26, 3×(5+ num_classes))、($N$,52,52, 3×(5+ num_classes))。

由于每个网格中心点都具有三个先验框，所以上述的预测结果可以 reshape 为($N$,13,13,3, (5+ num_classes))、($N$,26,26,3, (5+ num_classes))、($N$,52,52,3, (5+ num_classes))。

但是这个预测结果并不对应着最终的预测框在图像上的位置，还需要解码才可以完成。YOLOv3 的解码过程分为以下两步。

（1）先将每个网格中心点加上它对应的 x_offset 和 y_offset，加完后的结果就是预测框的中心点。

（2）然后再利用先验框和 $w$、$h$ 结合计算出预测框的宽高，这样就能得到整个预测框的位置了。

解码过程如代码清单 8-10 所示。

代码清单 8-10　解码过程

```
import tensorflow as tf
from keras import backend as K
#对 box 进行调整，使其符合真实图像
def YOLO_correct_boxes(box_xy, box_wh, input_shape, image_shape, letterbox_image):
    #把 y 轴放前面是因为方便预测框和图像的宽高进行相乘
    box_yx = box_xy[..., ::-1]
    box_hw = box_wh[..., ::-1]
    input_shape = K.cast(input_shape, K.dtype(box_yx))
    image_shape = K.cast(image_shape, K.dtype(box_yx))
    if letterbox_image:
        #这里求出来的 offset 是图像有效区域相对于图像左上角的偏移情况
        #new_shape 指的是宽高缩放情况
        new_shape = K.round(image_shape * K.min(input_shape/image_shape))
        offset  = (input_shape - new_shape)/2./input_shape
```

```
        scale   = input_shape/new_shape
        box_yx  = (box_yx - offset) * scale
        box_hw *= scale
    box_mins    = box_yx - (box_hw / 2.)
    box_maxes   = box_yx + (box_hw / 2.)
    boxes  = K.concatenate([box_mins[..., 0:1], box_mins[..., 1:2],
box_maxes[..., 0:1], box_maxes[..., 1:2]])
    boxes *= K.concatenate([image_shape, image_shape])
    return boxes

#将预测值的每个特征层调成真实值
def get_anchors_and_decode(feats, anchors, num_classes, input_shape,
calc_loss=False):
    num_anchors = len(anchors)
    #grid_shape 指的是特征层的高和宽
    grid_shape = K.shape(feats)[1:3]
    #获得各个特征点的坐标信息，生成的 shape 为(13, 13, num_anchors, 2)
    grid_x  = K.tile(K.reshape(K.arange(0, stop=grid_shape[1]), [1, -1, 1,
1]), [grid_shape[0], 1, num_anchors, 1])
    grid_y  = K.tile(K.reshape(K.arange(0, stop=grid_shape[0]), [-1, 1, 1,
1]), [1, grid_shape[1], num_anchors, 1])
    grid    = K.cast(K.concatenate([grid_x, grid_y]), K.dtype(feats))
    #将先验框进行拓展，生成的 shape 为(13, 13, num_anchors, 2)
    anchors_tensor = K.reshape(K.constant(anchors), [1, 1, num_anchors, 2])
    anchors_tensor = K.tile(anchors_tensor, [grid_shape[0], grid_shape[1], 1, 1])
    #将预测结果调整成(batch_size,13,13,3, (5+ num_classes))
    feats           = K.reshape(feats, [-1, grid_shape[0], grid_shape[1],
num_anchors, num_classes + 5])
    #对先验框进行解码，并进行归一化
    box_xy          = (K.sigmoid(feats[..., :2]) + grid) / K.cast(grid_shape[::-1],
K.dtype(feats))
    box_wh          = K.exp(feats[..., 2:4]) * anchors_tensor /
K.cast(input_shape[::-1], K.dtype(feats))
    #获得预测框的置信度
    box_confidence  = K.sigmoid(feats[..., 4:5])
    box_class_probs = K.sigmoid(feats[..., 5:])
    #在计算 loss 的时候返回 grid, feats, box_xy, box_wh
    #在预测的时候返回 box_xy, box_wh, box_confidence, box_class_probs
    if calc_loss == True:
        return grid, feats, box_xy, box_wh
    return box_xy, box_wh, box_confidence, box_class_probs

#图像预测
def DecodeBox(outputs,
            anchors,
            num_classes,
```

```
        input_shape,
        #13×13的特征层对应的anchor是[116,90],[156,198],[373,326]
        #26×26的特征层对应的anchor是[30,61],[62,45],[59,119]
        #52×52的特征层对应的anchor是[10,13],[16,30],[33,23]
        anchor_mask     = [[6, 7, 8], [3, 4, 5], [0, 1, 2]],
        max_boxes       = 100,
        confidence      = 0.5,
        nms_iou         = 0.3,
        letterbox_image = True):

    image_shape = K.reshape(outputs[-1],[-1])
    box_xy = []
    box_wh = []
    box_confidence  = []
    box_class_probs = []
    for i in range(len(anchor_mask)):
        sub_box_xy, sub_box_wh, sub_box_confidence, sub_box_class_probs = \
            get_anchors_and_decode(outputs[i], anchors[anchor_mask[i]],
num_classes, input_shape)
        box_xy.append(K.reshape(sub_box_xy, [-1, 2]))
        box_wh.append(K.reshape(sub_box_wh, [-1, 2]))
        box_confidence.append(K.reshape(sub_box_confidence, [-1, 1]))
        box_class_probs.append(K.reshape(sub_box_class_probs, [-1, num_classes]))
    box_xy          = K.concatenate(box_xy, axis = 0)
    box_wh          = K.concatenate(box_wh, axis = 0)
    box_confidence  = K.concatenate(box_confidence, axis = 0)
    box_class_probs = K.concatenate(box_class_probs, axis = 0)
    boxes       = YOLO_correct_boxes(box_xy, box_wh, input_shape, image_shape,
letterbox_image)
    box_scores  = box_confidence * box_class_probs
    #判断得分是否大于score_threshold
    mask             = box_scores >= confidence
    max_boxes_tensor = K.constant(max_boxes, dtype='int32')
    boxes_out   = []
    scores_out  = []
    classes_out = []
    for c in range(num_classes):
        #取出所有box_scores >= score_threshold的框和成绩
        class_boxes      = tf.boolean_mask(boxes, mask[:, c])
        class_box_scores = tf.boolean_mask(box_scores[:, c], mask[:, c])
        #非极大抑制,保留一定区域内得分最大的框
        nms_index = tf.image.non_max_suppression(class_boxes, class_box_scores,
max_boxes_tensor, iou_threshold=nms_iou)
        #获取非极大抑制后的结果，下面三个变量分别是框的位置、得分与种类
        class_boxes         = K.gather(class_boxes, nms_index)
        class_box_scores    = K.gather(class_box_scores, nms_index)
```

```
        classes          = K.ones_like(class_box_scores, 'int32') * c
        boxes_out.append(class_boxes)
        scores_out.append(class_box_scores)
        classes_out.append(classes)
    boxes_out      = K.concatenate(boxes_out, axis=0)
    scores_out     = K.concatenate(scores_out, axis=0)
    classes_out    = K.concatenate(classes_out, axis=0)
    return boxes_out, scores_out, classes_out
```

### 2. 得分筛选与非极大抑制

得到最终的预测结果后还要进行得分排序与非极大抑制筛选。得分筛选就是筛选出得分满足 confidence 置信度的预测框。非极大抑制就是筛选出一定区域内属于同一种类得分最大的框。

得分筛选与非极大抑制的过程可以概括如下。

（1）找出该图像中得分大于门限函数的框。在进行重合框筛选前就进行得分的筛选可以大幅度减少框的数量。

（2）对种类进行循环。非极大抑制的作用是筛选出一定区域内属于同一种类得分最大的框，对种类进行循环可以帮助我们对每个类分别进行非极大抑制。

（3）根据得分对该种类进行从大到小排序。

（4）每次取出得分最大的框，计算其与其他所有预测框的重合程度，重合程度过大的则剔除。



得分筛选与非极大抑制后得到的结果就可以用于绘制预测框了。非极大抑制如代码清单 8-11 所示。

代码清单 8-11　非极大抑制

```
box_scores  = box_confidence * box_class_probs
#判断得分是否大于 score_threshold
mask             = box_scores >= confidence
max_boxes_tensor = K.constant(max_boxes, dtype='int32')
boxes_out   = []
scores_out  = []
classes_out = []
for c in range(num_classes):
    #取出所有 box_scores >= score_threshold 的框和成绩
    class_boxes      = tf.boolean_mask(boxes, mask[:, c])
    class_box_scores = tf.boolean_mask(box_scores[:, c], mask[:, c])
    #非极大抑制，保留一定区域内得分最大的框
    nms_index = tf.image.non_max_suppression(class_boxes, class_box_scores,
max_boxes_tensor, iou_threshold=nms_iou)
    #获取非极大抑制后的结果，下列三个变量分别是框的位置、得分与种类
    class_boxes         = K.gather(class_boxes, nms_index)
    class_box_scores    = K.gather(class_box_scores, nms_index)
    classes             = K.ones_like(class_box_scores, 'int32') * c
```

```
    boxes_out.append(class_boxes)
    scores_out.append(class_box_scores)
    classes_out.append(classes)
boxes_out      = K.concatenate(boxes_out, axis=0)
scores_out     = K.concatenate(scores_out, axis=0)
classes_out    = K.concatenate(classes_out, axis=0)
```

### 8.2.5 损失函数

YOLOv3 的损失函数包括置信度损失、类别损失和回归损失三部分。

#### 1. 置信度损失

YOLOv3 所使用的置信度损失函数为二元交叉熵（binary cross-entropy）。

#### 2. 类别损失

官方的 YOLOv3 使用 sigmoid 函数处理每个类的预测输出，而不是 softmax 函数。但 softmax 去做类别预测和 sigmoid 去做类别预测没有很大差别，不会在性能上有明显提升。因此本书所附代码仍使用 softmax 做类别预测，使用交叉熵函数计算类别损失。

#### 3. 回归损失

对于边界框的学习，YOLOv3 学习四个偏移量 t_x、t_y、t_w 和 t_h。对于这四个量的物理意义，先前的章节中已经介绍过了，此处不再赘述。

YOLOv3 使用一个专门的函数（preprocess_true_boxes）处理读进来的图像的框的信息。预处理真实框如代码清单 8-12 所示。

代码清单 8-12　预处理真实框

```
def preprocess_true_boxes(self, true_boxes, input_shape, anchors,
num_classes):
    assert (true_boxes[..., 4]<num_classes).all(), 'class id must be less than
num_classes'
    #获得框的坐标和图像的大小
    true_boxes  = np.array(true_boxes, dtype='float32')
    input_shape = np.array(input_shape, dtype='int32')
    #一共有三个特征层数
    num_layers  = len(self.anchors_mask)
    #m 为图像数量，grid_shapes 为网格的 shape
    m = true_boxes.shape[0]
    grid_shapes = [input_shape // {0:32, 1:16, 2:8}[l] for l in range(num_layers)]
    y_true = [np.zeros((m, grid_shapes[l][0], grid_shapes[l][1],
len(self.anchors_mask[l]), 5 + num_classes),
                dtype='float32') for l in range(num_layers)]
```

```
#通过计算获得真实框的中心点、宽和高，中心点偏量(m,n,2) 和宽高(m,n,2)
boxes_xy = (true_boxes[..., 0:2] + true_boxes[..., 2:4]) // 2
boxes_wh =  true_boxes[..., 2:4] - true_boxes[..., 0:2]
#将真实框归一化到小数形式
true_boxes[..., 0:2] = boxes_xy / input_shape[::-1]
true_boxes[..., 2:4] = boxes_wh / input_shape[::-1]
#[9,2] -> [1,9,2]
anchors         = np.expand_dims(anchors, 0)
anchor_maxes    = anchors / 2.
anchor_mins     = -anchor_maxes
#长宽要大于 0 才有效
valid_mask = boxes_wh[..., 0]>0

for b in range(m):
    #对每张图像进行处理
    wh = boxes_wh[b, valid_mask[b]]
    if len(wh) == 0: continue
    #[n,2] -> [n,1,2]
    wh          = np.expand_dims(wh, -2)
    box_maxes   = wh / 2.
    box_mins    = - box_maxes
    #计算所有真实框和先验框的交并比
    intersect_mins  = np.maximum(box_mins, anchor_mins)
    intersect_maxes = np.minimum(box_maxes, anchor_maxes)
    intersect_wh    = np.maximum(intersect_maxes - intersect_mins, 0.)
    intersect_area  = intersect_wh[..., 0] * intersect_wh[..., 1]
    box_area    = wh[..., 0] * wh[..., 1]
    anchor_area = anchors[..., 0] * anchors[..., 1]
    iou = intersect_area / (box_area + anchor_area - intersect_area)
    #维度是[n,]
    best_anchor = np.argmax(iou, axis=-1)
    for t, n in enumerate(best_anchor):
        #找到每个真实框所属的特征层
        for l in range(num_layers):
            if n in self.anchors_mask[l]:
                #floor 用于向下取整，找到真实框所属的特征层对应的 x 轴和 y 轴坐标
                i = np.floor(true_boxes[b,t,0] * grid_shapes[l][1]).astype('int32')
                j = np.floor(true_boxes[b,t,1] * grid_shapes[l][0]).astype('int32')
                #k 指的是当前这个特征点的第 k 个先验框
                k = self.anchors_mask[l].index(n)
                #c 指的是当前这个真实框的种类
                c = true_boxes[b, t, 4].astype('int32')
                y_true[l][b, j, i, k, 0:4] = true_boxes[b, t, 0:4]
                y_true[l][b, j, i, k, 4] = 1
```

```
            y_true[l][b, j, i, k, 5+c] = 1

    return y_true
```

### 4. 损失函数的计算过程

实际上计算的总的损失函数是置信度损失、类别损失和回归损失三个损失的和。

（1）实际存在的框，编码后的长宽与 $x$ 轴和 $y$ 轴偏移量及预测值的差距。

（2）实际存在的框，预测结果中置信度的值与 1 对比；实际不存在的框，将得到的最大 IoU 的值与 0 对比。

（3）实际存在的框，种类预测结果与实际结果的对比。

损失函数如代码清单 8-13 所示。

代码清单 8-13　损失函数的计算

```
import tensorflow as tf
from tensorflow.keras import backend as K
from utils.utils_bbox import decode_anchors, get_grid_anchors
#用于计算每个预测框与真实框的 IoU
def box_iou(b1, b2):
    #num_anchor,1,4
    #计算左上角的坐标和右下角的坐标
    b1          = K.expand_dims(b1, -2)
    b1_xy        = b1[..., :2]
    b1_wh        = b1[..., 2:4]
    b1_wh_half  = b1_wh/2.
    b1_mins      = b1_xy - b1_wh_half
    b1_maxes     = b1_xy + b1_wh_half
    #1,n,4
    #计算左上角的坐标和右下角的坐标
    b2          = K.expand_dims(b2, 0)
    b2_xy        = b2[..., :2]
    b2_wh        = b2[..., 2:4]
    b2_wh_half  = b2_wh/2.
    b2_mins      = b2_xy - b2_wh_half
    b2_maxes     = b2_xy + b2_wh_half
    #计算重合面积
    intersect_mins  = K.maximum(b1_mins, b2_mins)
    intersect_maxes = K.minimum(b1_maxes, b2_maxes)
    intersect_wh    = K.maximum(intersect_maxes - intersect_mins, 0.)
    intersect_area  = intersect_wh[..., 0] * intersect_wh[..., 1]
    b1_area         = b1_wh[..., 0] * b1_wh[..., 1]
    b2_area         = b2_wh[..., 0] * b2_wh[..., 1]
    iou             = intersect_area / (b1_area + b2_area - intersect_area)
    return iou
```

```
#loss 计算
def YOLO_loss(args, input_shape, anchors, anchors_mask, num_classes,
ignore_thresh=.5, print_loss=False):
    num_layers = len(anchors_mask)
    #将预测结果和实际 ground truth 分开，args 是[*model_body.output, *y_true]
    y_true          = args[num_layers:]
    YOLO_outputs    = args[:num_layers]
    #得到 input_shpae 为 416,416
    input_shape = K.cast(input_shape, K.dtype(y_true[0]))
    batch_size  = K.cast(K.shape(YOLO_outputs[0])[0], K.dtype(y_true[0]))
    #取出图像，m 的值就是 batch_size
    m = K.shape(YOLO_outputs[0])[0]
    #对特征层进行循环
    grid_anchors    = []            #代表每一个特征层所对应的先验框
    grid_whs        = []            #代表每一个特征层所对应的宽高
    reshape_outputs = []            #代表 YOLO 网络的输出
    reshape_y_true  = []            #代表真实框的情况
    for l in range(len(anchors_mask)):
        grid_anchor, grid_wh = get_grid_anchors(YOLO_outputs[l],
anchors[anchors_mask[l]])
        grid_anchors.append(grid_anchor)
        grid_whs.append(grid_wh)
        reshape_outputs.append(K.reshape(YOLO_outputs[l], [batch_size, -1,
num_classes + 5]))
        reshape_y_true.append(K.reshape(y_true[l], [batch_size, -1,
num_classes + 5]))
    grid_anchors    = K.concatenate(grid_anchors, axis = 0)
    grid_whs        = K.concatenate(grid_whs, axis = 0)
    reshape_outputs = K.concatenate(reshape_outputs, axis = 1)
    reshape_y_true  = K.concatenate(reshape_y_true, axis = 1)
    #取出该特征层中存在目标的点的位置(m,num_anchor,1)
    object_mask     = reshape_y_true[..., 4:5]
    #取出其对应的种类(m,num_anchor,80)
    true_class_probs = reshape_y_true[..., 5:]
    #将 YOLO_outputs 的特征层输出进行处理，对先验框进行解码
    box_xy, box_wh, _, _ = decode_anchors(reshape_outputs, grid_anchors,
grid_whs, input_shape)
    #pred_box 是解码后预测的 box 的位置 (m,num_anchor,4)
    pred_box = K.concatenate([box_xy, box_wh])
    #找到负样本群组
    ignore_mask         = tf.TensorArray(K.dtype(y_true[0]), size = 1,
dynamic_size = True)
    object_mask_bool    = K.cast(object_mask, 'bool')
    #对每张图像计算 ignore_mask
    def loop_body(b, ignore_mask):
        #取出 n 个真实框：n,4
```

```
        true_box = tf.boolean_mask(reshape_y_true[b, ..., 0:4],
object_mask_bool[b, ..., 0])
        #计算预测框与真实框的 IoU
        iou = box_iou(pred_box[b], true_box)
        #best_iou (num_anchor,) 为每个特征点与真实框的最大重合程度
        best_iou = K.max(iou, axis=-1)
        #将与真实框重合度小于 0.5 的预测框对应的先验框作为负样本
        ignore_mask = ignore_mask.write(b, K.cast(best_iou < ignore_thresh,
K.dtype(true_box)))
        return b + 1, ignore_mask

    #对每张图像进行循环
    _, ignore_mask = tf.while_loop(lambda b,*args: b<m, loop_body, [0,
ignore_mask])
    #ignore_mask 用于提取出作为负样本的特征点
    #(m,num_anchor)
    ignore_mask = ignore_mask.stack()
    #(m,num_anchor,1)
    ignore_mask = K.expand_dims(ignore_mask, -1)
    #将真实框进行编码，使其格式与预测的相同，后面用于计算 loss
    raw_true_xy = reshape_y_true[..., :2] * grid_whs - grid_anchors[..., :2]
    raw_true_wh = K.log(reshape_y_true[..., 2:4] / grid_anchors[..., 2:] *
input_shape[::-1])
    #如果存在 object_mask，则保存其 wh 值
    raw_true_wh = K.switch(object_mask, raw_true_wh, K.zeros_like(raw_true_wh))
    #reshape_y_true[...,2:3]和 reshape_y_true[...,3:4]
    #表示真实框的宽高，二者均在 0 到 1 之间
    #真实框越大，比重越小，小框的比重更大
    box_loss_scale = 2 - reshape_y_true[...,2:3] * reshape_y_true[...,3:4]
    #利用 binary_crossentropy 计算中心点偏移情况，效果更好
    xy_loss = object_mask * box_loss_scale * K.binary_crossentropy(raw_true_xy,
reshape_outputs[...,0:2], from_logits=True)
    #wh_loss 用于计算宽高损失
    wh_loss = object_mask * box_loss_scale * 0.5 * K.square(raw_true_wh -
reshape_outputs[...,2:4])

    #如果该位置本来有框，那么计算 1 与置信度的交叉熵
    #如果该位置本来没有框，那么计算 0 与置信度的交叉熵
    confidence_loss = object_mask * K.binary_crossentropy(object_mask,
reshape_outputs[...,4:5], from_logits=True) + \
             (1 - object_mask) * K.binary_crossentropy(object_mask,
reshape_outputs[...,4:5], from_logits=True) * ignore_mask

    class_loss = object_mask * K.binary_crossentropy(true_class_probs,
reshape_outputs[...,5:], from_logits=True)
    #将所有损失求和
```

```
    xy_loss         = K.sum(xy_loss)
    wh_loss         = K.sum(wh_loss)
    confidence_loss = K.sum(confidence_loss)
    class_loss      = K.sum(class_loss)
    #计算正样本数量
    num_pos = tf.maximum(K.sum(K.cast(object_mask, tf.float32)), 1)
    loss = xy_loss + wh_loss + confidence_loss + class_loss
    if print_loss:
        loss = tf.Print(loss, [loss, xy_loss, wh_loss, confidence_loss,
class_loss, tf.shape(ignore_mask)], summarize=100, message='loss: ')
    loss = loss / num_pos
    return loss
```

## 8.3 训练自己的 YOLOv3 模型

首先前往本教材配套网站（见前言）下载对应的仓库，下载完后利用解压软件解压，之后用编程软件打开文件夹。

注意打开的根目录（文件存放的目录）必须正确，否则代码将无法运行。



### 8.3.1 数据集的准备

本教材使用 VOC 格式进行训练，训练前需要读者自己制作好数据集。如果没有自己的数据集，可以通过 Github 下载 VOC12+07 的数据集。

训练前将标签文件放在 VOCdevkit/VOC2007/Annotation 中。

训练前将图像文件放在 VOCdevkit/VOC2007/JPEGImages 中。

此时数据集的摆放已经结束。

### 8.3.2 数据集的处理

在完成数据集的摆放之后，我们需要对数据集进行下一步处理，目的是获得训练用的 2007_train.txt 及 2007_val.txt，这需要用到根目录下的 voc_annotation.py。

voc_annotation.py 里面有一些参数需要设置，分别是 annotation_mode、classes_path、trainval_percent、train_percent、VOCdevkit_path。第一次训练可以仅修改 classes_path。

```
'''
annotation_mode 用于指定该文件运行时计算的内容
annotation_mode 为 0 代表整个标签处理过程，包括获得 VOCdevkit/VOC2007/ImageSets 里
面的 txt 及训练用的 2007_train.txt、2007_val.txt
annotation_mode 为 1 代表获得 VOCdevkit/VOC2007/ImageSets 里面的 txt
annotation_mode 为 2 代表获得训练用的 2007_train.txt、2007_val.txt
'''
```

```
annotation_mode     = 0
'''
必须要修改，用于生成 2007_train.txt、2007_val.txt 的目标信息
与训练和预测所用的 classes_path 一致即可
如果生成的 2007_train.txt 里面没有目标信息，那是因为 classes 没有设定正确，仅在
annotation_mode 为 0 和 2 时有效
'''
classes_path        = 'model_data/voc_classes.txt'
'''
trainval_percent 用于指定(训练集+验证集)与测试集的比例，默认情况下(训练集+验证集)：测
试集 = 9：1
train_percent 用于指定(训练集+验证集)中训练集与验证集的比例，默认情况下训练集：验证集 = 9：1，
仅在 annotation_mode 为 0 和 1 的时候有效
'''
trainval_percent    = 0.9
train_percent       = 0.9
'''
指向 VOC 数据集所在的文件夹
默认指向根目录下的 VOC 数据集
'''
VOCdevkit_path  = 'VOCdevkit'
```

classes_path 用于指向检测类别所对应的 txt。VOC 数据集 voc_classes.txt 如代码清单 8-14 所示。

代码清单 8-14 VOC 数据集 voc_classes.txt

```
aeroplane
bicycle
bird
boat
bottle
bus
car
cat
chair
cow
diningtable
dog
horse
motorbike
person
pottedplant
sheep
sofa
train
tvmonitor
```

读者在训练自己的数据集时，可以自己建立一个 cls_classes.txt，在里面写自己所需要区分的类别。

### 8.3.3 开始网络训练

通过 voc_annotation.py 我们已经生成了 2007_train.txt 及 2007_val.txt，此时就可以开始训练了。

训练的参数较多，大家可以在下载后仔细看注释，其中最重要的部分依然是 train.py 里的 classes_path。classes_path 用于指向检测类别所对应的 txt，这个 txt 和 voc_annotation.py 里面的 txt 一样，读者若训练自己的数据集必须要修改！

修改完 classes_path 后就可以运行 train.py 开始训练了，在训练多个 epoch 后，权值会生成在 logs 文件夹中。

在 99%的情况下都必须要用预训练权重，不用的话权值太过随机，特征提取效果不明显，网络训练的结果也不会好。数据的预训练权重对不同数据集是通用的，因为特征是通用的。

其他参数的作用如下：

```
eager = False  #是否使用 eager 模式训练
classes_path    = 'model_data/voc_classes.txt'  #训练前一定要修改 classes_path，使其对应自己的数据集
anchors_path    = 'model_data/YOLO_anchors.txt'  #代表先验框对应的 txt 文件，一般不修改
anchors_mask    = [[6, 7, 8], [3, 4, 5], [0, 1, 2]]        #用于帮助代码找到对应的先验框，一般不修改
model_path      = 'model_data/YOLO_weight.h5'   #预训练权重
input_shape     = [416, 416]   #输入的 shape 大小，一定要是 32 的倍数
'''
训练分为两个阶段，分别是冻结阶段和解冻阶段
冻结阶段训练参数
此时模型的主干被冻结了，特征提取网络不发生改变
占用的显存较小，仅对网络进行微调
'''
Init_Epoch          = 0
Freeze_Epoch        = 50
Freeze_batch_size   = 8
Freeze_lr           = 1e-3
'''
解冻阶段训练参数
此时模型的主干不被冻结了，特征提取网络会发生改变
占用的显存较大，网络所有的参数都会发生改变
'''
UnFreeze_Epoch      = 100
Unfreeze_batch_size = 4
```

```
Unfreeze_lr          = 1e-4
Freeze_Train         = True    #是否进行冻结训练，默认进行冻结训练
'''
用于设置是否使用多线程读取数据，0 代表关闭多线程
开启后会加快数据读取速度，但是会占用更多内存
keras 里开启多线程有时速度反而慢了许多
在 I/O 为瓶颈的时候再开启多线程，即 GPU 运算速度远大于读取图像的速度
'''
num_workers          = 0
'''
获得图像路径和标签
'''
train_annotation_path    = '2007_train.txt'
val_annotation_path      = '2007_val.txt'
```

### 8.3.4 训练结果预测

训练结果预测需要用到两个文件，分别是 Yolo.py 和 predict.py。

先去 Yolo.py 里面修改 model_path 及 classes_path，这两个参数必须要修改。

model_path 指向训练好的权值文件，在 logs 文件夹里。

classes_path 指向检测类别所对应的 txt。



```
class YOLO(object):
    _defaults = {
        #使用自己训练好的模型进行预测时，一定要修改 model_path 和 classes_path
        #model_path 指向 logs 文件夹下的权值文件，classes_path 指向 model_data 下的 txt
        #训练好后 logs 文件夹下存在多个权值文件，选择验证集损失较低的即可
        #验证集损失较低不代表 mAP 较高，仅代表该权值在验证集上泛化性能较好
        #如果出现 shape 不匹配，同时要注意训练时的 model_path 和 classes_path 参数的修改
        "model_path"        : 'model_data/YOLO_weights.h5',
        "classes_path"      : 'model_data/coco_classes.txt',
        "anchors_path"      : 'model_data/YOLO_anchors.txt',      #代表先验框对应
的 txt 文件，一般不修改
        "anchors_mask"      : [[6, 7, 8], [3, 4, 5], [0, 1, 2]],       #用于帮助
代码找到对应的先验框，一般不修改
        "input_shape"       : [416, 416],      #输入图像的大小，必须为 32 的倍数
        "confidence"        : 0.5, #只有得分大于置信度的预测框会被保留下来
        "nms_iou"           : 0.3,  #非极大抑制所用到的 nms_iou 大小
        "max_boxes"         : 100,
        #该变量用于控制是否使用 letterbox_image 对输入图像进行不失真的 resize
        #在多次测试后，发现关闭 letterbox_image 直接 resize 的效果更好
        "letterbox_image"   : True,
    }
```

完成修改后就可以运行 predict.py 进行检测了，运行后输入图像路径即可检测。

## 8.4 练习题

1．训练 yymnist 数据集：从本教材配套网站（见前言）下载 yymnist 数据集。

2．训练自定义数据集：从 Github 中下载 labelImg 并确认其是否可以正常运行；从本教材配套网站下载条码数据集或自行准备数据集。

### 本章小结

（1）目标检测不仅可以识别图像中所有感兴趣的物体，还能识别它们的位置，该位置通常由矩形边界框表示。

（2）YOLOv3 使用单个网络结构，在产生候选区域的同时即可预测出物体类别和位置。

（3）以图像的每个像素为中心点生成不同形状的先验框。

（4）交并比（IoU）是相交面积与相并面积的比值。

（5）在预测期间，可以使用非极大值抑制（NMS）来移除类似的预测边界框，从而简化输出。

（6）在多个尺度下可以生成不同尺寸的先验框来检测不同尺寸的目标。

# 9 中文文本分类

本章包括以下内容：

- 将文本数据预处理为有用的数据表示；
- 理解循环神经网络；
- 了解注意力机制；
- 了解 Transformer 编码器和位置编码。

早期人们构建自然语言处理（Natural Language Processing，NLP）系统时，都是从“应用语言学”的视角进行的。工程师和语言学家手动编写复杂的规则集，以实现初级的机器翻译或创建简单的聊天机器人。循环神经网络是依据“人的认知是基于过往的经验和记忆”的观点，经过特殊设计的神经网络结构，它通过引入状态变量存储过去的信息，并利用状态变量和当前的输入来确定当前的输出。循环神经网络对时间信息的有效利用，使其在特定任务上，如语义识别和机器翻译等领域表现出强大的能力。

## 9.1 词嵌入

我们曾在 6.3 节指出深度学习模型不能接收原始文本作为输入，它只能处理数值张量，并给出了文本向量化的基本流程：

（1）将文本标准化，使其更容易处理，比如转换为小写字母或删除标点符号。

（2）将文本拆分为单元，称为词元（Token），比如字符、单词或词组。这一步称为词元化。

（3）将每个词元转换为一个数值向量。这需要对数据中的所有词元建立索引。

第 6.3 节使用了 multi-hot 编码将单词转换为向量，这是当时能做的最简单的事情。但这并不是一个好主意，如对于 50 000 个训练样本的新闻分类问题，仅仅使用 10 000 个词汇（对于汉语来说是非常小的词汇量），需要 5 亿个浮点数。

更重要的是，进行独热编码时，所编码的不同词元之间是相互独立的，无法体现词义之间的联系。我们通常希望把词语进行分类，比如第一类是动物，第二类是动作，第三类是植物，更进一步将其投影到高维空间（这个高维其实比独热编码的种类 $N$ 低得多），期望同类的词会比较聚集在一起，而坐标轴又反映一定关系，比如左侧不是生物，右侧就是生物。独热编码和词嵌入如图 9-1 所示。

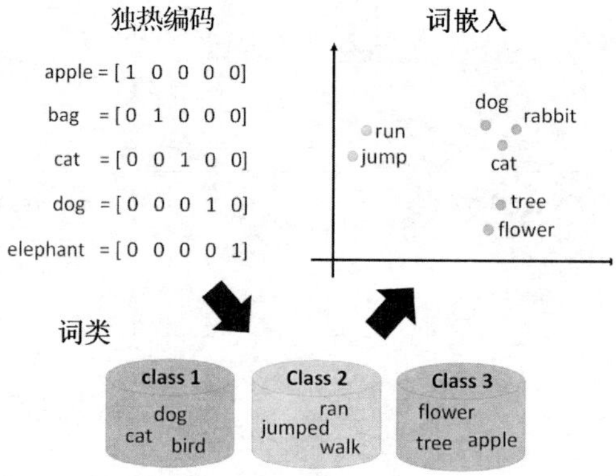

图 9-1　独热编码和词嵌入

### 9.1.1　什么是词嵌入

词嵌入就是用向量表示词，输入一个词，输出一个向量。词嵌入的基本思路是：通过上下文找到这个词的意义。

获取词嵌入有两种方法。

（1）在完成主任务（比如文档分类或情感预测）的同时学习词嵌入。在这种情况下，一开始是随机的词向量，然后对这些词向量进行学习，其学习方式与学习神经网络的权重相同。



（2）先在不同于待解决问题的机器学习任务上预先算好词嵌入（如使用 GloVe 或 word2vec 嵌入库），然后将其加载到模型中。这种词嵌入被称为预训练词嵌入。

有没有一个理想的词嵌入空间可以完美地映射人类语言，并可用于所有自然语言处理任务？可能有，但目前尚未被发现。世界上有许多种不同的语言，而且它们不是同构的，因为语言是特定文化和特定环境的产物。从更实际的角度来说，一个好的词嵌入在很大程度上取决于任务。新闻分类模型的完美词嵌入可能不同于法律文档分类模型的完美词嵌入，因为某些语义关系的重要性因任务而异。

因此，合理的做法是对每个新任务都学习一个新的嵌入空间。反向传播让这种学习变得很简单。我们要做的就是添加一个层，并学习这个层的权重。在 keras 中，这个层就是 Embedding 层。

```
from keras.layers import Embedding
#Embedding 层至少需要两个参数：
#标记的个数（这里是 1000，即最大单词索引 +1）和嵌入的维度（这里是 64）
embedding_layer = Embedding(1000, 64)
```

可以将 Embedding 层理解为一个字典，它将整数索引（表示特定单词）映射为密集向量；它接收整数作为输入，并在内部字典中查找这些整数，然后返回相关联的向量。Embedding 层实际上是一种字典查找，查找过程：单词索引→Embedding 层→对应的词向量。

Embedding 层的输入是一个二维整数张量，其形状为(samples, sequence_length)，每个元素都是一个整数序列，能够嵌入长度可变的序列。对于前面例子中的 Embedding 层，可以输入形状为(1 000, 64)，即 1 000 个长度为 64 的序列组成的批量。不过一批数据中的所有序列必须具有相同的长度，因为需要将它们打包成一个张量，所以较短的序列应该用 0 填充，较长的序列应该被截断。

Embedding 层先返回一个形状为(samples, sequence_length, embedding_dimensionality)的三维浮点数张量，然后可以用 RNN 层或一维卷积层来处理这个三维张量。

与其他层一样，最开始 Embedding 层的权重（标记向量的内部字典）是随机的。在训练过程中，利用反向传播来逐渐调节这些词向量。一旦训练完成，嵌入空间将会展示大量结构，这种结构专门针对训练模型所要解决的问题。

### 9.1.2 利用词嵌入

我们在 6.3.1 节引入的新闻分类数据集 THUCNews 上试一下词嵌入。数据的准备与 6.3.1 节相同。利用代码清单 6-6～代码清单 6-11 从语料库中获取训练集的词元列表 contents。稍有不同的是，接下来利用代码清单 6-11 建立一个词汇量为 50 000，而不是 10 000 的词汇表。读取词汇表与分类的方法仍然可以使用代码清单 6-12 和代码清单 6-13。

#### 1. 准备训练集、验证集和测试集

接下来的工作是：

（1）将训练集、验证集和测试集三个文本文件内容编码为词汇表的词元索引；

（2）将训练集、验证集和测试集的类别编码为分类标签索引。

我们已经有了读取文本数据，并将其转换为词元的函数 read_file，建立了词元-索引字典和类别-标签索引字典，现在将它们组合起来。本节对代码清单 6-13 做了少许改动：一是利用 keras 提供的 pad_sequences 将文本填充为固定长度；二是利用 keras 提供的 keras.utils.to_categorical 将标签转换为独热表示。为代码清单 6-13 添加填充和独热编码功能如代码清单 9-1 所示。

代码清单 9-1 为代码清单 6-13 添加填充和独热编码功能

```
import tensorflow as tf
def process_file(filename, word_to_id, cat_to_id, max_length=600):
    """将文件转换为 id 表示"""
    contents, labels = read_file(filename)
    data_id, label_id = [], []
    for i in range(len(contents)):
        data_id.append([word_to_id[x] for x in contents[i] if x in word_to_id])
        label_id.append(cat_to_id[labels[i]])
    # 使用 keras 提供的 pad_sequences 来将文本 pad 定为固定长度
    x_pad = tf.keras.preprocessing.sequence.pad_sequences(data_id, max_length)
    # 将标签转换为独热表示
    y_pad = tf.keras.utils.to_categorical(label_id, num_classes=len(cat_to_id))
    return x_pad, y_pad
```

上述代码中 max_length 的默认参数 600 表示：多于 600 个词元的句子将被截断为 600

个词元；而少于 600 个词元的句子则会在末尾用 0 填充，使其能够与其他序列连接在一起，形成连续的批量。这也会略微降低模型性能，因为输入序列中包含许多 0。

接下来进行训练集、验证集和测试集的数据转换。

将训练集、验证集和测试集数据转换为索引如代码清单 9-2 所示。

代码清单 9-2　将训练集、验证集和测试集数据转换为索引

```
x_train, y_train = process_file(train_dir, word_to_id, cat_to_id,600)
x_val, y_val = process_file(val_dir, word_to_id, cat_to_id,600)
x_test, y_test = process_file(test_dir, word_to_id, cat_to_id,600)
```

在训练数据集之前通常需要打乱数据集。打乱数据集如代码清单 9-3 所示。

代码清单 9-3　打乱数据集

```
def shuffle_dataset(x, t):
    permutation = np.random.permutation(x.shape[0])
    x = x[permutation]
    t = t[permutation]
    return x, t

x_train, y_train = shuffle_dataset(x_train, y_train)
x_val, y_val = shuffle_dataset(x_val, y_val)
x_test, y_test = shuffle_dataset(x_test,y_test)
```

### 2. 使用词嵌入

在熟悉的密集连接层构成的分类器上使用词嵌入。

在分类器上使用词嵌入如代码清单 9-4 所示，首先添加一个 Embedding 层，设置最频繁使用的50 000个词，嵌入维度为256，每条新闻最大的词语数为600个，即x_train.shape[1]；接着添加一个 Flatten 层，将三维的嵌入张量展平成形状为(samples, input_length * 256)的二维张量。

代码清单 9-4　在分类器上使用词嵌入

```
from keras import layers
from keras import models
from keras.layers import Embedding
from keras.layers.core import SpatialDropout1D
from keras.layers import Dense,Dropout,Flatten
import tensorflow as tf
model = models.Sequential()
#词嵌入：使用的 50000 个词，嵌入维度 256，每条目 x_train.shape[1]个词
model.add(Embedding(50000, 256, input_length=x_train.shape[1]))
#将三维的嵌入张量展平成形状为 (samples, input_length * 256) 的二维张量
model.add(Flatten())
#使用密集连接层
model.add(Dense(512, activation='relu'))
```

```
model.add(Dense(256, activation='relu'))
model.add(Dense(128, activation='relu'))
model.add(Dropout(0.5))
model.add(Dense(10, activation='softmax'))
model.compile(loss='categorical_crossentropy',
            optimizer=tf.keras.optimizers.Adam(learning_rate = 0.0001),
            metrics=['acc'])
epochs = 10
batch_size = 128
history = model.fit(x_train, y_train,
                 epochs=epochs,
                 batch_size=batch_size,
                 validation_data=(x_val, y_val))
scores = model.evaluate(test_data,test_labels)
print("{0}: {1:.2f}%".format(model.metrics_names[1], scores[1] * 100))
acc = history.history['acc']
val_acc = history.history['val_acc']
loss = history.history['loss']
val_loss = history.history['val_loss']
plotting(acc,loss,val_acc,val_loss)
```

```
313/313 [==============================] - 1s 3ms/step - loss: 0.1938 - acc: 0.9569
acc: 95.69%
```



得到神经网络的训练精度为99.99%，验证精度大约为95.00%，测试精度为95.69%，结果相当不错。最后，绘制神经网络的损失值和精度曲线（见图9-2）。

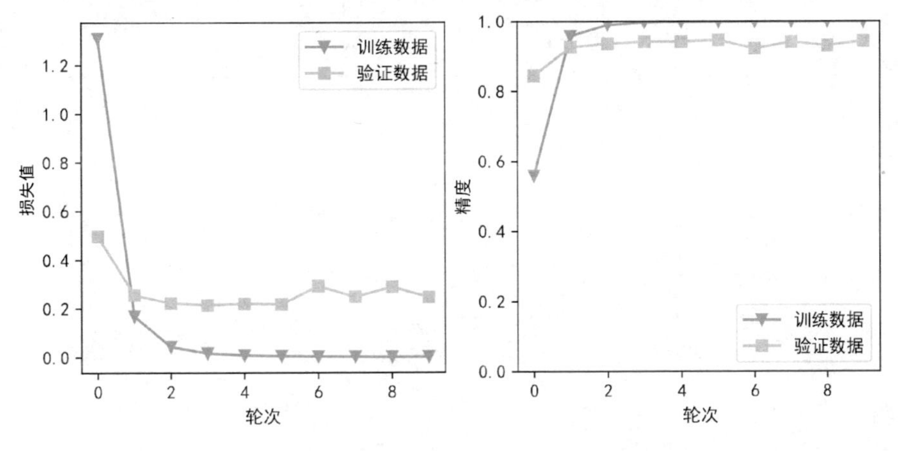


图9-2 神经网络的损失值和精度曲线

## 9.2 循环神经网络

到目前为止，我们见过的所有神经网络都没有记忆。它们单独处理每个输入，在输入与输入之间没有保存任何状态。要想处理数据点的序列或时间序列，需要向网络同时展示整个序列，即将序列转换成单个数据点。在 6.3 节新闻分类示例中就是这么做的：先将全部新闻转换为一个大向量，然后一次性处理。

但我们在阅读一个句子时，是一个词一个词地阅读的，同时会记住之前的内容，即以渐进的方式处理信息，同时保存一个关于所处理内容的内部模型，这个模型是根据过去的信息构建的，并随着新信息的进入而不断更新。

### 9.2.1 循环神经网络概述

循环神经网络（Recurrent Neural Network，RNN）采用同样的原理，不过是一个极其简化的版本，它处理序列的方式是，遍历所有序列元素，并保存一个状态（State），其中包含与已查看内容相关的信息。

我们通过 Numpy 实现一个简单 RNN 的前向传递来解释循环（Loop）和状态的概念。沿时间展开的简单 RNN 如图 9-3 所示，将 RNN 的输入编码成大小为（timesteps, input_features）的二阶张量。首先，它对时间步（timesteps）进行遍历，在每个时间步，考虑 $t$ 时刻的当前状态与 $t$ 时刻的输入，形状为（input_features,），对二者计算得到 $t$ 时刻的输出。然后，将下一个时间步的状态设置为上一个时间步的输出。对于第一个时间步，因为上一个时间步的输出没有定义，所以它没有当前状态。因此，将状态初始化为一个全零向量，这称为网络的初始状态（Initial State）。



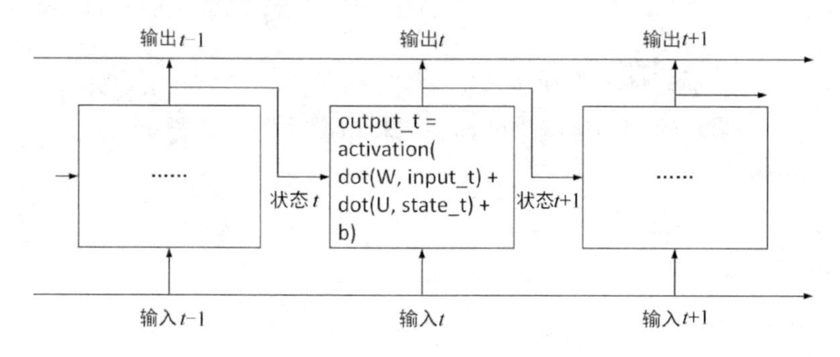


图 9-3 沿时间展开的简单 RNN

实现图 9-3 的代码如下。

```
#t 时刻的状态
state_t = 0
#对序列元素进行遍历
for input_t in input_sequence:
    output_t = activation(dot(W, input_t) + dot(U, state_t) + b)
    #前一次的输出变成下一次迭代的状态
    state_t = output_t
```

从输入和状态到输出的变换，其参数包括两个权重矩阵（***W*** 和 ***U***）和一个偏置向量 ***b***。它类似前馈网络中密集连接层所做的变换。

为了将这些概念的含义解释得更加清楚，我们为简单 RNN 的前向传播编写了一个简单的 Numpy 实现。

```
import numpy as np
timesteps = 3       #输入序列的时间步数
input_features = 3   #输入特征空间的维度
output_features = 6  #输出特征空间的维度
inputs = np.random.random((timesteps, input_features)) #输入数据：随机噪声，仅作为示例
state_t =np.zeros((output_features,)) #初始状态：全零向量
#创建随机的权重矩阵
W = np.random.random((output_features, input_features))
U = np.random.random((output_features, output_features))
b = np.random.random((output_features,))
successive_outputs = []
for input_t in inputs:  #input_t 是形状为 (input_features,) 的向量
    #由输入和当前状态（前一个输出）计算得到当前输出 output_t = input_t + state_t
    output_t = np.tanh(np.dot(W, input_t) + np.dot(U, state_t)+ b)
    successive_outputs.append(output_t)  #将这个输出保存到一个列表中
    state_t = output_t      #更新网络的状态，用于下一个时间步
    print(successive_outputs)
#将列表中的多个 narray 沿着 axis=0 轴生成新的 narray
#最终输出是一个形状为 (timesteps,output_features) 的二维张量
final_output_sequence = np.stack(successive_outputs, axis=0)
print(final_output_sequence)
```

numpy.stack()函数用于沿新轴连接相同尺寸数组的序列。axis 参数指定结果轴尺寸中新轴的索引。

RNN 是一个 for 循环，它重复使用前一次迭代的计算结果。当然，可以构建许多不同的 RNN，它们都满足上述定义。这个例子只是最简单的 RNN 表述之一。RNN 的特征在于其时间步函数，比如前面例子中的这个函数。

```
output_t = np.tanh(np.dot(W, input_t) + np.dot(U, state_t) + b)
```

在本例中，最终输出是一个形状为(timesteps, output_features)的二维张量，其中每个时间步是循环在 $t$ 时刻的输出。输出张量中的每个时间步 $t$ 包含输入序列中时间步 $0\sim t$ 的信息，即关于全部过去的信息。因此，在多数情况下，并不需要这个所有输出组成的序列，只需要最后一个输出（循环结束时的 output_t），因为它已经包含了整个序列的信息。

### 9.2.2 理解 LSTM 层

上面 Numpy 的简单实现，对应一个实际的 keras 层，即 SimpleRNN 层。

```
from keras.layers import SimpleRNN
```

二者有一点小小的区别：SimpleRNN 层能够像其他 keras 层一样处理序列批量，而不是像 Numpy 示例那样只能处理单个序列。因此，它接收形状为(batch_size, timesteps, input_features)的输入，而不是(timesteps, input_features)。

与 keras 层中的所有循环层一样，SimpleRNN 层可以在两种不同的模式下运行：一种

是返回每个时间步连续输出的完整序列，即形状为(batch_size, timesteps, output_features)的三维张量；另一种是只返回每个输入序列的最终输出，即形状为(batch_size, output_features)的二维张量。这两种模式由 return_sequences 这个构造函数参数来控制。我们来看一个使用 SimpleRNN 层的例子。为了提高网络的表示能力，这里将多个循环层逐个堆叠。在这种情况下，需要让所有中间层都返回完整的输出序列。

```
from keras.models import Sequential
from keras.layers import Embedding, SimpleRNN
model = Sequential()
model.add(Embedding(10000, 32))
model.add(SimpleRNN(32, return_sequences=True))
model.add(SimpleRNN(32, return_sequences=True))
model.add(SimpleRNN(32, return_sequences=True))
model.add(SimpleRNN(32))  #最后一层仅返回最终输出
model.summary()
```

从理论上来说，$t$ 时刻的 SimpleRNN 层应该能够记住许多步之前的信息，但实际上它是不可能学到这种长期的依赖性的。出现这种情况的原因在于梯度消失：随着层数的增加，网络最终变得无法训练。长短期记忆（Long Short-Term Memory，LSTM）算法就是为了解决这个问题而设计的。

LSTM 是 SimpleRNN 层的一种变体，它增加了一种携带信息跨越多个时间步的方法。就像有一条传送带，其运行方向平行于所处理的序列。序列中的信息可以在任意位置被送上传送带，之后被传送到后续的时间步，并在需要时取出来。这就是 LSTM 的思路：保存信息以便后面使用，从而防止较早期的信息在处理过程中逐渐消失。



为了详细了解 LSTM，我们先从 SimpleRNN 层（见图 9-4）讲起。因为有许多个权重矩阵，所以对 SimpleRNN 层中的 $\boldsymbol{W}$ 和 $\boldsymbol{U}$ 两个矩阵添加字母 o 表示输出。

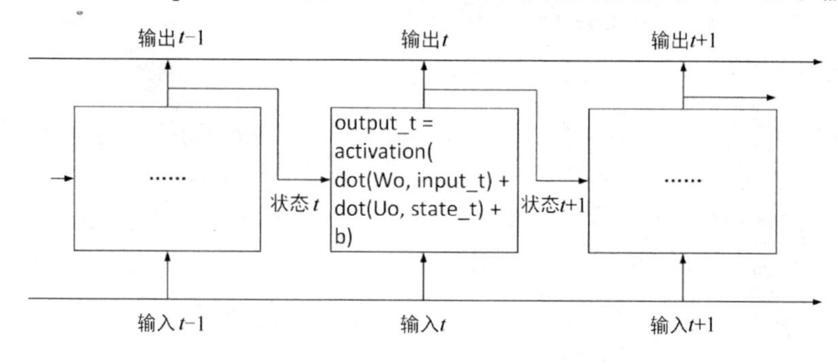


图 9-4 SimpleRNN 层

向这张图像中添加额外的数据流，让它携带跨越时间步的信息。不同的时间步的值记作 $C_t$，其中 $C$ 表示携带（Carry）。这些信息将与输入连接和循环连接进行运算，即先与权重矩阵作点积，然后加上一个偏置，再应用一个激活函数，从而影响传递到下一个时间步的状态。从概念上来看，携带数据流是一种调节下一个输出和下一个状态的方法（见图 9-5）。

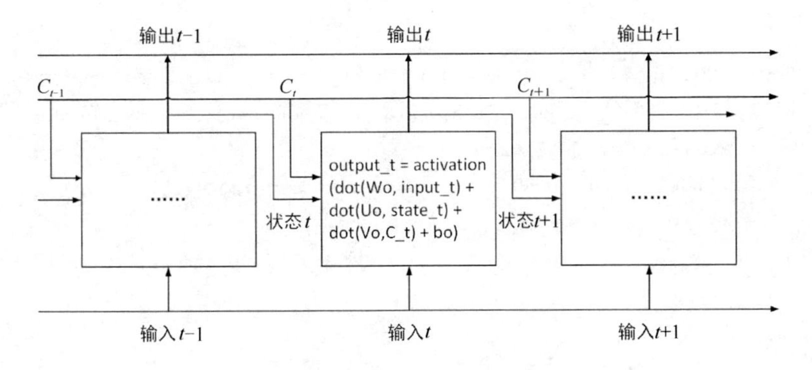


图 9-5　从 SimpleRNN 层到 LSTM

下面来看这一方法的精妙之处，即携带数据流的下一个值的计算方法。它涉及三个不同的变换，这三个变换的形式都和 SimpleRNN 层相同。

```
y = activation(dot(state_t, U) + dot(input_t, W) + b)
```

但这三个变换都具有各自的权重矩阵，分别添加字母 i、f 和 k，模型架构如下。

```
output_t = activation(dot(state_t, Uo) + dot(input_t, Wo) + dot(C_t, Vo) + bo)
i_t = activation(dot(state_t, Ui) + dot(input_t, Wi) + bi)
f_t = activation(dot(state_t, Uf) + dot(input_t, Wf) + bf)
k_t = activation(dot(state_t, Uk) + dot(input_t, Wk) + bk)
```

将 i_t、f_t 和 k_t 进行组合可以得到新的携带状态（下一个 c_t）。



```
c_t+1 = i_t * k_t + c_t * f_t
```

LSTM 的作用：允许过去的信息稍后重新进入，从而解决梯度消失问题。

与前面介绍的 SimpleRNN 层类似，要使用 keras 层中的 LSTM，只需指定 LSTM 的输出维度，其他所有参数都使用默认值。

```
from keras.preprocessing import sequence
from keras.models import Sequential
from keras.layers import Embedding, LSTM,Dense
max_features = 10000
model = Sequential()
model.add(Embedding(max_features, 32))
model.add(LSTM(32))
model.summary()
```

### 9.2.3　基于 LSTM 的中文文本分类

下面使用 LSTM 对新闻分类数据集 THUCNews 进行分类。9.1.2 节处理好的分词、词嵌入及划分好的数据集等可以直接使用。LIST 建模如代码清单 9-5 所示。

代码清单 9-5　LIST 建模

```
from keras.layers.core import SpatialDropout1D
from keras.layers import LSTM,Bidirectional
```

```
model = models.Sequential()
model.add(Embedding(50000, 256, input_length=x_train.shape[1]))
#dropout 会随机独立地将部分元素置零，而 SpatialDropout1D 会随机地对某个特定的维度全部置零
model.add(SpatialDropout1D(0.2))
model.add(LSTM(100, dropout=0.2, recurrent_dropout=0.2))
model.add(Dense(10, activation='softmax'))
model.compile(loss='categorical_crossentropy', optimizer='adam',
metrics=['acc'])
print(model.summary())
```

（1）模型的第一层是嵌入层(Embedding)，它使用长度为 100 的向量来表示每个词语。

（2）这里使用了 SpatialDropout1D 层。与 Dropout 层随机独立地将部分元素置零不同，SpatialDropout1D 层会随机地对某个特定的维度全部置零。

（3）LSTM 包含 100 个记忆单元 输出层为包含 10 个分类的全连接层。

（4）由于是多分类，所以激活函数设置为 softmax。

（5）由于是多分类，所以损失函数为分类交叉熵 categorical_crossentropy。

定义好 LSTM 以后，我们要开始训练数据。设置 15 个训练周期，batch_size 为 64。

模型训练与测试如代码清单 9-6 所示。

代码清单 9-6　模型训练与测试

```
epochs = 10
batch_size = 128
history = model.fit(x_train, y_train,
                    epochs=epochs,
                    batch_size=batch_size,
                    validation_data=(x_val, y_val))
scores = model.evaluate(test_data,test_labels)
print("{0}: {1:.2f}%".format(model.metrics_names[1], scores[1] * 100))
```



最后得到的测试精度为 94.42%，尽管测试结果比 6.3.2 节的三个隐藏层的全连接分类器获得的 95.69%的测试精度略低，但考虑到这里只使用了一个 LSTM，得到这样的效果还是相当不错的。

## 9.3　注意力机制

读者在阅读本教材时，可能会精读某些章节，而略读甚至跳过另外一些章节，这取决于读者的目标或兴趣。同样，模型也可以这样做：并非所有的输入信息都同等重要，模型应该对某些特征“多加注意”，对其他特征“少加注意”。注意力（Attention）机制通俗来讲就是把注意力集中在要点上，而忽略其他不重要的因素。

## 9.3.1 注意力提示

### 1. 生物学中的注意力提示

在视觉世界中，非自主性提示往往基于环境中物体的突出性和易见性。如图 9-6（a）所示，对于眼前的报纸、打印纸、咖啡、笔记本和书，由于咖啡杯在这种视觉环境中是突出和显眼的，会引起人们的注意，所以人们一般会把视力最敏锐的地方放到咖啡上。

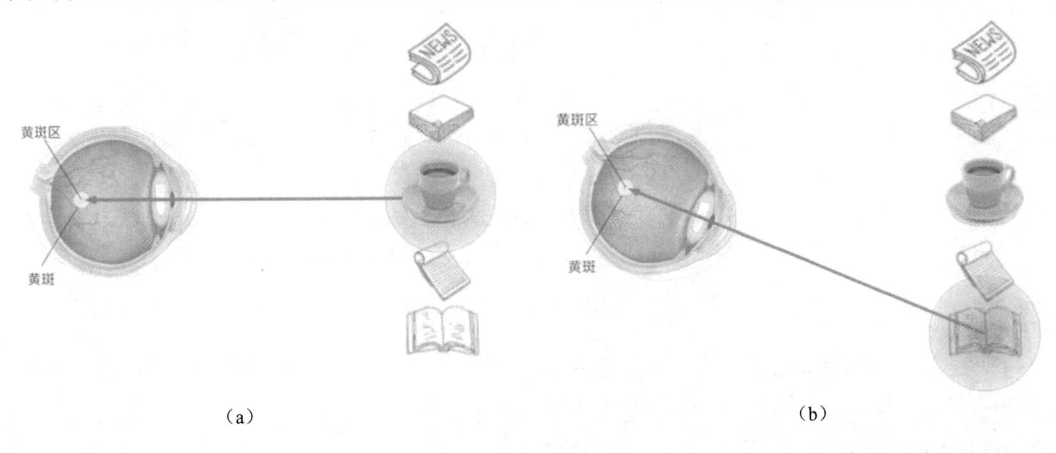


图 9-6 喝咖啡示例

喝咖啡后，人们重新聚焦眼睛，选择读书，如图 9-6（b）所示。与图 9-6（a）中由于突出性导致的选择不同，此时选择书是受到了认知和意识的控制，因此注意力在基于自主性提示去辅助选择时将更为谨慎。受主观意愿推动，选择的力量也就更强大。

有各种不同形式的注意力，但它们首先都要对一组特征计算重要性分数。特征相关性越大，分数越高；特征相关性越小，分数越低。

### 2. 查询、键和值

自主性提示与非自主性提示解释了人类的注意力方式，下面我们看看如何通过这两种注意力提示，用神经网络来设计注意力机制的框架。

在注意力机制的背景下，我们将自主性提示称为查询（Query）。给定任何查询，注意力机制通过注意力汇聚（Attention Pooling）将选择引导至感官输入。这些感官输入被称为值（Value）。每个值都与一个键（Key）配对，这可以想象为感官输入的非自主提示。可以通过设计注意力汇聚的方式，使得给定的查询（自主性提示）与键（非自主性提示）进行匹配，从而得出最匹配的值（感官输入）。

想象一下，假设用户输入（自主性提示）“小桥流水人家”，想从图像数据库中查询一张图像。在图像数据库内部，每张图像（称为值），都由一组关键词（称为键）所描述——“房子”“桥”“小河”“树木”和“山丘”等。搜索引擎（设计的注意力汇聚方式）会将查询和图像数据库中的键进行对比。如图 9-7 所示，“桥”匹配了 1 个结果，“树木”匹配了 0 个结果。之后，它会按照匹配度（相关性）对这些键进行排序，并按相关性顺序返回前 *n* 张匹配图像。

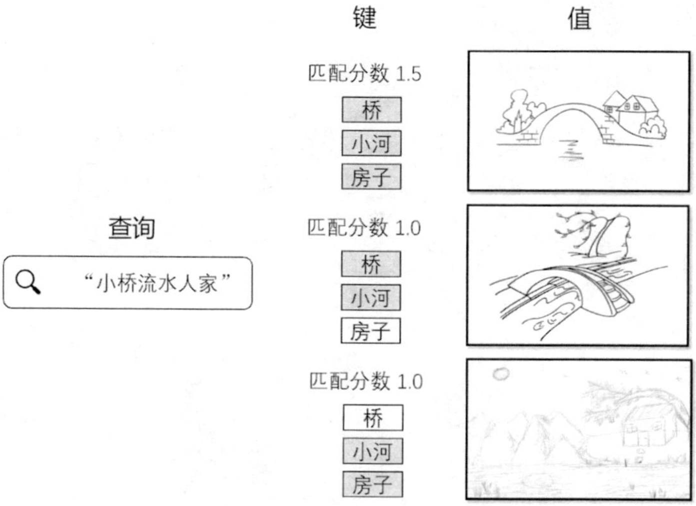

键 值

匹配分数 1.5
桥
小河
房子

查询
"小桥流水人家"

匹配分数 1.0
桥
小河
房子

匹配分数 1.0
桥
小河
房子

图 9-7 从图像数据库中检索图像示例

这就是注意力所做的事情。一个参考序列用于描述用户要查找的内容，即查询；另一个用于构建知识体系，并试图从中提取信息，即值。每个值都有一个键，用于描述这个值，并可以很容易与查询进行对比。用户只需将查询与键进行匹配，之后返回值的加权和。



### 9.3.2 自注意力

注意力机制不仅可用于突出或抹去某些特征，还可以让特征能够上下文感知（Context-Aware）。前面介绍的词嵌入即捕捉不同单词之间语义关系"形状"的向量空间。在嵌入空间中，每个词都有一个固定位置，与空间中其他词都有一组固定关系。但语言并不是这样的：一个词的含义通常取决于上下文，如"他""她"和"它"等代词的含义完全要看具体的句子，甚至在一个句子中含义也可能发生多次变化。

一个好的嵌入空间会根据周围词的不同而为一个词提供不同的向量表示。这就是自注意力（Self-Attention）的作用。自注意力的目的是利用序列中相关词元的表示来调节某个词元的表示，从而生成上下文感知的词元表示。

先看一个例子，"狮子没有追捕羚羊，因为它吃饱了"这句话中的"它"指代的是什么？"狮子"还是"羚羊"？对人类来说，这是一个简单的问题，但对算法而言却不那么简单。算法需要计算"它"与其他词汇，如"狮子""羚羊"等的相关性，即要对一组特征计算重要性分数。特征相关性越大，分数越高；特征相关性越小，分数越低。

显然，自注意力更容易捕获句子中长距离的相互依赖的特征，因为如果是 RNN 或 LSTM，对于远距离的相互依赖的特征，要经过若干时间步的信息累积才能将两者联系起来，距离越远，就越难提取有效信息。自注意力在计算过程中直接将句子中任意两个单词之间的联系通过注意力分数直接表示，远距离依赖特征之间的距离被极大缩短，有利于有效地利用这些特征。

自注意力示例如图 9-8 所示，自注意力先计算“它”与序列中其余每个词语之间的注意力分数，然后用这个分数对词向量进行加权求和，得到新的“狮子”向量。

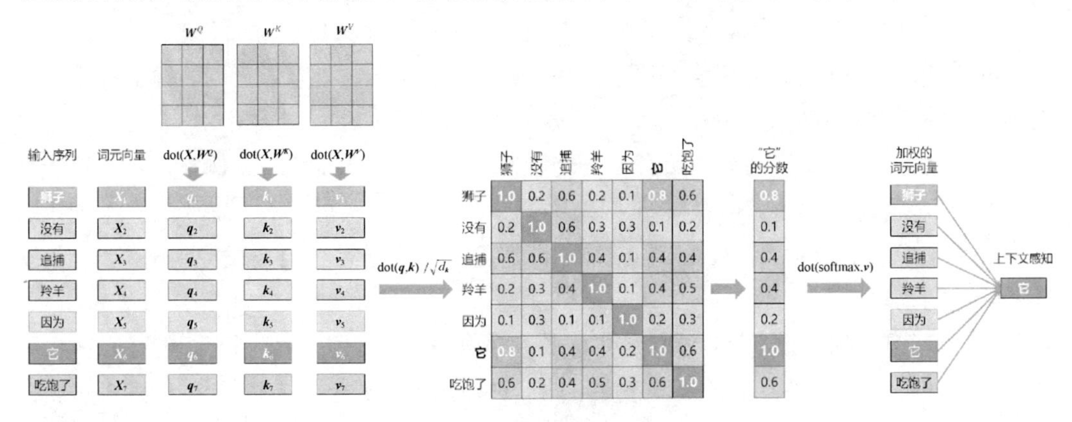


图 9-8　自注意力示例

那么自注意力具体是怎么做的呢？自注意力的计算过程可以分为以下几个步骤。

（1）生成查询（$\boldsymbol{q}$）、键（$\boldsymbol{k}$）和值（$\boldsymbol{v}$）向量。如图 9-8 所示，对于输入词（Tokens）“狮子”“没有”等，利用词嵌入（Embedding）算法将其编码为词向量 $\boldsymbol{X}_1$、$\boldsymbol{X}_2$、…、$\boldsymbol{X}_7$，然后将这些词向量分别乘以对应查询、键和值的权重矩阵 $\boldsymbol{W}^Q$、$\boldsymbol{W}^K$ 和 $\boldsymbol{W}^V$，分别得到（$\boldsymbol{q}_1$、$\boldsymbol{k}_1$、$\boldsymbol{v}_1$）、（$\boldsymbol{q}_2$、$\boldsymbol{k}_2$、$\boldsymbol{v}_2$）、…、（$\boldsymbol{q}_7$、$\boldsymbol{k}_7$、$\boldsymbol{v}_7$）。三个权重矩阵 $\boldsymbol{W}^Q$、$\boldsymbol{W}^K$ 和 $\boldsymbol{W}^V$ 初始可以随机赋值，在训练过程中不断学习。在实际中，该过程用一个全连接层实现。



（2）计算自注意力分数。如图 9-8 所示，对每个词计算自注意力，当前词要对输入句子中的其他词进行打分，这个分数决定了：当我们对某给定位置上的词进行编码时，应该给输入句子中其他部分的词多少关注。因为查询向量和键向量点乘便可得到分数，所以如果我们对位置 1 的词计算自注意力，$\boldsymbol{q}_1$ 点乘 $\boldsymbol{k}_1$ 便可得到第一个分数，第二个分数则是 $\boldsymbol{q}_1$ 和 $\boldsymbol{k}_2$ 的点乘。例如，对于 $\boldsymbol{X}_1$，用其对应的 $\boldsymbol{q}_1$ 分别与该序列中 $\boldsymbol{k}_1$、$\boldsymbol{k}_2$、…、$\boldsymbol{k}_7$ 相乘，得到 $\boldsymbol{q}_1 \cdot \boldsymbol{k}_1 = 1.0$，$\boldsymbol{q}_1 \cdot \boldsymbol{k}_2 = 0.2$，…，$\boldsymbol{q}_1 \cdot \boldsymbol{k}_7 = 0.6$。得到的这个分数为标量，可以用来表示当前查询对应的词与其他所有词之间的关系，分值越大，表示关系越强烈。可以看到，$\boldsymbol{q}_1$ 与 $\boldsymbol{k}_1$ 点乘的数值比 $\boldsymbol{q}_1$ 与 $\boldsymbol{k}_4$ 点乘的数值更大，这表明在一句话中，词“狮子”和它自己的关系比“狮子”和“羚羊”之间的关系更紧密。

（3）调整自注意力分数幅值。调整上一步自注意力分数幅值的目的是使神经网络训练更加稳定，这在一些迭代优化算法中是经常使用的操作。在实际训练中，如果 $\boldsymbol{q}$ 和 $\boldsymbol{k}$ 计算得到的自注意力分数幅值过大，则在进行 softmax 操作时会导致梯度极小，很容易出现梯度消失现象（其原因很好理解，结合 softmax 函数曲线可以看到，如果自注意力分数幅值过大，则会分布在 softmax 函数两侧距离原点很远的位置，而这些位置的梯度极小）。为了解决上述问题，一种常见的算法是给第二步得到的 score 除以 $d_k$ 的开方，其中 $d_k$ 表示向量 $\boldsymbol{k}$ 的维度。图 9-8 中 $d_k$ 的数值为 64，因此 $d_k$ 的平方根数值为 8。

（4）进行 softmax 操作。将上一步得到的自注意力分数进行 softmax 操作，使得所有分数都为正数，且所有分数之和为 1。这个分数将会决定在这个位置上的词会在多大程度上被表达。显然，当前位置词的 softmax 得分最高，但有时候，注意一下与当前位置词相关的另一个词也会很有用。

（5）将（4）中经过 softmax 操作之后的分数与对应的 Value（$v$）相乘。这一步操作的目的是通过 score 的数值来保持序列中想要关注（相关）词的权重，同时掩盖掉不相干的词（如给它们乘上小值 0.001）。

（6）将（5）中加权之后的所有 Values 值相加，并生成新向量 $z$。例如，对于第一个词“狮子”，将前五步计算的最终结果 $v_1$、$v_2$、…、$v_7$ 相加，得到 $z_1$；对于第一个词，这便生成了 self_attention 层在此位置上的输出。同理，$z_2$ 也通过相同方式得到词“没有”对应的输出结果。

这样就完成了自注意力的计算。生成的向量被发送到前馈神经网络。但是，在实际的实现过程中，为实现更快的处理速度，此计算以矩阵形式进行。

对句中每个词重复这一过程，就会得到编码这个句子的新向量序列。相关代码如下。

```
def self_attention(input_sequence):
    output = np.zeros(shape=input_sequence.shape)
    for i, pivot_vector in enumerate(input_sequence):  #对输入序列中的每个词元
进行迭代
        scores = np.zeros(shape=(len(input_sequence),))
        for j, vector in enumerate(input_sequence):
            scores[j] = np.dot(pivot_vector, vector.T)  #计算该词元与其余每个词
元之间的点积（注意力分数）
            scores /= np.sqrt(input_sequence.shape[1])  #利用规范化因子进行缩放
            scores = softmax(scores)                    #应用 softmax
            new_pivot_representation = np.zeros(shape=pivot_vector.shape)
            for j, vector in enumerate(input_sequence):
                new_pivot_representation += vector * scores[j]#利用注意力分数进
行加权，对所有词元进行求和
            output[i] = new_pivot_representation        #这个总和即输出
    return output
```

### 9.3.3 多头注意力

多头注意力（Multi-Head Attention）进一步完善了自注意力层。多头注意力从以下两方面提升了 attention 层的表现。

（1）多头注意力增强了模型关注不同位置的能力。在上面的例子中，$z_1$ 没怎么包括其他词编码的信息。在“狮子没有追捕羚羊，因为它吃饱了”一句中，多头注意力能帮助我们知道“它”指代的是哪个词，从而提升模型表现。

（2）多头机制给 attention 层带来了多个“表征子空间”。多头注意力不只是 1 个，而是多个 Query/Key/Value 矩阵（Transformer 原始文献用了 8 个关注头），每组都经过了随机初始化。训练之后，每组会将输入向量映射到不同的表征空间。

多头注意力的计算流程如图 9-9 所示，多头注意力对每个头都有独立的 $\boldsymbol{Q}$、$\boldsymbol{K}$、$\boldsymbol{V}$ 权重矩阵，因此每个头会生成不同的 $\boldsymbol{Q}$、$\boldsymbol{K}$、$\boldsymbol{V}$ 矩阵。实际上，将 $\boldsymbol{X}$ 和 $\boldsymbol{W}^Q$、$\boldsymbol{W}^K$、$\boldsymbol{W}^V$ 矩阵相乘便可得到 $\boldsymbol{Q}$、$\boldsymbol{K}$、$\boldsymbol{V}$ 矩阵。

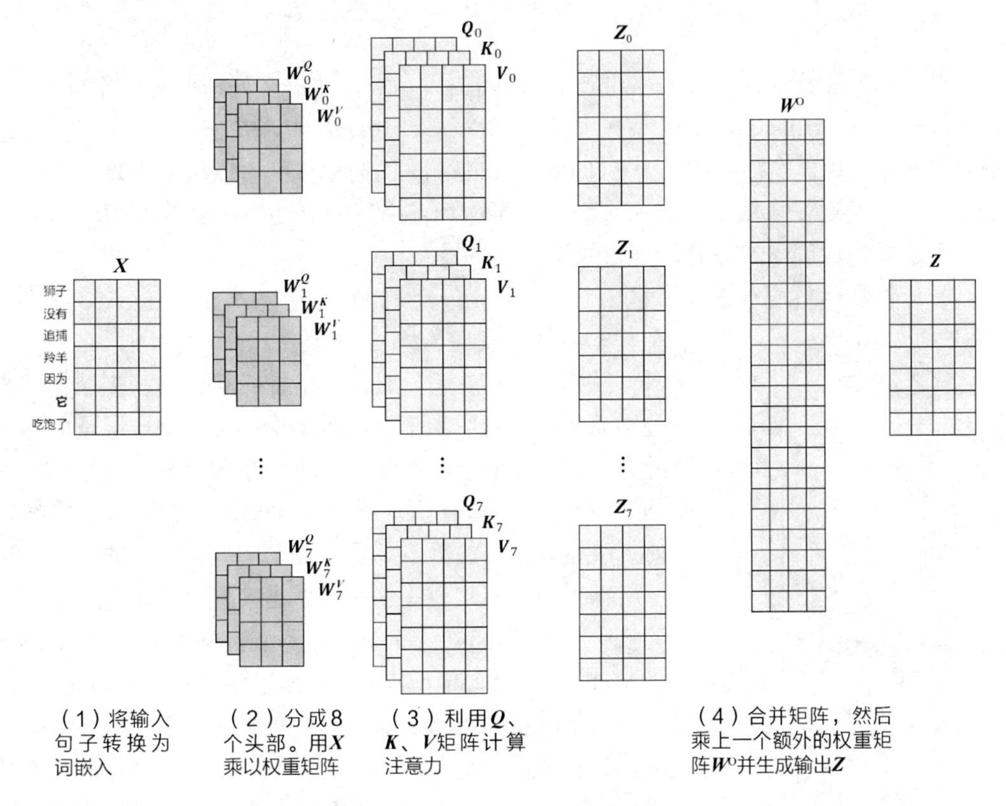


图 9-9　多头注意力的计算流程

如果我们执行上面概述的自注意力计算，每次使用不同的权重矩阵，计算 8 次，我们最终将得到 8 个不同的 $\boldsymbol{Z}$ 矩阵。但我们希望将这 8 个矩阵变为 1 个矩阵，使得 1 个词对应 1 个向量。

这可以通过直接合并矩阵，再乘上一个额外的权重矩阵 $\boldsymbol{W}^O$ 实现。

至此，我们介绍完了多头自注意力的计算流程及其设计目的。以句子“狮子没有追捕羚羊，因为它吃饱了”为例，当注意力存在多个头时，一个头将“它”的注意力集中到“狮子”，另一个头将注意力集中到“吃饱了”，可见注意力模型的表达能力增强了。

可用一个类来实现多头自注意力机制，事实上 keras 有一个内置层（MultiHeadAttention）来实现多头注意力，用法如下。

```
num_heads = 4
embed_dim = 256
mha_layer = MultiHeadAttention(num_heads=num_heads, key_dim=embed_dim)
outputs = mha_layer(inputs, inputs, inputs)
```

# 9.4 Transformer

自 2017 年横空出世，Transformer 开始在大多数自然语言处理任务中超越 RNN。Transformer 由 Ashish Vaswani 等人在其奠基性论文 *Attention Is All You Need* 中提出。这篇论文表明，一种称作神经注意力（Neural Attention）的简单机制可以用来构建强大的序列模型。这一发现在自然语言处理领域引发了一场革命，并且还影响到其他领域。神经注意力迅速成为深度学习最有影响力的思想之一。

本节将利用自注意力来构建一个 Transformer 编码器。它是 Transformer 编码器的一个基本组件，我们会将其应用于新闻分类任务。

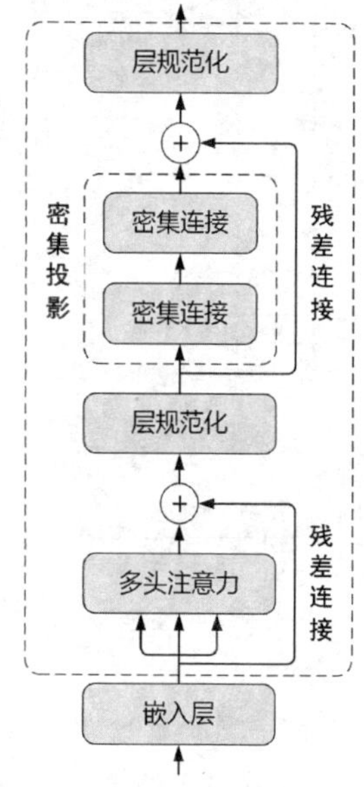


图 9-10 Transformer 编码器将 MultiHeadAttention 层与密集投影相连接

从宏观角度来看，Transformer 编码器是由多个相同的层叠加而成的，每个层都有两个子层：第一个子层是多头自注意力层；第二个子层是基于位置的前馈网络（密集投影）。具体来说，在计算编码器的自注意力时，查询、键和值都来自前一个编码器层的输出。受 7.4 节中残差网络的启发，两个子层都采用了残差连接。在残差连接的加法计算之后，紧接着应用层规范化（Layer Normalization）。Transformer 编码器将 MultiHeadAttention 与密集投影相连接如图 9-10 所示。

最初的 Transformer 架构由两部分组成：一个是 Transformer 编码器，负责处理源序列；另一个是 Transformer 解码器（Transformer Decoder），负责利用源序列生成翻译序列。我们将在下一章介绍关于解码器的内容。

重要的是，编码器可用于文本分类——它是一个非常通用的模块，可以接收一个序列，并学习将其转换为更有用的表示。我们来实现一个 Transformer 编码器，并将其应用于中文文本分类任务。将 Transformer 编码器实现为 Layer 子类如代码清单 9-7 所示。



代码清单 9-7 将 Transformer 编码器实现为 Layer 子类

```
import tensorflow as tf
from tensorflow import keras
from tensorflow.keras import layers
class TransformerEncoder(layers.Layer):
    def __init__(self, embed_dim, dense_dim, num_heads, **kwargs):
        super().__init__(**kwargs)
        self.embed_dim = embed_dim
        self.dense_dim = dense_dim
        self.num_heads = num_heads
        self.attention = layers.MultiHeadAttention(
```

```
        num_heads=num_heads, key_dim=embed_dim)
        self.dense_proj = keras.Sequential(
            [layers.Dense(dense_dim,
activation="relu"),layers.Dense(embed_dim),])
        self.layernorm_1 = layers.LayerNormalization()
        self.layernorm_2 = layers.LayerNormalization()

    def call(self, inputs, mask=None):
        if mask is not None:
            mask = mask[:, tf.newaxis, :]
        attention_output = self.attention(
            inputs, inputs, attention_mask=mask)
        proj_input = self.layernorm_1(inputs + attention_output)
        proj_output = self.dense_proj(proj_input)
        return self.layernorm_2(proj_input + proj_output)

    def get_config(self):
        config = super().get_config()
        config.update({
            "embed_dim": self.embed_dim,
            "num_heads": self.num_heads,
            "dense_dim": self.dense_dim,
            })
        return config
```

这里使用的规范化层并不是在图像模型中使用的 BatchNormalization 层。这是因为 BatchNormalization 层处理序列数据的效果并不好。这里使用的是 LayerNormalization 层（用于层规范化），它对每个序列分别进行规范化，与批量中的其他序列无关。

下面用 Transformer 编码器来构建文本分类模型。将 Transformer 编码器用于文本分类如代码清单 9-8 所示。

代码清单 9-8　将 Transformer 编码器用于文本分类

```
vocab_size = 50000
embed_dim = 256
num_heads = 2
dense_dim = 32
inputs = keras.Input(shape=(None,), dtype="int64")
x = layers.Embedding(vocab_size, embed_dim)(inputs)
x = TransformerEncoder(embed_dim, dense_dim, num_heads)(x)
x = layers.GlobalMaxPooling1D()(x)
x = layers.Dropout(0.5)(x)
outputs = layers.Dense(10, activation='softmax')(x)
model = keras.Model(inputs, outputs)
model.compile(loss='categorical_crossentropy', optimizer='adam', metrics=['acc'])
model.summary()
```

下面来训练并评估这个模型。训练并评估基于 Transformer 编码器的模型如代码清单 9-9 所示。

代码清单 9-9　训练并评估基于 Transformer 编码器的模型

```
callbacks = [keras.callbacks.ModelCheckpoint("transformer_encoder.keras",
save_best_only=True)]
history = model.fit(x_train, y_train, validation_data=(x_val, y_val),
epochs=20,callbacks=callbacks)
model = keras.models.load_model("transformer_encoder.keras",
                                custom_objects={"TransformerEncoder":
TransformerEncoder})
scores = model.evaluate(x_test,y_test)
print("{0}: {1:.2f}%".format(model.metrics_names[1], scores[1] * 100))

313/313 [==============================] - 4s 11ms/step - loss: 0.1190 - acc: 0.9634
acc: 96.34%
```

模型的测试精度为 96.34%。

## 9.5　位置编码



以上是 Transformer 编码器的原理，但是还有一个问题：self-attention 中没有位置的信息，一个“近在咫尺”位置的单词向量和一个“远在天涯”位置的单词向量效果是一样的。因此输入“狮子追捕羚羊”或“羚羊追捕狮子”的效果是一样的。为了使用序列的顺序信息，需要添加位置编码（Positional Encoding），为模型提供一些关于单词在句子中相对位置的信息。

位置编码的想法非常简单：为了让模型获取词序信息，我们将每个单词在句子中的位置添加到词嵌入中。这样一来，输入词嵌入将包含两部分：普通的词向量，它表示与上下文无关的单词；位置向量，它表示该单词在当前句子中的位置。

目前人们能想到的最简单的方法就是将单词位置与它的嵌入向量拼接在一起。可以向这个向量添加一个“位置”轴。在该轴上，序列中的第一个单词对应的元素为 0，第二个单词为 1，以此类推。然而，这种做法可能并不理想，因为位置可能是非常大的整数，这会破坏嵌入向量的取值范围。众所周知，神经网络不喜欢非常大的输入值或离散的输入分布。

在 *Attention Is All You Need* 这篇原始论文中，作者使用了一个技巧来编码单词位置：将词嵌入加上一个向量，这个向量的取值范围是[-1, 1]，取值根据位置不同而周期性变化（利用余弦函数来实现）。这提供了一种思路，通过一个小数值向量来唯一地描述较大范围内的任意整数。接下来，我们描述基于正弦函数和余弦函数的位置编码。

位置编码向量被加到嵌入（Embedding）向量中。嵌入表示一个 $d$ 维空间的标记，在 $d$ 维空间中有着相似含义的标记会离彼此更近。但是，嵌入并没有对在一句话中的词的相对位置进行编码。因此，当加上位置编码后，词将基于它们含义的相似度及它们在句子中的位置，使它们在 $d$ 维空间中离彼此更近。计算位置编码的公式如下：

$$p_{i,2j} = \sin\left(\frac{i}{10\,000^{2j/d}}\right)$$

$$p_{i,2j+1} = \cos\left(\frac{i}{10\,000^{2j/d}}\right)$$

这样：

（1）每个位置都有一个唯一的位置编码。

（2）能够适应比训练集里面所有句子更长的句子，假设训练集里面最长的句子有 20 个单词，使用公式计算的方法可以计算出第 21 位的 Embedding。

（3）可以让模型容易地计算出相对位置。

我们在下面的 PositionalEmbedding 类中实现它。

将位置嵌入实现为 Layer 子类如代码清单 9-10 所示。

代码清单 9-10　将位置嵌入实现为 Layer 子类

```
class PositionalEmbedding(layers.Layer):
    def __init__(self, sequence_length, input_dim, output_dim, **kwargs):
        super().__init__(**kwargs)
        self.token_embeddings = layers.Embedding(
            input_dim=input_dim, output_dim=output_dim)
        self.position_embeddings = layers.Embedding(
        input_dim=sequence_length, output_dim=output_dim)
        self.sequence_length = sequence_length
        self.input_dim = input_dim
        self.output_dim = output_dim

    def call(self, inputs):
        length = tf.shape(inputs)[-1]
        positions = tf.range(start=0, limit=length, delta=1)
        embedded_tokens = self.token_embeddings(inputs)
        embedded_positions = self.position_embeddings(positions)
        return embedded_tokens + embedded_positions

    def compute_mask(self, inputs, mask=None):
        return tf.math.not_equal(inputs, 0)

    def get_config(self):
        config = super().get_config()
        config.update({
            "output_dim": self.output_dim,
            "sequence_length": self.sequence_length,
            "input_dim": self.input_dim,
           })
        return config
```

在位置嵌入矩阵 $\boldsymbol{P}$ 中，行代表词元在序列中的位置，列代表位置编码的维度。可以像使用普通 Embedding 层一样使用这个 PositionalEmbedding 层。要将词序考虑在内，读者只需将 Embedding 层替换为位置感知的 PositionalEmbedding 层。将 Transformer 编码器与位置嵌入相结合，如代码清单 9-11 所示。

代码清单 9-11　将 Transformer 编码器与位置嵌入相结合

```
vocab_size = 50000
sequence_length = 600
embed_dim = 256
num_heads = 3
dense_dim = 32
inputs = keras.Input(shape=(None,), dtype="int64")
x = PositionalEmbedding(sequence_length, vocab_size, embed_dim)(inputs)
x = TransformerEncoder(embed_dim, dense_dim, num_heads)(x)
x = layers.GlobalMaxPooling1D()(x)
x = layers.Dropout(0.5)(x)
outputs = layers.Dense(10, activation='softmax')(x)
model = keras.Model(inputs, outputs)
model.compile(loss='categorical_crossentropy', optimizer='adam',
metrics=['acc'])
callbacks = [
   keras.callbacks.ModelCheckpoint("full_transformer_encoder.keras",
   save_best_only=True)
  ]
history = model.fit(x_train, y_train, validation_data=(x_val, y_val), epochs=20,
      callbacks=callbacks)
model = keras.models.load_model(
      "full_transformer_encoder.keras",
      custom_objects={"TransformerEncoder": TransformerEncoder,
      "PositionalEmbedding": PositionalEmbedding})
scores = model.evaluate(x_test,y_test)
print("{0}: {1:.2f}%".format(model.metrics_names[1], scores[1] * 100))

313/313 [==============================] - 10s 30ms/step - loss: 0.1108 - acc: 0.9724
acc: 97.24%
```



最后得到模型的测试精度为 97.24%。这个序列模型清楚地表明了词序信息对文本分类的价值。

## 9.6　练习题

分别利用 9.2 节、9.4 节和 9.5 节中的方法对 ChineseNlpCorpus 网站的 online_shopping_10_cats 数据集进行分类。

## 本章小结

（1）使用 keras 模型的 Embedding 层来学习针对特定任务的标记嵌入。

（2）如果顺序对数据很重要，那么循环神经网络是一种很适合的方法。

（3）保存信息以便后面使用，从而防止较早期的信息在处理过程中逐渐消失。长短期记忆网络可以缓解梯度消失和梯度爆炸。

（4）神经注意力可以生成上下文感知的词表示，这是 Transformer 架构的基础。

（5）可以用自注意力来构建 Transformer 编码器，它是 Transformer 架构的一个基本组件。

（6）位置编码为模型提供了关于词在句子中相对位置的信息。

# 10 超越文本分类

本章包括以下内容：

- 序列到序列的学习；
- 将英语翻译成汉语；
- 文本生成。

本章将学习序列到序列模型（Sequence-To-Sequence Model）。该模型接收一个序列作为输入（通常是一个句子或一个段落），并将其转换成另一个序列。序列到序列模型是许多成功的 NLP 应用的核心。

本章将通过机器翻译和文本生成两个实际用例介绍如何使用 Transformer 架构进行序列到序列的学习。

## 10.1 序列到序列的学习

本节将学习编码器和解码器，并将其应用于序列到序列（Seq2Seq）的学习任务中。

### 10.1.1 编码器-解码器架构

机器翻译是序列转换模型的核心问题之一，其输入和输出都是长度可变的序列。为了处理这种类型的输入和输出，可以设计一个包含两个主要组件的架构：第一个组件是编码器（Encoder），它接收一个长度可变的序列作为输入，并将其转换为具有固定形状的编码状态；第二个组件是解码器（Decoder），它将固定形状的编码状态映射到长度可变的序列。这称为编码器-解码器（Encoder-Decoder）架构，序列到序列学习如图 10-1 所示，编码器先处理源序列，然后将其发送至解码器；解码器查看当前目标序列，并预测向后偏移一个时间步的目标序列。

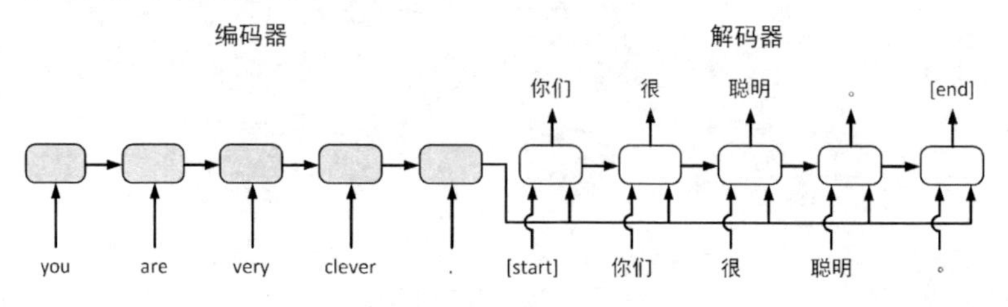


图 10-1　序列到序列学习

（1）编码器模型将源序列转换为中间表示。

（2）对解码器进行训练，使其可以通过查看前面的词元（从 0 到 $i$-1）和编码后的源序列，预测目标序列的下一个词元 $i$。

在推断过程中，我们不会读取目标序列，而会尝试从头开始预测目标序列。我们需要一次生成一个词元。

（1）从编码器获得编码后的源序列。

（2）解码器首先查看编码后的源序列和初始的“种子”词元（比如字符串“[start]”），并利用它们来预测序列的第一个词元。

（3）将当前预测序列再次输入解码器中，它会生成下一个词元，如此继续，直到它生成停止词元（比如字符串“[end]”）。

我们以英语到汉语的机器翻译为例：给定一个英文的输入序列：“you”“are”“very”“clever”“.”。首先，这种编码器-解码器架构将长度可变的输入序列编码成一个“状态”；其次，对该状态进行解码，一个词元接着一个词元的生成翻译后作为输出：“你们”“很”“聪明”“。”。

在编码器的实现中，只指定长度可变的序列作为编码器的输入 $\boldsymbol{X}$。其实现的伪代码如下。

```
import tensorflow as tf
class Encoder(tf.keras.layers.Layer):
    def __init__(self, **kwargs):
        super(Encoder, self).__init__(**kwargs)

    def call(self, X, *args, **kwargs):
        raise NotImplementedError
```

在解码器中，新增一个 init_state 函数，用于将编码器的输出（enc_outputs）转换为编码后的状态。此步骤可能需要额外的输入，如输入序列的有效长度。为了逐个生成长度可变的词元序列，解码器在每个时间步都会将输入（如在前一时间步生成的词元）和编码后的状态映射成当前时间步的输出词元。解码器实现的伪代码如下。

```
class Decoder(tf.keras.layers.Layer):
    def __init__(self, **kwargs):
        super(Decoder, self).__init__(**kwargs)

    def init_state(self, enc_outputs, *args):
        raise NotImplementedError

    def call(self, X, state, **kwargs):
        raise NotImplementedError
```

编码器-解码器架构包含一个编码器、一个解码器和可选的额外参数。在前向传播中，编码器的输出用于生成编码状态，这个状态作为解码器输入的一部分。

### 10.1.2 Transformer 解码器

我们已经熟悉了 Transformer 编码器，对于输入序列中的每个词元，它使用自注意力来生成上下文感知的表示。在序列到序列 Transformer 中，Transformer 编码器承担编码器的作用，读取源序列并生成编码后的表示。Transformer 编码器会将编码后的表示保存为序列格式（由上下文感知的嵌入向量组成的序列）。

Transformer 架构的后半部分是 Transformer 解码器。它读取目标序列中第 0～$N$ 个词元来尝试预测第 $N$+1 个词元。重要的是，在这样做的同时，它还使用神经注意力来找出在编码后的源句子中哪些词元与它目前尝试预测的目标词元最密切相关——这可能与人类译员所做的没什么不同。回想一下查询-键-值模型：在 Transformer 解码器中，目标序列即注意力的“查询”，指引模型密切关注源序列的不同部分（源序列同时担任键和值）。

编码器和解码器共同构成了端到端 Transformer，如图 10-2 所示。解码器的内部结构与 Transformer 编码器非常相似，只不过额外插入了一个注意力块，插入位置在作用于目标序列的自注意力块与最后的密集层块之间。

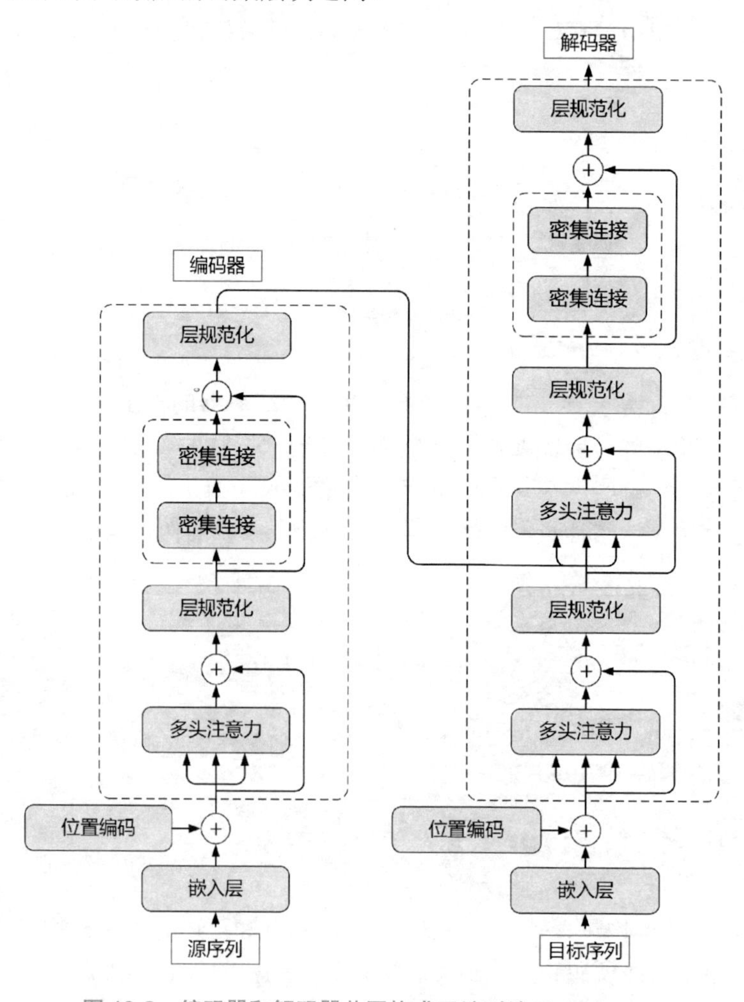


图 10-2　编码器和解码器共同构成了端到端 Transformer

下面来实现 Transformer 解码器。与 Transformer 编码器一样，需要将 Layer 子类化。所有运算都在 call()方法中进行，在此之前，先来定义类的构造函数，其包含了运算所需要的层。TransformerDecoder 如代码清单 10-1 所示。

代码清单 10-1 TransformerDecoder

```
class TransformerDecoder(layers.Layer):
   def __init__(self, embed_dim, dense_dim, num_heads, **kwargs):
      super().__init__(**kwargs)
      self.embed_dim = embed_dim
      self.dense_dim = dense_dim
      self.num_heads = num_heads
      self.attention_1 = layers.MultiHeadAttention(
         num_heads=num_heads, key_dim=embed_dim)
      self.attention_2 = layers.MultiHeadAttention(
         num_heads=num_heads, key_dim=embed_dim)
      self.dense_proj = keras.Sequential(
         [layers.Dense(dense_dim, activation="relu"),
          layers.Dense(embed_dim),]
      )
      self.layernorm_1 = layers.LayerNormalization()
      self.layernorm_2 = layers.LayerNormalization()
      self.layernorm_3 = layers.LayerNormalization()
      self.supports_masking = True
      #这一属性可以确保该层将输入掩码传递给输出。keras 中的掩码是可选项。如果一个层没有实
现 compute_mask() 并且没有暴露这个 supports_masking 属性，那么向该层传入掩码则会报错

   def get_config(self):
      config = super().get_config()
      config.update({
         "embed_dim": self.embed_dim,
         "num_heads": self.num_heads,
         "dense_dim": self.dense_dim,
      })
      return config
```

call()方法就是对图 10-2 中连接图的描述，但还需要考虑一个细节：因果填充（Causal Padding）。因果填充对于成功训练序列到序列 Transformer 来说至关重要。RNN 查看输入的方式是每次只查看一个时间步，因此只能通过查看第 0～$N$ 个时间步来生成输出的第 $N$ 个时间步（目标序列的第 $N$+1 个词元）。TransformerDecoder 是不考虑顺序的，它一次性查看整个目标序列。如果它可以读取整个输入，那么它只需学习将输入的第 $N$+1 个时间步复制到输出中的第 $N$ 个位置即可。这样的模型可以达到完美的训练精度，但在推断过程中，它显然是完全没有用的，因为它无法读取大于 $N$ 的输入时间步。

TransformerDecoder 中生成因果掩码的方法如代码清单 10-2 所示：对成对注意力矩

阵的上半部分进行掩码，以防止模型关注来自未来的信息。也就是说，在生成第 $N$+1 个目标词元时，应该仅使用目标序列中第 0～$N$ 个词元的信息。为此，向 TransformerDecoder 添加 get_causal_attention_mask(self, inputs)方法，得到一个注意力掩码，并将其传递给 MultiHeadAttention 层。

代码清单 10-2　TransformerDecoder 中生成因果掩码的方法

```
    def get_causal_attention_mask(self, inputs):
        input_shape = tf.shape(inputs)
        batch_size, sequence_length = input_shape[0], input_shape[1]
        i = tf.range(sequence_length)[:, tf.newaxis]
        j = tf.range(sequence_length)
        mask = tf.cast(i >= j, dtype="int32")
        mask = tf.reshape(mask, (1, input_shape[1], input_shape[1]))
        mult = tf.concat(
            [tf.expand_dims(batch_size, -1),tf.constant([1, 1], dtype=tf.int32)],
axis=0)
        return tf.tile(mask, mult)
```

TransformerDecoder 的前向传播如代码清单 10-3 所示。此处代码用来实现解码器的前向传播。

代码清单 10-3　TransformerDecoder 的前向传播



```
    def call(self, inputs, encoder_outputs, mask=None):
        causal_mask = self.get_causal_attention_mask(inputs)
        if mask is not None:
            padding_mask = tf.cast(
            mask[:, tf.newaxis, :], dtype="int32")
            padding_mask = tf.minimum(padding_mask, causal_mask)
        attention_output_1 = self.attention_1(
            query=inputs,
            value=inputs,
            key=inputs,
            attention_mask=causal_mask)
        attention_output_1 = self.layernorm_1(inputs + attention_output_1)
        attention_output_2 = self.attention_2(
            query=attention_output_1,
            value=encoder_outputs,
            key=encoder_outputs,
            attention_mask=padding_mask,
            )
        attention_output_2 = self.layernorm_2(attention_output_1 +
attention_output_2)
        proj_output = self.dense_proj(attention_output_2)
        return self.layernorm_3(attention_output_2 + proj_output)
```

# 10.2 机器翻译

语言模型是自然语言处理的关键，机器翻译是语言模型最成功的基准测试。因为机器翻译是将输入序列转换成输出序列的序列转换模型（Sequence Transduction）的核心。Transformer 架构正是为机器翻译而开发的，强调的是端到端的学习。

## 10.2.1 准备语料

与单一语言的语言模型问题不同，机器翻译的数据集是由源语言（Source Language）和目标语言（Target Language）的文本序列组成的。因此，需要一种完全不同的方法来预处理机器翻译数据集。

### 1. 机器翻译数据集

下载一个由 Tatoeba 项目的双语句子对组成的“英-汉”数据集。在这个机器翻译中，英语是源语言，汉语是目标语言。

代码清单 10-4　读取数据集



```
data_path = 'D:/data/cmn-eng/cmn.txt'
with open(data_path, 'r', encoding='utf-8') as f:
    lines = f.read().split('\n')
print('样本数:', len(lines))
```

```
样本数: 28448
```

下载数据集后，原始文本数据需要经过几个预处理步骤。对于英文，我们首先用空格代替不间断空格，使用小写字母替换大写字母，并在单词和标点符号之间插入空格。预处理数据集如代码清单 10-5 所示。

代码清单 10-5　预处理数据集

```
def preprocess_nmt(text):
    """预处理数据集中的“英语”"""
    def no_space(char, prev_char):
        return char in set(',.!?') and prev_char != ' '
    # 使用空格替换不间断空格，使用小写字母替换大写字母
    text = text.replace('\u202f', ' ').replace('\xa0', ' ').lower()
    # 在单词和标点符号之间插入空格
    out = [' ' + char if i > 0 and no_space(char, text[i - 1]) else char
           for i, char in enumerate(text)]
    return ''.join(out)
```

数据集中的每一行都是一个样本：一个英语句子，后面是一个制表符，之后是对应的汉语句子。对于英语，用空格进行分词，对于汉语，使用 jieba 分词。获得语言对如代码清单 10-6 所示。

代码清单 10-6　获得语言对

```
import jieba
num_samples = 30000
text_pairs = []
for line in lines[:min(num_samples,len(lines)-1)]:#对每一行进行遍历
    #每一行都包含一个英语句子和它的汉语译文，二者以制表符分隔
    input_text, target_text, _ = line.split("\t")
    input_text = preprocess_nmt(input_text)
    #将 "[start]" 和 "[end]" 分别添加到汉语句子的开头和结尾，以匹配图 10-1 所示的模板
    target_text = "[start] " + " ".join(jieba.cut(target_text))+ " [end]"
    text_pairs.append((input_text, target_text))
```

可以随机查看一下某个语言对的具体内容。

```
import random
print(random.choice(text_pairs))
```

```
('everybody showed sympathy toward the prisoner .', '[start] 每个 人 都 对 囚犯 表示同情 。 [end]')
```



打乱并划分数据集如代码清单 10-7 所示。将 text_pairs 打乱，并将其划分为常见的训练集、验证集和测试集。

代码清单 10-7　打乱并划分数据集

```
fimport random
random.shuffle(text_pairs)
num_val_samples = int(0.15 * len(text_pairs))
num_train_samples = len(text_pairs) - 2 * num_val_samples
train_pairs = text_pairs[:num_train_samples]
val_pairs = text_pairs[num_train_samples:num_train_samples + num_val_samples]
test_pairs = text_pairs[num_train_samples + num_val_samples:]
```

### 2. 使用 TextVectorization 层

到目前为止的每个步骤都很容易用纯 Python 实现。我们可以继续像 6.3.1 节中介绍的方法一样自定义函数，以统计词频并进行词元化。但这种做法不是很高效。在实践中，我们会使用 keras 的 TextVectorization 层。它快速高效，可直接用于 tf.data 管道或 keras 模型中。

TextVectorization 层的用法如下所示。

```
from tensorflow.keras.layers import TextVectorization
text_vectorization = TextVectorization(
 output_mode="int",
)
```

在默认情况下，TextVectorization 层的文本标准化方法是“将字符串转换为小写字母并删除标点符号”，词元化方法是“利用空格对字符串进行拆分”。但重要的是，用户也可以提供自定义函数来进行标准化和词元化，这表示该层足够灵活，可以处理任何用例。请注意，这种自定义函数的作用对象应该是 tf.string 张量，而不是普通的 Python 字符串。例如，该层的默认效果等同于下列代码。

```
import re
import string
import tensorflow as tf
def custom_standardization_fn(string_tensor):
    lowercase_string = tf.strings.lower(string_tensor)#将字符串转换为小写字母并删除标点符号
    return tf.strings.regex_replace
        lowercase_string, f"[{re.escape(string.punctuation)}]", "") #将标点符号替换为空字符串

def custom_split_fn(string_tensor):
    return tf.strings.split(string_tensor)#利用空格对字符串进行拆分

text_vectorization = TextVectorization(
    output_mode="int",
    standardize=custom_standardization_fn,
    split=custom_split_fn,
)
```



要想对文本语料库的词表建立索引，只需调用该层的 adapt()方法，其参数是一个可以生成字符串的 Dataset 对象或一个由 Python 字符串组成的列表。

```
dataset = [
 "I write, erase, rewrite",
 "Erase again, and then",
 "A poppy blooms.",
]
text_vectorization.adapt(dataset)
```

可以利用 get_vocabulary()来获取得到的词表，如代码清单 10-1 所示。对于编码为整数序列的文本，如果需要将其转换回单词，那么这种方法很有用。词表的前两个元素是掩码词元（索引为 0）和 OOV 词元（索引为 1）。因为词表中的元素按频率排列，所以对于来自现实世界的数据集，“the”或“a”这样非常常见的单词会排在前面。

接下来，我们准备两个单独的 TextVectorization 层：一个用于英语，一个用于汉语。

我们需要自定义字符串的预处理方式。

（1）默认情况下，字符“[”和“]”将被删除，但这里需要保留它们，以便区分单词“start”“end”与开始词元“[start]”和结束词元“[end]”。

（2）我们会将标点符号作为单独的词元，而不会将其删除，因为我们希望能够生成带有正确标点符号的句子。

为简单起见，我们会去掉所有的标点符号。将英语和汉语的文本对向量化如代码清单 10-8 所示。

代码清单 10-8　将英语和汉语的文本对向量化

```
import tensorflow as tf
from tensorflow.keras.layers import TextVectorization
import string
import re
#去掉标点符号，并用空格代替，同时去掉“[”和“]”
strip_chars = string.punctuation
strip_chars = strip_chars.replace("[", "")
strip_chars = strip_chars.replace("]", "")

def custom_standardization(input_string):
    lowercase = tf.strings.lower(input_string)
    return tf.strings.regex_replace(
        lowercase, f"[{re.escape(strip_chars)}]", "")

#只查看每种语言前 vocab_size 个最常见的单词，并将句子长度限制为 sequence_length 个词
vocab_size = 15000
sequence_length = 20
source_vectorization = TextVectorization( #英语层
    max_tokens=vocab_size,
    output_mode="int",
    output_sequence_length=sequence_length,
)
target_vectorization = TextVectorization(#汉语层
    max_tokens=vocab_size,
    output_mode="int",
    output_sequence_length=sequence_length + 1,#生成的汉语句子多了一个词元，因为在训练过程中需要将句子偏移一个时间步
    standardize=custom_standardization,
)
train_en_texts = [pair[0] for pair in train_pairs]
train_zh_texts = [pair[1] for pair in train_pairs]
source_vectorization.adapt(train_en_texts)
target_vectorization.adapt(train_zh_texts)  #学习每种语言的词表
```

最后，将数据转换为 tf.data 管道。准备翻译任务的数据集如代码清单 10-9 所示。我们希望它能够返回一个元组(inputs, target)，其中 inputs 是一个字典，包含两个键，分别是“编码器输入”（英语句子）和“解码器输出”（汉语句子），target 则是向后偏移一个时间步的汉语句子。

代码清单 10-9　准备翻译任务的数据集

```
batch_size = 64
def format_dataset(en, zh):
```

```
    en = source_vectorization(en)
    zh = target_vectorization(zh)
    return ({
        "en": en,
        "zh": zh[:, :-1],#输入汉语句子不包含最后一个词元，以保证输入和目标具有相同的长度
    }, zh[:, 1:])        #目标汉语句子向后偏移一个时间步。二者长度相同，都是 20 个单词

def make_dataset(pairs):
    en_texts, zh_texts = zip(*pairs)
    en_texts = list(en_texts)
    zh_texts = list(zh_texts)
    dataset = tf.data.Dataset.from_tensor_slices((en_texts, zh_texts))
    dataset = dataset.batch(batch_size)
    dataset = dataset.map(format_dataset, num_parallel_calls=4)
    return dataset.shuffle(2048).prefetch(16).cache()  #利用缓存来加快预处理速度

train_ds = make_dataset(train_pairs)
val_ds = make_dataset(val_pairs)
```

这个数据集的形式如下。

```
for inputs, targets in train_ds.take(1):
    print(f"inputs['en'].shape: {inputs['en'].shape}")
    print(f"inputs['zh'].shape: {inputs['zh'].shape}")
    print(f"targets.shape: {targets.shape}")
```



```
inputs['en'].shape: (64, 20)
inputs['zh'].shape: (64, 20)
targets.shape: (64, 20)
```

数据已准备就绪，接下来我们构建一个端到端 Transformer。

### 10.2.2 端到端 Transformer

我们要训练的模型是端到端 Transformer，如代码清单 10-10 所示。它将源序列和目标序列映射到向后偏移一个时间步的目标序列。将前面构建的组件：PositionalEmbedding 层（代码清单 9-10）、Transformer 解码器（代码清单 9-7）和 TransformerDecoder（代码清单 10-1～代码清单 10-3）组合在一起。因为 Transformer 解码器和 TransformerDecoder 都是不改变形状的，所以可以堆叠很多个，从而创建更加强大的编码器或解码器。在本示例中，我们都只使用一个。

代码清单 10-10　端到端 Transformer

```
embed_dim = 256
dense_dim = 2048
num_heads = 8
encoder_inputs = keras.Input(shape=(None,), dtype="int64", name="en")
x = PositionalEmbedding(sequence_length, vocab_size,
embed_dim)(encoder_inputs)
```

```
encoder_outputs = TransformerEncoder(embed_dim, dense_dim, num_heads)(x)
#对源句子进行编码
decoder_inputs = keras.Input(shape=(None,), dtype="int64", name="zh")
x = PositionalEmbedding(sequence_length, vocab_size,
embed_dim)(decoder_inputs)
#对目标句子进行编码，并将其与编码后的源句子合并
x = TransformerDecoder(embed_dim, dense_dim, num_heads)(x, encoder_outputs)#
x = layers.Dropout(0.1)(x)
decoder_outputs = layers.Dense(vocab_size, activation="softmax")(x)#在每个输
出位置预测一个单词
transformer = keras.Model([encoder_inputs, decoder_inputs], decoder_outputs)
```

现在我们来训练模型，训练序列到序列 Transformer 如代码清单 10-11 所示。

代码清单 10-11　训练序列到序列 Transformer

```
transformer.compile(
   optimizer="rmsprop",
   loss="sparse_categorical_crossentropy",
   metrics=["accuracy"])

transformer.fit(train_ds, epochs=30, validation_data=val_ds)
```

经过训练后，此模型精度为 59.4%。最后，我们尝试用这个模型来翻译测试集中的英语句子（见代码清单 10-12）。



代码清单 10-12　利用 Transformer 模型来翻译新句子

```
import numpy as np
zh_vocab = target_vectorization.get_vocabulary()
spa_index_lookup = dict(zip(range(len(zh_vocab)), zh_vocab))
max_decoded_sentence_length = 20
def decode_sequence(input_sentence):
   tokenized_input_sentence = source_vectorization([input_sentence])
   decoded_sentence = "[start]"
   for i in range(max_decoded_sentence_length):
      tokenized_target_sentence = target_vectorization(
         [decoded_sentence])[:, :-1]
      predictions = transformer(
         [tokenized_input_sentence, tokenized_target_sentence])
      sampled_token_index = np.argmax(predictions[0, i, :])
      sampled_token = spa_index_lookup[sampled_token_index]
      decoded_sentence += " " + sampled_token
      if sampled_token == "[end]":
         break
   return decoded_sentence
test_eng_texts = [pair[0] for pair in test_pairs]
for i in range(20):
   input_sentence = random.choice(test_eng_texts)
```

```
    #print("-")
    print(str(i+1)+')  '+input_sentence +' - '+ decode_sequence(input_sentence))
```



# 10.3 文本生成

在 2017—2018 年，Transformer 架构开始取代 RNN，它不仅可用于有监督的 NLP 任务，还可用于生成序列模型，特别是语言模型。生成式 Transformer 最有名的例子之一是 GPT-3，它是一个包含 1 750 亿个参数的文本生成模型，由 OpenAI 公司在一个超大型文本语料库上训练得到。该语料库包含大部分数字图书、维基百科和对整个互联网进行爬取的内容。GPT-3 在 2020 年登上新闻头条，因为它能够在几乎所有话题上生成看似合理的文本段落。本节将探讨如何将 Transformer 用于生成序列数据。我们将以文本生成为例，但同样的技术也可以推广到任何类型的序列数据，如将其用于音符序列来生成新音乐。

## 10.3.1 如何生成序列数据

用深度学习生成序列数据的通用方法就是利用前面的词元作为输入，从而训练模型来预测序列中接下来的一个或多个词元。例如，给定输入“真的猛士敢于直面惨淡的”，训练模型来预测目标“人生”，即下一个词。与前面处理文本数据一样，词元通常是字或词。给定前面的词元，能够对下一个词元的概率进行建模的任何神经网络都称为语言模型。语言模型能够捕捉到语言的潜在空间，即语言的统计结构。



训练好这样的语言模型之后，可以从中进行采样（Sample，即生成新序列）。可以向模型输入一个初始文本字符串（条件数据），让模型生成下一个字或词（甚至可以一次性生成多个词元），然后将生成的输出添加到输入数据中，并多次重复这一过程，使用语言模型逐个单词生成文本的过程如图 10-3 所示。这个循环过程可以生成任意长度的序列，这些序列反映了模型训练数据的结构，它们与人类写出的句子几乎相同。

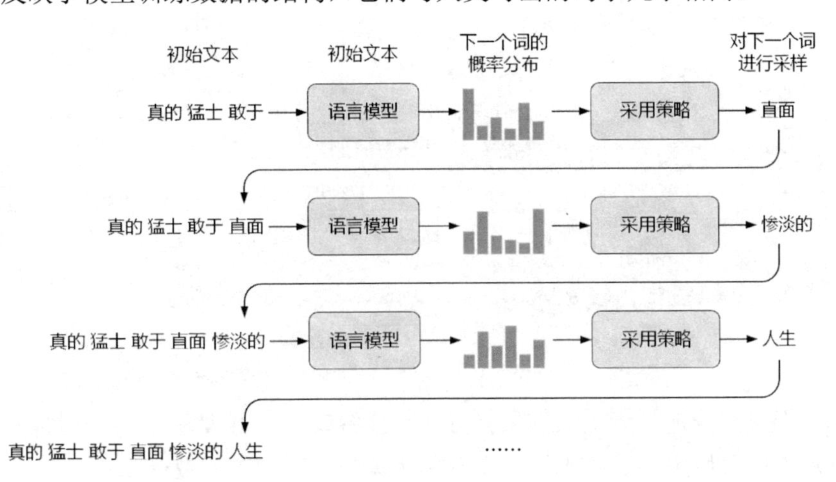


图 10-3　使用语言模型逐个单词生成文本的过程

### 10.3.2 采样策略的重要性

生成文本时，如何选择下一个词元非常重要。一种简单的方法是贪婪采样（Greedy Sampling），就是始终选择可能性最大的下一个字符。但这种方法会得到重复、可预测的字符串，看起来不像是连贯的语言。一种更有趣的方法是做出稍显意外的选择：在采样过程中引入随机性，从下一个字符的概率分布中进行采样，这称为随机采样（Stochastic Sampling）。在这种情况下，根据模型结果，如果下一个词是某个词的概率为 0.3，就会有 30% 的概率选择它。贪婪采样也可看作从概率分布中进行采样，即某个单词的概率为 1，其他所有单词的概率都是 0。

从模型的 softmax 输出中进行概率采样是一种很巧妙的方法，它甚至可以在某些时候采样到不常见的单词，从而生成更加有趣的句子，而且有时会生成训练数据中没有且看起来像是真实存在的新句子，展现出创造性。但这种策略有一个问题：它在采样过程中无法控制随机性的大小。

为什么要控制随机性的大小？这是因为要考虑一种极端情况——纯随机采样，即从均匀概率分布中抽取下一个单词，每个单词的概率相等。这种方法具有最大的随机性，换句话说，这种概率分布具有最大的熵，自然不会生成任何有趣的内容。另一种极端情况是贪婪采样，它也不会生成任何有趣的内容。它也没有任何随机性，相应的概率分布具有最小的熵。从“真实”概率分布（模型 softmax 函数输出的分布）中进行采样，是这两种极端之间的一个中间点。较小的熵可以让生成序列具有可预测性更强的结构（从而可能看起来更加真实），而较大的熵则会得到更加出人意料、更有创造性的序列。



为了控制采样过程中随机性的大小，引入一个被称为 softmax 温度的参数，即 softmax temperature，表示用于采样的概率分布的熵，即所选择的下一个词有多么出人意料或多么可预测。给定一个 temperature 值，我们将按照下列方法对原始概率分布（模型的 softmax 输出）进行重新加权，计算出一个新的概率分布。对于不同的 softmax 温度，对概率分布进行重新加权如代码清单 10-13 所示。

代码清单 10-13　对于不同的 softmax 温度，对概率分布进行重新加权

```
import numpy as np
#original_distribution 是由概率值组成的一维 Numpy 数组，这些概率值之和必须等于 1
#temperature 是一个因子，用于定量描述输出分布的熵
def reweight_distribution(original_distribution, temperature=0.5):
    distribution = np.log(original_distribution) / temperature
    distribution = np.exp(distribution)
    #返回原始分布重新加权后的结果。distribution 的和可能不再等于 1，因此需要将它除以和，
以得到新的分布
    return distribution / np.sum(distribution)
```

更高的温度得到的是熵更大的采样分布，会生成更加出人意料、结构性更弱的数据；而更低的温度则对应更小的随机性，以及可预测性更强的生成数据。

### 10.3.3 用 keras 实现文本生成

下面我们用 keras 来实现上述想法。首先需要大量文本数据用于学习一个语言模型。本节将沿用 9.1.1 节下载的 THUCNews 新闻数据集，并学习生成新的新闻。也就是说，本节的语言模型是针对这些新闻的风格和主题的模型，而不是汉语语言的通用模型。

#### 1. 准备数据

我们已经在 9.1.1 节下载了 THUCNews 新闻数据集。这里只使用 train.txt、val.txt 和 test.txt 三个文件中的数据作为语料。仍然用 jieba 分词对中文进行分词，但不再去除停用词。利用文本文件创建数据集如代码清单 6-15 所示。

代码清单 10-15　利用文本文件创建数据集

```
import sys
import os
from collections import Counter
import numpy as np
import re
import jieba as jb
import glob

base_dir = '…/datasets/' #路径
def read_data(base_dir): #利用代码清单 6-4 中的代码读取文件
    os.chdir(base_dir)
    contents, labels = [], []
    for file in glob.glob("*.txt"):#读取路径下所有的 txt 文件
        f = open(file, 'r', encoding='UTF-8')
        for line in f:
            try:
                label, content = line.strip().split('\t')#按照 tab 划分，去空格
                if content:
                    contents.append(" ".join(jb.cut(content)) )
                    labels.append((label))
            except:
                pass
    return contents, labels

contents, labels = read_data(base_dir)
```

接下来，利用 TextVectorization 层创建词表。只使用前 vocab_size 个最常见的单词，并将句子长度限制为 sequence_length 个词。准备 TextVectorization 层如代码清单 10-16 所示。

代码清单 10-16　准备 TextVectorization 层

```
from tensorflow.keras.layers import TextVectorization
sequence_length = 200
```

```
vocab_size = 30000
text_vectorization = TextVectorization(
    max_tokens=vocab_size,
    output_mode="int",#设置该层的返回值是编码为整数索引的单词序列
    output_sequence_length=sequence_length,
)
text_vectorization.adapt(contents)
```

我们使用该层来创建一个语言模型数据集，如代码清单 10-17 所示，其中输入样本是向量化文本，对应的目标是偏移了一个单词的相同文本。

代码清单 10-17　创建一个语言模型数据集

```
def prepare_lm_dataset(text_batch):
    vectorized_sequences = text_vectorization(text_batch)#将文本（字符串）批量
转换为整数序列批量
    x = vectorized_sequences[:, :-1]#通过删掉序列中的最后一个单词来创建输入
    y = vectorized_sequences[:, 1:]#通过将序列偏移一个单词来创建目标
    return x, y

X,Y = prepare_lm_dataset(contents)
```

### 2. 基于 Transformer 的序列到序列的模型



给定一些初始单词，我们将训练模型来预测句子中下一个字/词的概率分布。模型训练完成后，我们先给它一个提示词，对下一个词进行采样，并将这个词添加到提示词中，然后不断重复这一过程，直到生成一个简短的段落。

我们将使用序列到序列模型：将 $N$ 个单词的序列（索引从 0 到 $N$）输入模型，并预测偏移 1 个词后的序列（索引从 1 到 $N$+1）。我们将使用因果掩码，以确保对于任意 $i$，模型都只使用第 0～$i$ 个词来预测第 $i$+1 个词。这意味着我们训练模型来同时解决 $N$ 个问题，这 $N$ 个问题在很大程度上彼此重叠但又各不相同：给定前面索引 $1 \leqslant i \leqslant N$ 的单词序列，预测下一个单词。在生成阶段，即使只给模型一个提示词，它也能够给出后续单词的概率分布。

10.1 节介绍过通用的序列到序列学习：将源序列输入编码器，然后将编码后的序列与目标序列输入解码器，解码器会尝试预测偏移一个时间步的相同目标序列。进行文本生成时，没有源序列，只是在给定前面词元的情况下尝试预测目标序列的下一个词元，可以只使用解码器来完成。由于使用了因果填充，解码器将仅通过查看第 0～$N$ 个单词来预测第 $N$+1 个单词。

我们来实现模型，基于 Transformer 的简单语言模型如代码清单 10-18 所示。我们将复用 9.5 节和 10.1 节创建的组件：PositionalEmbedding 和 TransformerDecoder。

代码清单 10-18　基于 Transformer 的简单语言模型

```
from tensorflow.keras import layers
from tensorflow import keras
```

```
embed_dim = 256
latent_dim = 2048
num_heads = 8
inputs = keras.Input(shape=(None,), dtype="int64")
x = PositionalEmbedding(sequence_length, vocab_size, embed_dim)(inputs)
x = TransformerDecoder(embed_dim, latent_dim, num_heads)(x, x)
x = TransformerDecoder(embed_dim, latent_dim, num_heads)(x, x)  #使用两个
Transformer 解码器对词表中的所有单词做 softmax 运算，对每个输出序列时间步都进行计算
outputs = layers.Dense(vocab_size, activation="softmax")(x)
model = keras.Model(inputs, outputs)
model.summary()
model.compile(loss="sparse_categorical_crossentropy", optimizer="adam")
```

### 10.3.4 可变温度采样的文本生成

利用回调函数，我们可以在每轮之后使用一系列不同的温度来生成文本。文本生成回调函数如代码清单 10-19 所示。我们可以看到随着模型开始收敛，生成文本如何演变，还可以看到温度对采样策略的影响。

我们将使用提示词“路边社消息”作为文本生成的种子，也就是说，所有生成文本都将以此开头。

代码清单 10-19 文本生成回调函数





```
import numpy as np
#一个字典，将单词索引映射为字符串，可用于文本解码
tokens_index = dict(enumerate(text_vectorization.get_vocabulary()))
#从概率分布进行采样，温度可变
def sample_next(predictions, temperature=1.0):
   predictions = np.asarray(predictions).astype("float64")
   predictions = np.log(predictions) / temperature
   exp_preds = np.exp(predictions)
   predictions = exp_preds / np.sum(exp_preds)
   probas = np.random.multinomial(1, predictions, 1)
   return np.argmax(probas)

class TextGenerator(keras.callbacks.Callback):
   def __init__(self,prompt,generate_length,model_input_length,temperatures=
(1.,),print_freq=1):
      self.prompt = prompt  #提示词，作为文本生成的种子
      self.generate_length = generate_length  #要生成多少个单词
      self.model_input_length = model_input_length
      self.temperatures = temperatures  #用于采样的温度值
      self.print_freq = print_freq

   def on_epoch_end(self, epoch, logs=None):
```

```
        if (epoch + 1) % self.print_freq != 0:
            return
        for temperature in self.temperatures:
            print("== Generating with temperature", temperature)
            sentence = self.prompt  #生成文本时，初始文本为提示词
            for i in range(self.generate_length):
                tokenized_sentence = text_vectorization([sentence])
                predictions = self.model(tokenized_sentence) #将当前序列输入模型
                next_token = sample_next(predictions[0, i, :])#获取最后一个时间
步的预测结果，并利用它来采样一个新词
                sampled_token = tokens_index[next_token]
                sentence += " " + sampled_token #将这个新词添加到当前序列中，并重复
上述过程
            print(sentence)

prompt = "路边社 消息"
text_gen_callback = TextGenerator(
    prompt,
    generate_length=80,
    model_input_length=sequence_length,
    temperatures=(0.5, 0.7, 1.)#使用不同温度值对文本进行采样，以展示温度对文本生成的影响
```



下面来拟合这个语言模型，如代码清单 10-20 所示。

代码清单 10-20　拟合语言模型

```
model.fit( X,Y, epochs=30, callbacks=[text_gen_callback])
```

训练 30 轮之后生成的一些示例如下。

```
Epoch 300/300
313/313 [==============================] - ETA: 0s - loss: 0.8116== Generating
with temperature 0.2
路边社 消息 在 家居 中 行业 卖场 激烈 的 的 市场竞争 对比 其中 缺乏 迎来 路 了 人 掌声
是 是 更加 绝对 好 好 的 的 关系 前提 平淡 我 当然 爱 学习 次 的 没有 即 的 而且 感觉 在
或是 的 问题 时候 上 也 也 不 不 知道 知道 的 浙江 别的 销售 专业 教育 的 产业 达到 投资
一些 的 问题 升级 是 失望 液晶屏幕 的 里 多数 这种 人 而且 依然 现在 是 的 很 还是 难 易
方达 找到 停止 一个 进攻 奇迹 质量 到 如 游戏 房子 模式 现在 占 的 比例 这些 已经 风险
== Generating with temperature 0.5
路边社 消息 转化成 说 标准 通过 是不是 了 影响 本报记者 五年 [UNK] 全国 前段时间 了 广
州 对 国际 大兴 了 基金 帮助 对 整体 基金 生产 观察 面积 又 仅售 山寨 [UNK] 品质 不减
表示 拥有 拥有 消费 消费 的 的 琳琅满目 深蓝 对于 不 了 满意 有没有 的 与 卫浴 越来越 公
司 高 装备 收入 深浅 注定 也 [UNK] 是 广角镜头 布艺 的 的 作用 不错 然而 报价 无疑 增多
是 但 哪些 不但 价值 有所 中国 expeed 成立 [UNK] 60 自 显然 今年 是 的 共 经典 关注 答
案 但 对于 这 的 也 经典 是 答案 核心 对于 似乎
== Generating with temperature 0.7
```

```
路边社 消息 马不停蹄 禁赛 的 误区 策略 导语 四级 多数 阅读 是 游戏 多数 基金 是 纷纷 更
为 有 独特 直接 的 突破 优势 仙 或 上 之称 [UNK] 的 前三位 分别 的 为 适配 [UNK] 和 和
[UNK] [UNK] 领事馆 兄弟 和 主帅 [UNK] 之前 以下 验证 为 这 现场 下 实录 认识 前 上演
25 叫 分钟 [UNK] 之后 音乐 料到 和 这些 市场 切实 是 尽显 本次 我们 展示 对 知识 最让人
的 惊喜 眼球 [UNK] [UNK] 全体 却 令人 很 印象 绝望 要 这是 离开 大家 [UNK] 时 的 他们
还 原本 很 五一 [UNK] 的 是 操作
== Generating with temperature 1.0
路边社 消息 董 称 九州 不 online 获 资料片 广大 风云 玩家 再起 做 中 还 已经 每天
[UNK] 包括 的 公测 问题 业绩 新 不断 将 升级 于 曙光 老 内测 玩家 9 们 月 安静 1 专门
日 为 隆重 答谢 只是 元宝 [UNK] 不惜 而 变得 捕捉 在 奖励 象山 月 的 6 游戏 月底 [UNK]
官方 专访 第一 新服 心情 一倍 处处 全面 及 展开 消灭 游戏 游戏 就 就 等 在 的 既然 玩家
有 都 了 开始 不少 几名 有 首次 珍宝 正式 神秘 到达 的 九州 改为 的 事务所 玩家 [UNK]
可以 一票 在 手机
== Generating with temperature 1.5
路边社 消息 逆战 家居 [UNK] 潜在 兄弟 新 内销 概念 潮 方向 外套 时机 [UNK] 表现 模式
都 上 会令 了 [UNK] 但 但是 是 比起 北京 [UNK] 记者 的 取景 名称 边缘 支出 另外 让 在
您 拍摄 很多 上 只 的 是 也 一个 是 普通 一个 相机 普通 4 相机 档 4 时间 倍 但是 光学
27 变焦镜头 英寸 少许 23 当 万 名不见经传 像素 的 的 8 8 [UNK] [UNK] 安全 拐点 就 再 变
成 适合 了 作为 水 初始 [UNK] 后 [UNK] [UNK] 净 [UNK] 市场 [UNK] 并 生机 不 目前 把
家装 [UNK] 制片 [UNK] 和
```

由此可以看到，采用较低的温度值会得到非常无聊和重复的文本，有时会导致生成过程陷入循环。随着温度升高，生成的文本会变得更加有趣、更加出人意料，甚至更有创造性。温度值过高则局部结构开始瓦解，输出看起来基本上是随机的。在本例中，好的生成温度在 0.7 左右。尝试多种采样策略可以在学到的结构和随机性之间找到巧妙的平衡，能够让生成序列变得更有趣。

```
model.save('text_generation.h5')
```

利用更多的数据训练一个更大的模型，并且训练时间更长，生成的样本会比上面的结果看起来更加连贯、更加真实。GPT-3 等模型的输出就是很好的例子。GPT-3 实际上和本例中训练的模型是一样的，只不过堆叠了多个 Transformer 解码器，而且还有更大的训练语料库。但是，不要期待模型能够生成任何有意义的文本，除非是很偶然的情况并且用户加上了自己的解释。用户所做的只是从一个统计模型中采样数据，这个模型表示的是哪些词出现在哪些词之后。语言模型只有形式，没有实质内容。

## 10.4 练习题

1. 下载一个由 Tatoeba 项目的双语句子对组成的“英-法”语料库，进行机器翻译训练。

2. 收集一些中文图书，如四大名著，作为语料库进行文本生训练。

## 本章小结

（1）序列到序列学习是一种通用且强大的学习框架，可用于解决许多 NLP 问题，包括机器翻译。

（2）序列到序列模型由编码器和解码器组成，前者处理源序列，后者利用编码器处理后的源序列，并通过查看过去的词元来尝试预测目标序列后面的词元。

（3）Transformer 架构由 Transformer 编码器和 Transformer 解码器组成，它在序列到序列的任务上可以得到很好的结果。

（4）可以使用基于 Transformer 序列到序列模型来生成序列数据，每次生成一个时间步。这种方法既可以应用于文本生成，也可以应用于逐个音符的音乐生成或其他类型的时间序列数据。

（5）GPT-3 实际上和本章中训练的模型是一样的，只不过堆叠了多个 Transformer 解码器，而且还有更大的训练语料库。

# 11 视频动作识别

本章包括以下内容：

- 视频动作识别与数据集；
- CNN-RNN 架构用于视频分类；
- Transformer 的混合模型。

识别视频中的人类动作称为视频动作识别。由于深度学习的出现，视频动作识别取得了巨大进步。视频由有序的帧序列组成，每帧包含空间信息，而这些帧的序列包含时间信息。因此，视频动作识别最简单的方法是将图像模型应用于各个帧，使用序列模型学习图像特征的序列。作为本教材的最后一章，我们将综合全书，尤其是第 7、9、10 章所讲的知识实现视频动作分类。先使用卷积神经网络（CNN）和循环神经网络（RNN）对视频进行分析，这种混合架构通常被称为 CNN-RNN 架构；再介绍如何开发基于 Transformer 的混合模型，用于在 CNN 特征图上进行视频分类。

## 11.1 视频动作识别与数据集

深度学习方法通常会随着训练数据量的增加而提高精度。对于视频动作识别，我们需要大规模地标注数据集来学习有效的模型。

对于视频动作识别任务，数据集的构建通常采用以下过程：

（1）定义一个动作列表，结合以前动作识别数据集的标签，并根据用例添加新的类别；

（2）将视频标题/字幕与动作列表进行匹配，从多种来源获取视频；

（3）手动提供注释来指示动作的起始和结束位置；

（4）最后通过去重复和过滤噪声清理数据集。

### 11.1.1 数据集简介

UCF101 是一个动作识别数据集，包含了 13 320 个视频，涉及 101 种人类行为。UCF101 在动作方面提供了多样性，并且在摄像机运动、对象外观和姿态、对象规模、视点、杂乱的背景、照明条件等方面有很大的变化。

动作类别可以分为：人与物体交互、单纯的肢体动作、人与人交互、演奏乐器和体育运动 5 大类动作。101 个动作类别中的视频被分成 25 组，每组可以包含一个动作的 4～7

个视频。同一组的视频可能有一些共同的特点，比如相似的背景、相似的观点等。图 11-1 所示的 UCF101 数据集中标注了 101 个动作类别。

图 11-1　UCF101 数据集

### 11.1.2　数据集获取及划分

#### 1. 数据下载

数据集大小为 6.46G，数据划分分为三种方式，可自行选择使用。解压后就是分类数据集的标准目录格式，二级目录名为人类活动类别，二级目录下就是对应的视频数据。

每个短视频时长不等（零到十几秒都有），大小为 320 像素×240 像素，帧率不固定，一般为 25 帧或 29 帧，一个视频中只包含一类人类行为。

#### 2. 数据集划分

压缩包 UCF101TrainTestSplits-RecognitionTask.zip 内存放着 UCF101 数据集的 3 种训

练集与测试集划分方式及标签文件。其中 testlist01.txt 和 trainlist01.txt 对应第一种划分方式，部分数据集如图 11-2 所示。

| | |
|---|---|
| ApplyEyeMakeup/v_ApplyEyeMakeup_g08_c01.avi | 1 |
| ApplyEyeMakeup/v_ApplyEyeMakeup_g08_c02.avi | 1 |
| ApplyEyeMakeup/v_ApplyEyeMakeup_g08_c03.avi | 1 |
| ApplyEyeMakeup/v_ApplyEyeMakeup_g08_c04.avi | 1 |
| ApplyEyeMakeup/v_ApplyEyeMakeup_g08_c05.avi | 1 |
| ApplyEyeMakeup/v_ApplyEyeMakeup_g09_c01.avi | 1 |

图 11-2　部分数据集

数据集每行包括两部分，第一部分，如“ApplyEyeMakeup/v_ApplyEyeMakeup_g08_c01.avi”表示视频文件路径，第二部分，如“1”，表示该视频文件对应的类别。

### 11.1.3 数据集预处理

导入所需要的包如代码清单 11-1 所示。

代码清单 11-1　导入所需要的包

```
from imutils import paths
from tqdm import tqdm
import pandas as pd
import numpy as np
import shutil
import cv2
import os
```

#### 1. 加载数据

打开包含训练视频名的.txt 文件，对训练集创建具有视频名称的数据帧如代码清单 11-2 所示。

代码清单 11-2　对训练集创建具有视频名称的数据帧

```
f = open("D:/data/ucfTrainTestlist/trainlist01.txt", "r")
temp = f.read()
videos = temp.split('\n')
# 创建具有视频名称的数据帧
train = pd.DataFrame()
train['video_name'] = videos
train = train[:-1]
train.head()
```

```
   video_name
0  ApplyEyeMakeup/v_ApplyEyeMakeup_g08_c01.avi    1
1  ApplyEyeMakeup/v_ApplyEyeMakeup_g08_c02.avi    1
```

```
2   ApplyEyeMakeup/v_ApplyEyeMakeup_g08_c03.avi     1
3   ApplyEyeMakeup/v_ApplyEyeMakeup_g08_c04.avi     1
4   ApplyEyeMakeup/v_ApplyEyeMakeup_g08_c05.avi     1
```

同样，对测试集创建具有视频名称的数据帧如代码清单 11-3 所示。

代码清单 11-3　对测试集创建具有视频名称的数据帧

```
with open("D:/data/ucfTrainTestlist/testlist01.txt", "r") as f:
   temp = f.read()
videos = temp.split("\n")
# 创建具有视频名称的数据帧
test = pd.DataFrame()
test["video_name"] = videos
test = test[:-1]
test.head()
```

```
     video_name
0    ApplyEyeMakeup/v_ApplyEyeMakeup_g01_c01.avi
1    ApplyEyeMakeup/v_ApplyEyeMakeup_g01_c02.avi
2    ApplyEyeMakeup/v_ApplyEyeMakeup_g01_c03.avi
3    ApplyEyeMakeup/v_ApplyEyeMakeup_g01_c04.avi
4    ApplyEyeMakeup/v_ApplyEyeMakeup_g01_c05.avi
```



### 2. 工具函数

代码清单 11-4 给出了几个数据预处理的工具。工具名称就已经说明了其功能。

代码清单 11-4　几个数据预处理的工具

```
def extract_tag(video_path):                #通过"/"提取标记
   return video_path.split("/")[0]

def separate_video_name(video_name):        #通过"/"分离出视频名称
   return video_name.split("/")[1]

def rectify_video_name(video_name):         #通过" "纠正视频名称
   return video_name.split(" ")[0]

def move_videos(df,output_dir):
   if not os.path.exists(output_dir):
      os.mkdir(output_dir)
   for i in tqdm(range(df.shape[0])):
      videoFile = df['video_name'][i].split("/")[-1]
      videoDir = df['tag'][i]
      videoPath = os.path.join("D:/data/UCF-101",videoDir,videoFile)
      shutil.copy2(videoPath, output_dir)
   print()
print(f"Total videos: {len(os.listdir(output_dir))}")
```

### 3. 数据帧准备

由于.txt文件中数据具有“ApplyEyeMakeup/v_ApplyEyeMakeup_g08_c01.avi”形式，需要从中提取数据集标签和视频名称。提取数据集标签和视频名称如代码清单11-5所示。

代码清单11-5　提取数据集标签和视频名称

```
train["tag"] = train["video_name"].apply(extract_tag)
train["video_name"] = train["video_name"].apply(separate_video_name)
train.head()
```

```
    video_name                                     tag
0   v_ApplyEyeMakeup_g08_c01.avi       1       ApplyEyeMakeup
1   v_ApplyEyeMakeup_g08_c02.avi       1       ApplyEyeMakeup
2   v_ApplyEyeMakeup_g08_c03.avi       1       ApplyEyeMakeup
3   v_ApplyEyeMakeup_g08_c04.avi       1       ApplyEyeMakeup
4   v_ApplyEyeMakeup_g08_c05.avi       1       ApplyEyeMakeup
```

纠正训练集视频名称如代码清单11-6所示。

代码清单11-6　纠正训练集视频名称

```
train["video_name"] = train["video_name"].apply(rectify_video_name)
train.head()
```

```
    video_name                              tag
0   v_ApplyEyeMakeup_g08_c01.avi            ApplyEyeMakeup
1   v_ApplyEyeMakeup_g08_c02.avi            ApplyEyeMakeup
2   v_ApplyEyeMakeup_g08_c03.avi            ApplyEyeMakeup
3   v_ApplyEyeMakeup_g08_c04.avi            ApplyEyeMakeup
4   v_ApplyEyeMakeup_g08_c05.avi            ApplyEyeMakeup
```



提取测试集视频名称和标签如代码清单11-7所示。

代码清单11-7　提取测试集视频名称和标签

```
test["tag"] = test["video_name"].apply(extract_tag)
test["video_name"] = test["video_name"].apply(separate_video_name)
test.head()
```

```
    video_name                              tag
0   v_ApplyEyeMakeup_g01_c01.avi            ApplyEyeMakeup
1   v_ApplyEyeMakeup_g01_c02.avi            ApplyEyeMakeup
2   v_ApplyEyeMakeup_g01_c03.avi            ApplyEyeMakeup
3   v_ApplyEyeMakeup_g01_c04.avi            ApplyEyeMakeup
4   v_ApplyEyeMakeup_g01_c05.avi            ApplyEyeMakeup
```

### 4. 筛选排名靠前的动作

我们选取数据集中包含视频数量最多的 10 个类别进行视频动作识别（见代码清单11-8）。用户也可以选择其他数量的视频类别。

代码清单 11-8 选取数据集中包含视频数量最多的 10 个类别

```
n = 10
topNActs = train["tag"].value_counts().nlargest(n).reset_index()["index"].tolist()
train_new = train[train["tag"].isin(topNActs)]
test_new = test[test["tag"].isin(topNActs)]
train_new.shape, test_new.shape
```

```
((1171, 2), (459, 2))
```

重置索引如代码清单 11-9 所示。

代码清单 11-9 重置索引

```
train_new = train_new.reset_index(drop=True)
test_new = test_new.reset_index(drop=True)
```

### 5. 移动视频文件

将数据量最多的动作移动到新的文件夹（见代码清单 11-10）。

代码清单 11-10 移动数据文件

```
move_videos(train_new,"train")
move_videos(test_new,"test")
```

```
100% ████████████████████████████████████████ 1171/1171 [0
0:01<00:00, 909.93it/s]
```

```
Total videos: 1171
```

```
100% ████████████████████████████████████████ 459/459
[00:00<00:00, 929.89it/s]
```

```
Total videos: 459
```

将数据保存为 CSV 文件如代码清单 11-11 所示。

代码清单 11-11 将数据保存为 CSV 文件

```
train_new.to_csv("train.csv", index=False)
test_new.to_csv("test.csv", index=False)
```

```
Frame features in train set: (1171, 30, 2048)
Frame masks in train set: (1171, 30)
```

## 11.2 基于 CNN-RNN 架构的视频分类

视频由有序的帧序列组成。每个帧均包含空间信息，而这些帧的序列均包含时间信息。为了对这两个方面进行建模，本节使用了一种混合架构，它由卷积（用于空间处理）和递归层（用于时间处理）组成。具体来说，我们将使用卷积神经网络和由 GRU 层组成的循环神经网络来构建视频分类模型。这种混合架构通常被称为 CNN-RNN 架构。

### 11.2.1 数据准备

首先导入需要的包。

```
from tensorflow import keras
import matplotlib.pyplot as plt
import tensorflow as tf
import pandas as pd
import numpy as np
import imageio
import cv2
import os
```

#### 1. 定义超参数

我们定义视频图像大小为 224 像素×224 像素，每段视频长度为 20 帧，批次为 64，最大特征数设定为 2 048。定义超参数如代码清单 11-12 所示。

代码清单 11-12 定义超参数

```
#首先导入需要的包
from tensorflow import keras
import matplotlib.pyplot as plt
import tensorflow as tf
import pandas as pd
import numpy as np
import imageio
import cv2
import os
IMG_SIZE = 224
MAX_SEQ_LENGTH = 20
BATCH_SIZE = 64
NUM_FEATURES = 2048
```

#### 2. 加载 DataFrames

利用 pandas 加载 DataFrames，如代码清单 11-13 所示。

代码清单 11-13 利用 pandas 加载 DataFrames

```
train_df = pd.read_csv("train.csv")
test_df = pd.read_csv("test.csv")
print(f"训练视频总数: {len(train_df)}")
print(f"测试视频总数: {len(test_df)}")
```

```
训练视频总数: 1171
测试视频总数: 459
```

```
train_df.sample(10) #随机查看 10 个视频
```

|  | video_name | tag |
|---|---|---|
| 174 | v_CricketShot_g16_c05.avi | CricketShot |
| 841 | v_Punch_g11_c07.avi | Punch |
| 958 | v_ShavingBeard_g11_c02.avi | ShavingBeard |
| 269 | v_Drumming_g14_c01.avi | Drumming |
| 465 | v_PlayingCello_g08_c03.avi | PlayingCello |
| 554 | v_PlayingCello_g21_c05.avi | PlayingCello |
| 214 | v_CricketShot_g23_c02.avi | CricketShot |
| 377 | v_HorseRiding_g12_c04.avi | HorseRiding |
| 905 | v_Punch_g21_c05.avi | Punch |
| 451 | v_HorseRiding_g24_c03.avi | HorseRiding |

可以看到，我们现在有 1 171 个训练视频和 459 个测试视频。

训练视频分类器的众多挑战之一是找到一种将视频传输到网络的方法，由于视频是一个有序的帧序列，我们可以提取帧并将其放入 3D 张量中。但是，不同视频的帧数可能不同，这将阻止我们将它们堆叠成批（除非我们使用填充）。另一种方法是以固定的间隔保存视频帧，直到达到最大帧数。本节我们将使用第二种方法，并执行以下操作。

（1）捕获视频的帧；

（2）从视频中提取帧，直到达到最大帧数；

（3）如果视频的帧数小于最大帧数，我们将用零填充视频。



### 3. 捕获视频的帧

此工作流与文本序列的问题相同。由于 UCF101 数据集的视频不包含跨帧对象和动作的极端变化。因此，在学习任务中只考虑几帧是可以的。但这种方法可能不会很好地推广到其他视频分类问题。我们将使用 OpenCV 的 VideoCapture 方法从视频中读取帧，如代码清单 11-14 所示。

代码清单 11-14　从视频中读取帧

```
def crop_center_square(frame):
    y, x = frame.shape[0:2]
    min_dim = min(y, x)
    start_x = (x // 2) - (min_dim // 2)
    start_y = (y // 2) - (min_dim // 2)
    return frame[start_y : start_y + min_dim, start_x : start_x + min_dim]

def load_video(path, max_frames=0, resize=(IMG_SIZE, IMG_SIZE)):
    cap = cv2.VideoCapture(path)
    frames = []
    try:
```

```
        while True:
            ret, frame = cap.read()
            if not ret:
                break
            frame = crop_center_square(frame)
            frame = cv2.resize(frame, resize)
            frame = frame[:, :, [2, 1, 0]]
            frames.append(frame)
            if len(frames) == max_frames:
                break
    finally:
        cap.release()
return np.array(frames)
```

### 4. 特征提取

我们用预先训练的网络从帧中提取特征。keras 应用程序模块提供了许多经过 ImageNet 数据集的预训练进模型。这里使用 InceptionV3 模型进行特征提取（见代码清单 11-15）。

代码清单 11-15 使用 InceptionV3 模型进行特征提取

```
def build_feature_extractor():
    feature_extractor = keras.applications.InceptionV3(
        weights="imagenet",
        include_top=False,
        pooling="avg",
        input_shape=(IMG_SIZE, IMG_SIZE, 3),
    )
    preprocess_input = keras.applications.inception_v3.preprocess_input
    inputs = keras.Input((IMG_SIZE, IMG_SIZE, 3))
    preprocessed = preprocess_input(inputs)
    outputs = feature_extractor(preprocessed)
    return keras.Model(inputs, outputs, name="feature_extractor")

feature_extractor = build_feature_extractor()
feature_extractor.summary()

Model: "feature_extractor"
_________________________________________________________________
________
 Layer (type)                    Output Shape              Param #
=========================================
 input_6 (InputLayer)            [(None, 224, 224, 3)]     0
 tf.math.truediv_1 (TFOpLamb da)  (None, 224, 224, 3)      0
 tf.math.subtract_1 (TFOpLambda)  (None, 224, 224, 3)      0
 inception_v3 (Functional)        (None, 2048)             21802784
=========================================
```

```
Total params: 21,802,784
Trainable params: 21,768,352
Non-trainable params: 34,432
```

视频的标签是字符串。神经网络不理解字符串值，因此在将其输入模型之前，必须将其转换为某种数字形式。在这里，我们将使用 StringLookup 层将类标签编码为整数，如代码清单 11-16 所示。

代码清单 11-16　将类标签编码为整数

```
label_processor = keras.layers.StringLookup(
    num_oov_indices=0, vocabulary=np.unique(train_df["tag"])
)
print(label_processor.get_vocabulary())

['BoxingPunchingBag', 'CricketShot', 'Drumming', 'HorseRiding', 'PlayingCello',
'PlayingDhol', 'PlayingGuitar', 'Punch', 'ShavingBeard', 'TennisSwing']
```

现在我们已经拥有了所有的数据预处理组件，可以将它们组合在一起，创建数据处理程序（见代码清单 11-17）。

代码清单 11-17　组合所有组件

```
def prepare_all_videos(df, root_dir):
    num_samples = len(df)
    video_paths = df["video_name"].values.tolist()
    labels = df["tag"].values
    labels = label_processor(labels[..., None]).numpy()
    #framemasks 和 framefeatures 中是将提供给序列模型的内容，其中 framemasks 将包含一
组布尔值，表示时间步是否被填充掩码
    frame_masks = np.zeros(shape=(num_samples, MAX_SEQ_LENGTH),
dtype="bool")
    frame_features = np.zeros(
        shape=(num_samples, MAX_SEQ_LENGTH, NUM_FEATURES), dtype="float32"
    )
    for idx, path in enumerate(video_paths):
        # Gather all its frames and add a batch dimension.收集其所有帧并添加批次维度
        frames = load_video(os.path.join(root_dir, path))
        frames = frames[None, ...]
       #初始化占位符以存储当前视频的遮罩和特征
        temp_frame_mask = np.zeros(shape=(1, MAX_SEQ_LENGTH,), dtype="bool")
        temp_frame_features = np.zeros(
            shape=(1, MAX_SEQ_LENGTH, NUM_FEATURES), dtype="float32"
        )
        #从当前视频的帧中提取特征
        for i, batch in enumerate(frames):
            video_length = batch.shape[0]
            length = min(MAX_SEQ_LENGTH, video_length)
```

```
        for j in range(length):
            temp_frame_features[i, j, :] = feature_extractor.predict(
                batch[None, j, :]
            )
        temp_frame_mask[i, :length] = 1  # 1 = not masked, 0 = masked
    frame_features[idx,] = temp_frame_features.squeeze()
    frame_masks[idx,] = temp_frame_mask.squeeze()
  return (frame_features, frame_masks), labels
train_data, train_labels = prepare_all_videos(train_df, "train")
test_data, test_labels = prepare_all_videos(test_df, "test")
print(f"训练集中帧特征: {train_data[0].shape}")
print(f"训练集中帧掩码: {train_data[1].shape}")
```

```
训练集中帧特征: (1171, 30, 2048)
训练集中帧掩码: (1171, 30)
```

根据正计算机性能，执行上述代码块需要大约 120 分钟。因此，将其保存为 Numpy 数组的 npy 文件以便调用。保存数据如代码清单 11-18 所示。

代码清单 11-18　保存数据

```
np.save("train_data0_InceptionV3_30_224.npy", train_data[0],
fix_imports=True, allow_pickle=False)
np.save("train_data1_InceptionV3_30_224.npy", train_data[1],
fix_imports=True, allow_pickle=False)
np.save("train_labels_InceptionV3_30_224.npy", train_labels,
fix_imports=True, allow_pickle=False)
np.save("test_data0_InceptionV3_30_224.npy", test_data[0],
fix_imports=True, allow_pickle=False)
np.save("test_data1_InceptionV3_30_224.npy", test_data[1],
fix_imports=True, allow_pickle=False)
np.save("test_labels_InceptionV3_30_224.npy", test_labels,
fix_imports=True, allow_pickle=False)
```

加载已经准备好的 Numpy 数组（见代码清单 11-19）。

代码清单 11-19　加载数据

```
train_data0 = np.load("train_data0_InceptionV3_30_224.npy")
train_data1 = np.load("train_data1_InceptionV3_30_224.npy")
train_labels = np.load("train_labels_InceptionV3_30_224.npy")
test_data0  = np.load("test_data0_InceptionV3_30_224.npy")
test_data1  = np.load("test_data1_InceptionV3_30_224.npy")
test_labels =  np.load("test_labels_InceptionV3_30_224.npy")
print(f"Frame features in train set: {train_data1.shape}")
```

```
Frame features in train set: (1171, 30)
```

### 11.2.2 创建序列模型

现在，可以将这些数据提供给由 GRU 层组成的序列模型。GRU 可以看作 LSTM 架构的精简版本。创建序列模型如代码清单 11-20 所示。

代码清单 11-20 创建序列模型

```
def get_sequence_model():
    class_vocab = label_processor.get_vocabulary()
    frame_features_input = keras.Input((MAX_SEQ_LENGTH, NUM_FEATURES))
    mask_input = keras.Input((MAX_SEQ_LENGTH,), dtype="bool")
    x = keras.layers.GRU(16, return_sequences=True)(
        frame_features_input, mask=mask_input
    )
    x = keras.layers.GRU(8)(x)
    x = keras.layers.Dropout(0.4)(x)
    x = keras.layers.Dense(8, activation="relu")(x)
    output = keras.layers.Dense(len(class_vocab), activation="softmax")(x)
    rnn_model = keras.Model([frame_features_input, mask_input], output)
    rnn_model.compile(
        loss="sparse_categorical_crossentropy", optimizer="adam",
metrics=["accuracy"]
    )
    return rnn_model

def run_experiment():
    seq_model = get_sequence_model()
    history = seq_model.fit(
        [train_data0, train_data1],
        train_labels,
        epochs=EPOCHS, )
    _, accuracy = seq_model.evaluate([test_data0, test_data1], test_labels)
    print(f"Test accuracy: {round(accuracy * 100, 2)}%")
    return history, seq_model

_, sequence_model = run_experiment()
```

```
Epoch 1/10
37/37 [==============================] - 8s 14ms/step - loss: 2.1544 - accuracy: 0.2220
Epoch 2/10
37/37 [==============================] - 0s 9ms/step - loss: 1.8943 - accuracy: 0.3459
Epoch 3/10
37/37 [==============================] - 0s 9ms/step - loss: 1.7204 - accuracy: 0.4406
Epoch 4/10
```

```
37/37 [==============================] - 0s 9ms/step - loss: 1.5461 - accuracy: 0.5312
Epoch 5/10
37/37 [==============================] - 0s 9ms/step - loss: 1.3820 - accuracy: 0.5952
Epoch 6/10
37/37 [==============================] - 0s 9ms/step - loss: 1.2376 - accuracy: 0.6268
Epoch 7/10
37/37 [==============================] - 0s 9ms/step - loss: 1.1007 - accuracy: 0.7003
Epoch 8/10
37/37 [==============================] - 0s 9ms/step - loss: 0.9998 - accuracy: 0.7173
Epoch 9/10
37/37 [==============================] - 0s 9ms/step - loss: 0.9151 - accuracy: 0.7472
Epoch 10/10
37/37 [==============================] - 0s 9ms/step - loss: 0.8339 - accuracy: 0.7677
15/15 [==============================] - 1s 9ms/step - loss: 0.8579 - accuracy: 0.8606
Test accuracy: 86.06%
```

为了使这个示例的运行时间相对较短，我们只使用了几个训练示例。相对于使用具有 99 954 个可训练参数的序列模型而言，训练示例的数量较少。读者可以从 UCF101 数据集中采集更多数据，并训练相同的模型。

### 11.2.3 推断

我们现在使用 keras 实现视频分类，为了创建这个脚本，我们将利用视频的时间特性，特别是假设视频中的后续帧将具有相似的语义内容。

将文件作为带有数据 url 的 html 标记嵌入 notebook，如代码清单 11-21 所示。

代码清单 11-21　将文件作为带有数据 url 的 html 标记嵌入 notebook.

```
import base64
import mimetypes
import os
import pathlib
import textwrap
import IPython.display


def embed_data(mime: str, data: bytes) -> IPython.display.HTML:
  """将数据嵌入带有数据 url 的 html 标记."""
  b64 = base64.b64encode(data).decode()
  if mime.startswith('image'):
    tag = f'<img src="data:{mime};base64,{b64}"/>'
  elif mime.startswith('video'):
    tag = textwrap.dedent(f"""
        <video width="640" height="768" controls>
          <source src="data:{mime};base64,{b64}" type="video/mp4">
          Your browser does not support the video tag.
```

```
        </video>
        """)
  else:
    raise ValueError('Images and Video only.')
  return IPython.display.HTML(tag)


def embed_file(path: os.PathLike) -> IPython.display.HTML:
  """将文件作为带有数据 url 的 html 标记嵌入 notebook."""
  path = pathlib.Path(path)
  mime, unused_encoding = mimetypes.guess_type(str(path))
  data = path.read_bytes()
  return embed_data(mime, data)
```

视频推断如代码清单 11-22 所示，其中选择了一个视频进行分类测试。

代码清单 11-22　视频推断

```
def prepare_single_video(frames):
    frames = frames[None, ...]
    frame_mask = np.zeros(shape=(1, MAX_SEQ_LENGTH,), dtype="bool")
    frame_features = np.zeros(shape=(1, MAX_SEQ_LENGTH, NUM_FEATURES),
dtype="float32")
    for i, batch in enumerate(frames):
        video_length = batch.shape[0]
        length = min(MAX_SEQ_LENGTH, video_length)
        for j in range(length):
            frame_features[i, j, :] = feature_extractor.predict(batch[None, j, :])
        frame_mask[i, :length] = 1  # 1 = not masked, 0 = masked
    return frame_features, frame_mask

def sequence_prediction(path):
    class_vocab = label_processor.get_vocabulary()
    frames = load_video(os.path.join("test", path))
    frame_features, frame_mask = prepare_single_video(frames)
    probabilities = sequence_model.predict([frame_features, frame_mask])[0]
    for i in np.argsort(probabilities)[::-1]:
        print(f"  {class_vocab[i]}: {probabilities[i] * 100:5.2f}%")
    return frames

def to_gif(images):
    converted_images = images.astype(np.uint8)
    imageio.mimsave("animation.gif", converted_images, fps=10)
    return embed_file("animation.gif")


test_video = np.random.choice(test_df["video_name"].values.tolist())
print(f"Test video path: {test_video}")
```

```
test_frames = sequence_prediction(test_video)
to_gif(test_frames[:MAX_SEQ_LENGTH])
```

```
Test video path: v_HorseRiding_g07_c07.avi

  HorseRiding: 69.92%
  TennisSwing: 13.01%
  ShavingBeard:  3.68%
  Punch:  2.81%
  PlayingCello:  2.76%
  CricketShot:  2.64%
  PlayingDhol:  2.34%
  BoxingPunchingBag:  1.66%
  PlayingGuitar:  0.61%
  Drumming:  0.57%
```

运行结果如图 11-3 所示。

图 11-3　v_HorseRiding_g07_c07.avi 的画面

下一节遵循相同的方式，基于 Transformer 的模型来处理视频。

## 11.3　基于 Transformer 的视频分类

尽管 Transformer 最初是应用在文本数据上的序列到序列学习的场景，但现在已经推广到各种现代的深度学习中，如语言、视觉、语音和强化学习领域。

本节我们将使用基于 Transformer 的模型对视频进行分类。阅读此示例后，用户将了解如何开发基于混合 Transformer 的视频分类模型，该模型可在 CNN 特征图上运行。

本节将遵循与 11.2 节相同的数据准备步骤，但进行了以下更改。

（1）使用预先训练好的 DenseNet121 模型替代 InceptionV3 模型；

（2）将较短的视频填充到指定的长度。

### 11.3.1 数据准备

#### 1. 加载数据

首先将对视频图像大小定义为 224 像素×224 像素，每段视频长度为 30 帧，批次为 64，最大特征数设定为 1 024。与代码清单 11-13 完全相同，利用 pandas 加载数据。定义超参数并加载数据如代码清单 11-23 所示。

代码清单 11-23　定义超参数并加载数据

```
#首先导入需要的包
from tensorflow.keras import layers
from tensorflow import keras
import matplotlib.pyplot as plt
import tensorflow as tf
import pandas as pd
import numpy as np
import imageio
import cv2
import os

#定义超参数。
IMG_SIZE = 224
MAX_SEQ_LENGTH = 30
BATCH_SIZE = 64
NUM_FEATURES = 1024
EPOCHS = 5

#加载数据
train_df = pd.read_csv("train.csv")
test_df = pd.read_csv("test.csv")
```



接下来，将图像的中心部分裁剪为目标大小，如代码清单 11-24 所示。

代码清单 11-24　将图像的中心部分裁剪为目标大小

```
center_crop_layer = layers.CenterCrop(IMG_SIZE, IMG_SIZE)
def crop_center(frame):
    cropped = center_crop_layer(frame[None, ...])
    cropped = cropped.numpy().squeeze()
return cropped
```

代码清单 11-24 使用了 layers.CenterCrop(IMG_SIZE, IMG_SIZE) 层。该层将图像的中心部分裁剪为目标大小。如果图像小于目标尺寸，将调整其大小并进行裁剪，以返回图像中与目标纵横比匹配的最大窗口。

使用 CV2 打开视频文件如代码清单 11-25 所示。与代码清单 11-14 中的 load_video 完全相同。

代码清单 11-25 使用 CV2 打开视频文件

```
def load_video(path, max_frames=0):
    cap = cv2.VideoCapture(path)
    frames = []
    try:
        while True:
            ret, frame = cap.read()
            if not ret:
                break
            frame = crop_center(frame)
            frame = frame[:, :, [2, 1, 0]]
            frames.append(frame)
            if len(frames) == max_frames:
                break
    finally:
        cap.release()
return np.array(frames)
```

### 2. 特征提取

使用预先训练的网络从帧中提取特征。keras 应用程序模块提供了许多经过 ImageNet-1k 数据集预训练的模型。在此，我们将使用 DenseNet121 模型。特征提取如代码清单 11-26 所示。

代码清单 11-26 特征提取

```
def build_feature_extractor():
    feature_extractor = keras.applications.DenseNet121(
        weights="imagenet",
        include_top=False, pooling="avg",
        input_shape=(IMG_SIZE, IMG_SIZE, 3))
    preprocess_input = keras.applications.densenet.preprocess_input
    inputs = keras.Input((IMG_SIZE, IMG_SIZE, 3))
    preprocessed = preprocess_input(inputs)
    outputs = feature_extractor(preprocessed)
    return keras.Model(inputs, outputs, name="feature_extractor")


feature_extractor = build_feature_extractor()
feature_extractor.summary()
```

视频的标签是字符串。神经网络不理解字符串值，因此在将其输入模型之前，必须将其转换为某种数字形式。这里使用 StringLookup 层将类标签编码为整数（见代码清单 11-27）。

代码清单 11-27 使用 StringLookup 层将类标签编码为整数

```
label_processor = keras.layers.experimental.preprocessing.StringLookup(
    num_oov_indices=0, vocabulary=np.unique(train_df["tag"]),
mask_token=None
)
print(label_processor.get_vocabulary())
```

```
['BoxingPunchingBag', 'CricketShot', 'Drumming', 'HorseRiding',
'PlayingCello', 'PlayingDhol', 'PlayingGuitar', 'Punch', 'ShavingBeard',
'TennisSwing']
```

最后，将所有组件组合在一起。创建数据处理实用程序如代码清单 11-28 所示。

代码清单 11-28 创建数据处理实用程序

```
def prepare_all_videos(df, root_dir):
    num_samples = len(df)
    video_paths = df["video_name"].values.tolist()
    labels = df["tag"].values
    labels = label_processor(labels[..., None]).numpy()
    # framefeatures 是提供给序列模型的内容
    frame_features = np.zeros(shape=(num_samples, MAX_SEQ_LENGTH, NUM_FEATURES),
                              dtype="float32")
    for idx, path in enumerate(video_paths):
        # 收集其所有帧并添加批次维度
        frames = load_video(os.path.join(root_dir, path))
        # 填充较短的视频
        if len(frames) < MAX_SEQ_LENGTH:
            diff = MAX_SEQ_LENGTH - len(frames)
            padding = np.zeros((diff, IMG_SIZE, IMG_SIZE, 3))
            frames = np.concatenate(frames, padding)
        frames = frames[None, ...]
        # 初始化占位符以存储当前视频
        temp_frame_featutes = np.zeros(shape=(1, MAX_SEQ_LENGTH, NUM_FEATURES),
                              dtype="float32")
        # 从当前视频的帧中提取特征
        for i, batch in enumerate(frames):
            video_length = batch.shape[0]
            length = min(MAX_SEQ_LENGTH, video_length)
            for j in range(length):
                if np.mean(batch[j, :]) > 0.0:
                    temp_frame_featutes[i, j, :] =
feature_extractor.predict(batch[None, j, :])
                else:
                    temp_frame_featutes[i, j, :] = 0.0
```

```
        frame_features[idx, ] = temp_frame_featutes.squeeze()
    return frame_features, labels

train_data, train_labels = prepare_all_videos(train_df, "train")
test_data, test_labels = prepare_all_videos(test_df, "test")
print(f"Frame features in train set: {train_data.shape}")

Frame features in train set: (1171, 30, 1024)
```

### 3. 保存数据

对 train_df 和 test_df 调用 prepare_all_videos 需要约 120 分钟的时间才能完成执行。这就是我们使用已经准备好的 Numpy 数组的原因。保存数据如代码清单 11-29 所示。

代码清单 11-29　保存数据

```
np.save("train_data.npy", train_data, fix_imports=True, allow_pickle=False)
np.save("train_labels.npy", train_labels, fix_imports=True, allow_pickle=False)
np.save("test_data.npy", test_data, fix_imports=True, allow_pickle=False)
np.save("test_labels.npy", test_labels, fix_imports=True, allow_pickle=False)
```

加载已经准备好的 Numpy 数组如代码清单 11-30 所示。

代码清单 11-30　加载已经准备好的 Numpy 数组

```
train_data, train_labels = np.load("train_data.npy"), np.load("train_labels.npy")
test_data, test_labels = np.load("test_data.npy"), np.load("test_labels.npy")
```

## 11.3.2 构建 Transformer 模型

我们将在第 9 章的代码清单 9-7 和代码清单 9-10 的代码之上进行构建。构成基本块的自注意力层是顺序无关的。由于视频是有序的帧序列，我们需要 Transformer 模型来考虑顺序信息，可以通过位置编码来实现这一点。

### 1. 位置嵌入

我们简单地用嵌入层嵌入视频中出现的帧的位置。然后我们将这些位置嵌入添加到预先计算的 CNN 特征图中。这里对代码清单 9-10 做了一些修改。将位置嵌入实现为 Layer 子类如代码清单 11-31 所示。

代码清单 11-31　将位置嵌入实现为 Layer 子类

```
class PositionalEmbedding(layers.Layer):
    def __init__(self, sequence_length, output_dim, **kwargs):
        super().__init__(**kwargs)
        #准备一个 Embedding 层，用于保存位置
        self.position_embeddings =
```

```
layers.Embedding(input_dim=sequence_length, output_dim=output_dim)
        self.sequence_length = sequence_length#位置嵌入需要事先知道序列长度
        self.output_dim = output_dim

    def call(self, inputs):
        # inputs 具有形状: (batch_size, frames, num_features)
        length = tf.shape(inputs)[1]
        positions = tf.range(start=0, limit=length, delta=1)
        embedded_positions = self.position_embeddings(positions)
        return inputs + embedded_positions

    def compute_mask(self, inputs, mask=None):
        #与 Embedding 层一样，该层应该能够生成掩码，从而可以忽略输入中填充的 0
        #框架会自动调用 compute_mask 方法，并将掩码传递给下一层
        mask = tf.reduce_any(tf.cast(inputs, "bool"), axis=-1)
        return mask
```

tf.reduce_any 在张量的维度上计算元素的“逻辑或”。按照 axis 给定的维度减少 input_tensor。例如：

```
x = tf.constant([[True,  True], [False, False]])
tf.reduce_any(x)  # True
tf.reduce_any(x, 0)  # [True, True]
tf.reduce_any(x, 1)  # [True, False]
tf.reduce_any(x, axis=-1) # [True, False]
```



### 2. 构建 Transformer 编码器

Transformer 架构由两部分组成：一个是 Transformer 编码器（9.4 节），负责处理源序列；另一个是 Transformer 解码器（10.1.2 节），负责利用源序列生成目标序列。因为视频分类问题不涉及生成目标序列，这里只需构建 Transformer 编码器。

编码器是一个非常通用的模块——接收一个序列，并学习将其转换为更有用的表示。不仅可用于文本分类，也可用于视频分类。因此代码清单 9-7 的 Transformer 编码器在这里可以直接使用，无须修改。为方便起见，这里将其列出，将 Transformer 编码器实现为 Layer 子类如代码清单 11-32 所示。

代码清单 11-32 将 Transformer 编码器实现为 Layer 子类

```
class TransformerEncoder(layers.Layer):
    def __init__(self, embed_dim, dense_dim, num_heads, **kwargs):
        super().__init__(**kwargs)
        self.embed_dim = embed_dim
        self.dense_dim = dense_dim
        self.num_heads = num_heads
        self.attention = layers.MultiHeadAttention(
            num_heads=num_heads, key_dim=embed_dim, dropout=0.3
```

```
        )
        self.dense_proj = keras.Sequential(
            [layers.Dense(dense_dim, activation="relu"),layers.Dense(embed_dim),]
        )
        self.layernorm_1 = layers.LayerNormalization()
        self.layernorm_2 = layers.LayerNormalization()

    def call(self, inputs, mask=None):
        if mask is not None:
            mask = mask[:, tf.newaxis, :]
        attention_output = self.attention(inputs, inputs, attention_mask=mask)
        proj_input = self.layernorm_1(inputs + attention_output)
        proj_output = self.dense_proj(proj_input)
        return self.layernorm_2(proj_input + proj_output)

    def get_config(self):
        config = super().get_config()
        config.update({
            "embed_dim": self.embed_dim,
            "num_heads": self.num_heads,
            "dense_dim": self.dense_dim,
            })
        return config
```





### 3. 训练模块

我们已经实现了 TransformerEncoder 层和 PositionEmbedding 层，下面将 Transformer 编码器与位置嵌入相结合构建一个视频分类模型，如代码清单 11-33 所示，它与前面基于 GRU 的模型类似。

代码清单 11-33 将 Transformer 编码器与位置嵌入相结合构建一个视频分类模型

```
def get_compiled_model():
    sequence_length = MAX_SEQ_LENGTH
    embed_dim = NUM_FEATURES
    dense_dim = 4
    num_heads = 1
    classes = len(label_processor.get_vocabulary())
    inputs = keras.Input(shape=(None, None))
    x = PositionalEmbedding(sequence_length, embed_dim,
name="frame_position_embedding")(inputs)
    x = TransformerEncoder(embed_dim, dense_dim, num_heads,
name="transformer_layer")(x)
    x = layers.GlobalMaxPooling1D()(x)
    x = layers.Dropout(0.5)(x)
    outputs = layers.Dense(classes, activation="softmax")(x)
```

```
    model = keras.Model(inputs, outputs)
    model.compile(optimizer="adam", loss="sparse_categorical_crossentropy",
metrics=["accuracy"])
    return model

def run_experiment():
    model = get_compiled_model()
    history = model.fit(
        train_data,
        train_labels,
        epochs=EPOCHS, )
    model.load_weights(filepath)
    _, accuracy = model.evaluate(test_data, test_labels)
    print(f"Test accuracy: {round(accuracy * 100, 2)}%")
    return model

trained_model = run_experiment()
```

```
Epoch 1/5
37/37 [==============================] - 1s 13ms/step - loss: 1.6594 - accuracy: 0.6396
Epoch 2/5
37/37 [==============================] - 0s 8ms/step - loss: 0.0589 - accuracy: 0.9846
Epoch 3/5
37/37 [==============================] - 0s 8ms/step - loss: 0.0119 - accuracy: 0.9957
Epoch 4/5
37/37 [==============================] - 0s 8ms/step - loss: 0.0137 - accuracy: 0.9940
Epoch 5/5
37/37 [==============================] - 0s 8ms/step - loss: 0.0021 - accuracy: 1.0000
15/15 [==============================] - 0s 4ms/step - loss: 0.2310 - accuracy: 0.9455
Test accuracy: 94.55%
```



模型的测试精度为 94.6%。这是一个相当不错的改进，它清楚地表明了 Transformer 模型对视频分类的价值。

这个模型有大约 427 万个参数，这比 CNN-RNN 架构的序列模型（99 918 个参数）要多得多。这种 Transformer 模型最适用于较大的数据集和较长的预训练。

### 11.3.3 模型推断

现在使用 keras 实现视频分类，首先将文件作为带有数据 url 的 html 标记嵌入 notebook，这部分直接使用代码清单 11-21。视频推断如代码清单 11-34 所示，选择一个视频进行分类测试。

代码清单 11-34　视频推断

```
def prepare_single_video(frames):
    frame_features = np.zeros(shape=(1, MAX_SEQ_LENGTH, NUM_FEATURES),
```

```
dtype="float32")
    # Pad shorter videos.
    if len(frames) < MAX_SEQ_LENGTH:
        diff = MAX_SEQ_LENGTH - len(frames)
        padding = np.zeros((diff, IMG_SIZE, IMG_SIZE, 3))
        frames = np.concatenate(frames, padding)
    frames = frames[None, ...]
    # Extract features from the frames of the current video.
    for i, batch in enumerate(frames):
        video_length = batch.shape[0]
        length = min(MAX_SEQ_LENGTH, video_length)
        for j in range(length):
            if np.mean(batch[j, :]) > 0.0:
                frame_features[i, j, :] = feature_extractor.predict(batch[None,
j, :])
            else:
                frame_features[i, j, :] = 0.0
    return frame_features

def predict_action(path):
    class_vocab = label_processor.get_vocabulary()
    frames = load_video(os.path.join("test", path))
    frame_features = prepare_single_video(frames)
    probabilities = trained_model.predict(frame_features)[0]
    for i in np.argsort(probabilities)[::-1]:
        print(f"  {class_vocab[i]}: {probabilities[i] * 100:5.2f}%")
    return frames

def to_gif(images):
    converted_images = images.astype(np.uint8)
    imageio.mimsave("animation.gif", converted_images, fps=10)
    return embed_file("animation.gif")

test_video = np.random.choice(test_df["video_name"].values.tolist())
print(f"Test video path: {test_video}")
test_frames = predict_action(test_video)
to_gif(test_frames[:MAX_SEQ_LENGTH])

Test video path: v_Punch_g06_c01.avi
  Punch: 100.00%
  HorseRiding:  0.00%
  Drumming:  0.00%
  PlayingDhol:  0.00%
  TennisSwing:  0.00%
  BoxingPunchingBag:  0.00%
  PlayingGuitar:  0.00%
```

```
PlayingCello:  0.00%
ShavingBeard:  0.00%
CricketShot:  0.00%
```

以上代码的运行结果如图 11-4 所示。

图 11-4　视频 v_Punch_g06_c01.avi 的画面

## 11.4　练习题



下载一些小视频，利用 11.2 节和 11.3 节的训练结果对其进行动作分类。

### 本章小结

（1）利用转移学习从视频帧中提取有意义的特征。用户还可以微调预先训练的网络，以注意它如何影响最终结果。

（2）当视频帧之间存在差异时，并非所有帧对于确定其类别都同样重要。在这些情况下，在序列模型中加入带自注意力的 Transformer 层可能会得到更好的结果。